JN039797

データ
サイエンスの
考え方

社会に役立つ
AI×データ活用
のために

小澤 誠一・齋藤 政彦 共編

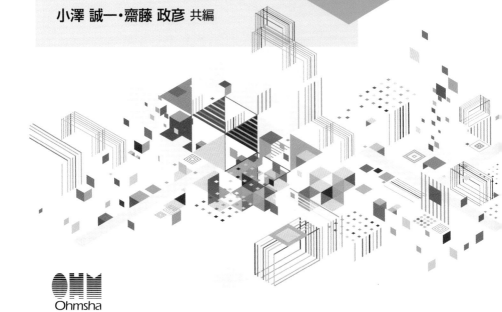

OHM
Ohmsha

はじめに

　いま，労働力・資本・技術革新にけん引されて発展した従来型の産業が「データから価値を生み出す産業」に急速に転換しており，第四次産業革命というべき状況にあります．その中で，自らが主役となってビジネスや研究・開発をけん引する高度IT人材が求められています．本書は，そのような高度IT人材を目指す社会人や大学生・高専生に読んでいただくことをねらいとしたもので，世の中の事象をデータサイエンス的に捉え，観測データから価値を生み出す方法論を習得するための入門書です．

　本書は，データサイエンスを構成する数理統計学，機械学習，データマイニングなどの理論のうち，データサイエンスの考え方を身に付けるうえで重要な14項目を厳選し，そのエッセンスを理解することに焦点を当てています．1項目あたり20ページ前後の分量で簡潔にまとめました．国が制定した数理・データサイエンス・AI（応用基礎レベル）モデルカリキュラムをほぼ網羅しており，15回の講義（「データサイエンスの考え方」を含む）で応用基礎レベルをひととおり習得できるようにしました．

　本書では，政府が「AI戦略2021」で定める応用基礎教育を修了し，エキスパートレベルへの達成を志す大学生・高専生に，より高度なデータサイエンスの考え方をもっていただくため，重要な数式は厳選してあえて示し，その意味を事例等を使って丁寧に説明しています．また，機械学習やデータマイニングの手法を羅列するのではなく，それらの基礎となるシステム最適化の概念を理解して，データサイエンスにおける本質的なモノの見方ができるよう，最適化すべき評価関数を示すようにし，その意味を丁寧に説明することを心掛けました．さらに，疑似コードもできるだけ示し，具体的にどのような手順でAIの動作が行われるかをイメージできるように工夫しました．

　本書が，これからの時代を生きるための道しるべの一つとなれば幸いです．

　2021年11月

小澤　誠一

目　次

第4章 統計的データ解析の考え方

第5章 教師なし学習

第6章 教師あり学習

第7章 確率モデル・確率推論

第**13**章　情報セキュリティ

第**14**章　プライバシー保護技術

第**15**章　意思決定論

【ダウンロードサービスについて】

　本書の各章にある問の解答を，オーム社Webサイトよりダウンロードいただけます．ご利用になる場合は，以下の手順でファイルをダウンロードしてください.

1. オーム社のWebサイト https://www.ohmsha.co.jp/ を開きます.
2. 「書籍・雑誌検索」で，本書の書名『データサイエンスの考え方』，または本書のISBNコード「9784274227974」を入力し，検索します.
3. 本書紹介ページにある「ダウンロード」タブを開き，ダウンロードリンクをクリックします.
4. ダウンロードしたファイルを解凍します.

　※ダウンロードサービスは，やむを得ない事情により，予告なく中断・中止する場合があります.

第 1 章

データサイエンスの考え方

　「データを科学する学問」として誕生したデータサイエンスは，データに潜むルールを見つけ出し，知識として役立てるための学問です．「データサイエンス」という言葉は最近よく聞きますが，何が新しいのでしょうか？　コンピュータサイエンスや人工知能，数理統計学とは，どう違うのでしょうか？　そして，データサイエンスを学び，使えるようになると，どんな良いことがあるのでしょうか？　本書を読み進めていただく前に，これらの疑問に答えましょう．

1.1 データサイエンスとは

　データサイエンスは，観測によって得た実世界のデータから有益な知見を数式やルールなどの形式で記述し，それを利用して価値創造を行う，データ駆動型の推論アプローチを体系化した学問です．簡単にいうと，データの規則性を見つけて，それを価値につなげる方法論がデータサイエンスです．これまで，数理統計学，機械学習，データマイニングなどで独立に研究されてきた学問領域がデータサイエンスとしてまとめて認知され，それに価値創造がつながることで，サイエンスやビジネスだけでなく，私たちの生活に幅広く影響を与えるようになっています．

　データサイエンスという言葉は比較的新しいといえるのですが，自然現象や私たちの行動を観測し，そこから規則を導き出すということは，古代から行われています．例えば，ミクロネシアのマーシャル諸島の住民は，約2000年前には，北極星の位置の観測によって太平洋の小さな島々を迷うことなく行き来する術をもっていたとされます．当時の人が，現代と同じ数学を使えたわけでは当然なく，北極星などの星の位置から自分がいる位置を把握する法則を経験的に導き出していました．その後，緯度や経度を正確に測るために六分儀などを使った天測航法が発明され，GPSを使った測位システムが確立された現代でも，実際の航海では併用されています．しかし，この話は計測工学の話であって，データサイエンスではないのではないかと思う人もいるでしょう．これはそのとおりであって，地球と太陽や星，月などの位置関係を知っている中世以降の人間にとって，自分の位置を正しく測定するのは計測工学の話です．しかし，自分と北極星の間に成り立つ物理法則を知らなかった2000年前のマーシャル諸島の住民にとっては，日々観測される月や星の位置から経験的に自分の位置を推定するしかなかったわけで，データサイエンスアプローチを取っていたといえます．しかし，現在のデータサイエンスにはその当時と大きく違う点があります．それは，世の中の現象を理解するために使える数学や物理学などの自然科学が体系化されていること，そして，その現象を観測する手段を当時に比べてたくさんもっていることです．その意味について考えてみましょう．

　そもそも，データとは何でしょうか？　多くの人は，たくさん数字が並んだ数値のまとまり思い浮かべるでしょう．しかし，その数値のまとまりが何の意味もない単なる数値の並びであればデータとはいいません．データは，何らかの手段で実際に起こっている事象を測定して得られる数値の集合です．例えば，デジタルカメラで撮影した画像は，私たちが現実に目で見ているものを光の強度として測定し，それを数値化したものであり，データといえます．スマートフォンで録音する音声も，空気振動をマイクで測定し，電気信号に変換した後，A/D変換器でデジタル化されれば音声データになります[*1]．このように，データとは，実際に起こっている現象を何らかの観測手段を使って測定したときに得られる数値の集合といえます．

　データサイエンスとはどういう学問なのか，これまでの話を総合して，考えてみましょう．もともと興味の対象があって，その振舞いが何らかの法則に従っているものの，それが何なのかわかっていないことが前提です．そこで，その振舞いを観測してデータを取得し，そのデータから興味の対象をつかさどる法則を数理的なアプローチで推定することがデータサイエンスです．この典型例といえるのが，ケプラーによる惑星の運動に関する法則の発見です．その発見のもとになったのは，ティコ・ブラーエの観測記録です．当時，惑星の軌道が円と信じられていたものを，ケプラーが楕円と仮定したときに太陽に対する火星の運動の観測記録がピッタリと当てはまることを見つけ，そこから法則が導かれたとされます．この例からわかるように，データサイエンスは，正確な観測データを得ることに加えて，観測データを生み出している興味対象の性質や振舞いを記述するモデルを仮定し，観測データを最も正確に説明するモデルを推定する科学といえます．このモデル推定に使う手法を研究するのが，数理統計学や機械学習，データマイニングであり，これらにデータ取得や精度の高い推定を行うための前処理，価値を生み出すための後処理などをひとまとめにした学問がデータサイエンスと考えてよいでしょう．

[*1]　電気信号をアナログのまま磁気情報として記録したものも音声データと呼びますが，ここでは，簡単のためにデジタル化したものだけを例として示しています．

1.2　データサイエンスを学ぶ理由

　なぜ，データサイエンスを学ぶことが求められているのでしょうか．それは，労働力・資本・技術革新にけん引されて発展した従来型の産業が「データから価値を生み出す産業」に急速に転換しており，その勢いがますます加速していることが背景にあります．具体的にいうと，いま私たちが経験している世の中の変化は，中学校の社会で習うジェームズ・ワットによる蒸気機関の発明がもたらした，あの第一次産業革命に匹敵する第四次産業革命というべき状況なのです．データは「21世紀の石油」といわれるように，価値を潜在的に内包していますが，単なる数値の集まりに価値はありません．そこから本当の価値を引き出す仕組みが必要であり，そこにデータサイエンスが重要な役割を果たします．つまり，データサイエンスを理解し，使いこなせる人が増えなければ，日本は世界の潮流から取り残されてしまう―むしろ，この30年間で大きく開いてしまった他国との差を埋められない―という危機感をもつべき状況です．

　平成元年（1989年）の世界時価総額ランキングでは，金融，通信，自動車，電機，電力などの日本企業が多く名前を連ねていましたが，平成30年（2018年）には完全に様変わりし，いわゆるGAFAをはじめとした巨大IT企業に置き換わってしまいました．もちろん，データサイエンスは産業だけに影響をもたらすのではありません．科学技術においても，ずいぶん前から観測データに基づいた理論研究や開発が行われてきました．電子顕微鏡や遺伝子解析装置，電子望遠鏡，MRI，PET，CTなど画期的な計測装置が次々と発明され，そのたびに画期的な発見や発明，応用が生まれていきます．計測機器やセンサの発明は新しいデータを生み出し，そのデータが新しい科学や技術を創出し，発展させるのです．このことは社会科学や人文科学でも同じであり，コンピュータやインターネット，スマートフォンの発達により，人々の行動や考えなどが，アンケートやインタビューなどによる実地調査を行わなくても，電子メールや掲示板，SNSなどでデジタル情報として取得できるようになり，研究や技術開発のやり方に大きな変革をもたらしています．つまり，データサイエンスはあらゆる分野に通用する，正にオールマイティな分野横断型学問領域であり，これを習得し，使いこなせるようになることが，いかに自分の価値を高めること

になるか，容易に想像がつくと思います．

　実際，日本政府は2019年6月に「AI戦略2019」を打ち出し，データサイエンスを「文理を問わず」必要となる学問として，小学生から大学生に至るまで広く習得させる方針を打ち出しました[*2]．図1.1は，2025年までの達成すべき人材育成のステップを表しており，ベースの部分がリテラシーレベルであり，小中高卒業者（100万人/年）や大学・高専卒業者全員（50万人/年）が到達すべき目標となっています．その上が応用基礎レベルであり，大学・高専生の50％が2025年までに到達することが目標になっています．本書は，リテラシーレベルをマスターした学生が，応用基礎レベルの到達を目指すうえで学ぶべき内容をほぼ網羅しており，データサイエンスの考え方を身に付けるために必要な基礎を習得できるようになっています．もちろん，このデータサイエンスの考え方は，データを扱うあらゆる職種の社会人が習得すべきものです．なぜなら，私たちは第四次産業革命の真っただ中にいるのですから．

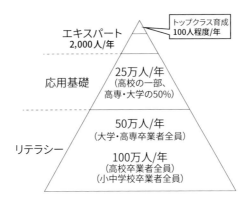

図1.1 ■ AI戦略2019の人材育成目標
　　　　（数理・データサイエンス・AI教育プログラム認定制度検討会議
　　　　 "数理・データサイエンス・AI教育プログラム認定制度（リテラシーレベル）"
　　　　 の創設について" より改変して引用）

[*2]　2021年6月に「AI戦略2019」のフォローアップとして「AI戦略2021」が打ち出され，データサイエンス教育のより一層の取組みが掲げられています．

1.3 データから価値を生み出すプロセス

データから価値を生み出すには，どうしたらよいのでしょうか．その大まかな流れを図1.2に示し，各項目について以下で解説していきます．

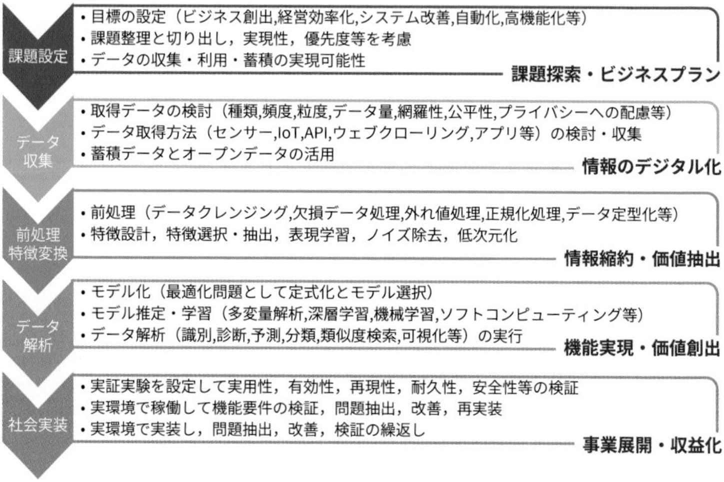

課題設定	・目標の設定（ビジネス創出,経営効率化,システム改善,自動化,高機能化等） ・課題整理と切り出し，実現性，優先度等を考慮 ・データの収集・利用・蓄積の実現可能性 **課題探索・ビジネスプラン**
データ収集	・取得データの検討（種類,頻度,粒度,データ量,網羅性,公平性,プライバシーへの配慮等） ・データ取得方法（センサー,IoT,API,ウェブクローリング,アプリ等）の検討・収集 ・蓄積データとオープンデータの活用 **情報のデジタル化**
前処理特徴変換	・前処理（データクレンジング,欠損データ処理,外れ値処理,正規化処理,データ定型化等） ・特徴設計，特徴選択・抽出，表現学習，ノイズ除去，低次元化 **情報縮約・価値抽出**
データ解析	・モデル化（最適化問題として定式化とモデル選択） ・モデル推定・学習（多変量解析,深層学習,機械学習,ソフトコンピューティング等） ・データ解析（識別,診断,予測,分類,類似度検索,可視化等）の実行 **機能実現・価値創出**
社会実装	・実証実験を設定して実用性，有効性，再現性，耐久性，安全性等の検証 ・実環境で稼働して機能要件の検証，問題抽出，改善，再実装 ・実環境で実装し，問題抽出，改善，検証の繰返し **事業展開・収益化**

図1.2 ■ 価値を生み出すデータ解析の流れ

1.3.1 課題設定

データから価値創造を行う最初のステップは**課題設定**です．つまり，事業展開して継続的に収益化できる，しっかりしたビジネスプランを立てることが重要です．そのためには，潜在的に価値をもったデータから，AIなどを使って価値を引き出し，それを求める人に提供することに社会的意味があるような課題を探索することです．その際，さまざまなアイデアが出てくることでしょう．その中からビジネス上の優先度の高いものを選ぶことは当然ですが，忘れてはならないのが，データの収集，利用，蓄積の観点から実現性をどう評価するかです．例えば，個人を相手にビジネスをする場合，氏名や住所，職業などの情報だけでなく，行動履歴や位置情報，レビューなども収集しようとすれば，企

業の社会的信用度とユーザ側のメリットがなければ難しく，知名度が低い企業や未成熟のサービスに対して収益性を確保するのは簡単ではありません．ましてや，金融資産や年収，既往歴，健康情報など，要配慮個人情報と呼ばれる情報の提供を求めるビジネスは，さらにハードルが高くなることを覚悟しなければいけません．

1.3.2　データ収集

　次のステップは**データ収集**です．データサイエンスは情報のデジタル化といいかえても間違いではありません．目的ごとに取得するデータ種類（センサ情報，画像，音声，テキストなど）は異なり，取得の頻度，粒度，データ量などを決定する必要があります．ここで，データの粒度とは，ある物理量をデジタル化して管理する情報量を指し，監視カメラであれば動画像の解像度やフレームレート，健康管理アプリであれば取得する生体情報の項目数などが該当します．当然，詳細な情報を取得すれば，できることが広がり，正確な判定や診断などにつながりますが，データの収集・蓄積のコストが高くなります．

　また，データ取得の際に注意しなければいけないのは**網羅性**と**公平性**，**プライバシーへの配慮**です．網羅性とは，目的にあったデータ解析を行うために十分な情報が得られるか，ということです．コストや技術的制約で取得が困難なものもあれば，倫理的にデータ取得すべきでないものもあるため，結果的に網羅性が達成できない場合もあります．公平性は，データ取得の際に何らかのバイアスがかかり，得られたデータが特定の年齢層や性別に偏ってしまうことです．近年，このように公平性を欠いたデータで学習したAIが，差別的な発言や判定を行ったりすることが明らかになっており，AIを社会実装するうえで特に注意を要する点の一つです．また，プライバシーへの配慮も重要なポイントです．データビジネスの多くはユーザ向けのサービスであるため，個人情報を含むパーソナルデータの取得が前提になることが多く，その取扱いには注意が必要です．特に，情報漏洩は起こしてはいけないインシデントですが，データ管理の不注意，サイバー攻撃や内部犯による意図的な漏洩を完全に防ぐことは難しく，起こってしまったときの経済的損失も考慮に入れてデータ取得をすべきです．これについては，第13〜14章が参考になります．

　データの取得方法にはさまざまなものがあり，加速度センサや心拍センサな

どの数値をデジタル情報として取得するデバイス，監視カメラやインターネット家電などの情報収集機能をもつ電気機器，ネット上で提供されている情報にアクセスするツールであるAPI（Application Programming Interface）を利用するものがあります．これに加えて，ウェブ上で情報収集する手段として，ウェブクローリングやアプリを使った情報収集も，よく使われるようになってきました．ウェブクローリングはインターネット上のウェブサイトを自動的に巡回して，必要な情報（主にテキストと画像）を取得してデータベース化するプログラムのことであり，ウェブクローラやボット（bot）と呼ばれています．ウェブクローリングで情報収集するときの注意点としては，過度に特定のウェブサーバにリクエストを出して負荷を与えると，ボット判定されてしまい，情報収集が停止されたり制限されたりすることです．また，知らないうちに違法サイトなどにアクセスし，マルウェアがダウンロードされることもあり得ますし，違法コンテンツ（音楽・映画などの違法コピー，ポルノ画像など）を収集してしまえば刑事罰の対象になり得るので注意しましょう．アプリによる情報取得は，ウェブアプリやスマートフォンアプリのかたちで，ユーザにとって有益な情報やサービスを無償または低額で提供する代わりに，ユーザの個人情報や使用履歴情報を取得するものです．ユーザからの直接的なフィードバックが期待できるため，有効性の高い情報を取得できる反面，ユーザ側のメリットが継続されなければ，アプリの利用率は上がらないため，網羅性や公平性の観点で安定した情報収集を継続することは簡単ではありません．

　一方，情報取得だけでなく，既に存在するデータを有効活用することも重要です．これには，過去に取得して蓄積されたデータやウェブ上で取得可能なオープンデータの利用があります．注意すべき点は，同じ目的で取得されたデータとは限らないため，データ取得の頻度や粒度，データ量，網羅性の観点でデータ解析の目的に合わないことも少なからずあることです．

1.3.3　前処理・特徴変換

　次のステップは**前処理・特徴変換**です．データ解析に要する時間の8割がこのステップとよくいわれますが，どうしてでしょうか？　一言でいうと，収集したデータが解析目的に合った必要なデータばかりではなく，個々のデータに含まれる情報も有用なものばかりではないからです．このステップは，収集

データから不要な情報を除く**情報縮約**のプロセスに該当し，それは潜在的な価値を引き出すプロセスともいえます．これらには，データ解析に本質的でないデータや変数を取り除く**データクレンジング**，観測できない値を適切に処理する**欠損データ処理**，何らかの原因で本来あり得ない値をもったデータを排除する**外れ値処理**，変数がとる値の範囲がバラバラであるときスケールを揃える**正規化処理**，そしてフォーマットが揃っていない非定型データをAIなどで解析できるよう揃える**データ定形化**も含まれます．いずれも，とても重要な処理ですが，正解が与えられない状況で有用なデータや特徴量を探索する，機械学習でいうところの**教師なし学習**の設定になることが多く，さまざまな有効性の尺度を導入しながら試行錯誤的にベターな方法を見出す必要があります．

　情報縮約の方法には，専門家の経験と知識に基づく**特徴設計**（特徴量エンジニアリングともいいます）によるものから，エントロピーなどの情報量や主成分分析や判別分析などの統計学的アプローチに基づく**特徴選択・抽出**，そしてオートエンコーダなどの深層学習モデルを使った表現学習による特徴抽出があります．ここで，**特徴選択**は特徴量を構成する変数の中から有用な変数を選ぶ操作をいい，**特徴抽出**は特徴量に何らかの変換を施して次元削減することを指します．特徴設計のアプローチは問題領域特有の知識，つまり**ドメイン知識**が明確に定義できるとき，性能が非常に高くなります．しかし問題点として，属人化しがちで，これだけに頼るとデータの本質的な特徴を見誤って，想定外の入力に対して脆弱となることがあります．一方，情報量に基づく特徴選択や統計学的アプローチによる特徴抽出は汎用性が高く，どのようなデータ解析にも適用できますが，問題特有の制約条件などを考慮しにくく，また非数値データの取扱いや変数間に偶然発生する**疑似相関**にも注意が必要です．表現学習による特徴抽出アプローチは近年注目されている方法であり，データ駆動かつ教師なしの学習で有効な特徴を得ることがポイントです．最近，特徴抽出と識別・予測のプロセスを一気通貫で学習できる**エンドツーエンド学習**（end-to-end learning）のアプローチも大変注目されています．これらについては，第5～6章，第9～12章を参照してください．

1.3.4　データ解析

　次は，いよいよ本書の中心的なテーマである**データ解析**のステップです．前

述のとおり，データサイエンスは，興味対象の振舞いが何らかの物理法則に従っていることを知っているものの，それが何かがはっきりしないときに，観測データから対象の性質を数理的なアプローチで推定する学問です．よって，どのような解析手法を使うかは，興味対象であるデータ発生源の特性に合ったものを選択する必要があります．

　観測データは，画像のように空間的な特徴で記述される静的データと，音のように空間的特徴に加えそれが時間変化する特徴も含む時系列データに分かれます．また，テキストのように，文書をひとまとまりのデータと考えれば静的データとなり，文章の並びと考えれば時系列データとなるものもあります．前者のデータ解析手法には，多変量解析や深層学習，機械学習の多くのモデルがあり，第4〜10章，第12章に数多く出てきます．後者については，第7章に状態空間モデルが，第11章に時系列解析手法で移動平均や自己相関・相互相関関数などの概念とともに，隠れマルコフモデルやリカレントニューラルネットワークが説明されています．

　データ解析の最終目的は人間の代替としての機能実現であり，人物や物体，風景の識別，病気や製品の欠陥を見つける診断，株式市場の動向や病気の予測，大量のデータから類似パターンを見つける検索，高次元データを可視化するなどの機能を実現するために行われ，これらはデータ解析における価値創出に直結します．よって，多くの場合，観測データに対する「解釈」が存在し，それをデータ解析で使える場合は**教師あり学習**，使えない場合は**教師なし学習**と呼ばれます．また，データ解析の対象がAIの運動制御や意思決定などである場合，AI出力の妥当性への評価値のみが与えられ，それを手掛かりに学習する**強化学習**という枠組みもあります．いずれを仮定するかは，設定された課題に基づいて一意に決まりますが，第5〜6章と第8章を読めば，さらにはっきりするでしょう．

　それから，数理統計学，機械学習，データマイニングの分野で考案されてきたデータ解析手法のほとんどが，**最適化問題**として定式化・導出されたものとの認識は重要です．また，AIモデルを含むこれらデータ解析手法には，通常，あらかじめ適切な値を決めておかないといけない**ハイパーパラメータ**と呼ばれる変数があり，この値の決定も最適化問題として定式化でき，**モデル選択**と呼ばれます．データ解析から価値を生み出すためには，以上の点に対する十分な理解が重要です．そこで，第3章でシステム最適化について説明し，この考え

方を前提にAIの学習方式を説明するように心掛けました．最初は取っ付きにくいかもしれませんが，これが理解できるようになれば，最新のAI技術を理解できるだけでなく，自らも新しい学習方式を考案できるようになります．そうなれば，単にツールを組み合わせてAIシステムでビジネスをするのではなく，誰も実現したことがない，まったく新しいAIビジネスを創出できる可能性があります．

1.3.5　社会実装

　最後のステップは**社会実装**です．図1.2にあるとおり，まずは実証実験を設定して，構築したデータ解析システムの実用性，有効性，再現性，耐久性，安全性などを検証します．そして，仕様で定義された機能要件をすべて満たすことを実証できるまで，問題点を洗い出して，システム改善と再実装を繰り返します．これらのプロセスは，データサイエンスに限ったものではないため，あえて本書で説明することはあまりありません．

　しかし，AIがサイバー攻撃の対象となり得ることは，社会実装上，注意が必要になっています．AIの学習データに特定の情報を密かにインジェクションする敵対的サンプル攻撃によって，AIの判定精度を極度に低下させたり，特定のトリガーパターンを入力させて誤った判定をさせるバックドア攻撃が実証されたりしています．例えば，道路の交通標識にちょっとした印を付けるだけで，自動運転車に運転操作を誤らせることが可能との報告がなされており，新たな社会脅威として注目されています．その他にも，AIに多数のクエリを投げて，その反応と組み合わせて学習データとし，それからAIモデルのリバースエンジニアリングを行うことや，AIモデルの学習に使った個人の情報を推定できることも報告されています．

第 2 章

アルゴリズムとデータ構造

データを自由自在に取り扱い，処理するためにはプログラムの利用が欠かせません．プログラムを作成する際の基礎となる概念がアルゴリズムとデータ構造です．ここでは，アルゴリズムとデータ構造の基本について学んだ後，アルゴリズムの良し悪しを判断する際に重要となる計算量の概念について理解します．さらに，代表的なデータ処理である探索とソーティングのアルゴリズムについて修得します．

2.1 はじめに

　データサイエンスとはどのような学問であるのか，データサイエンスによって何ができるのか，そこで使われている手法にはどういったものがあるのかなど，データサイエンスの基礎について一通り学習した者が，実際のデータを活用して，いま直面している問題の解決を試みる状況について考えてみましょう．このようなデータサイエンスの実践の場面では，データの収集に始まり，結果の取りまとめに至るまで，いくつもの作業が行われますが，その中で中心的な役割を果たすのがデータの分析処理です．

　一般に，データサイエンスが対象とするような問題においては，膨大なデータの取扱いが必要になるため，データの分析にはコンピュータの利用が欠かせません．このとき，どのようなデータが揃っているのか，データの分析によってどういった結果を得たいのか，そのためにいかなる処理をすればよいのかなどは，取り扱う対象や目的によって異なるので，これらに応じて処理内容を適宜変更しながらコンピュータを利用する必要があります．Microsoft Excel などの表計算ソフトウェアの標準的な機能を用いても，データの加工や統計分析はできますが，必ずしも痒いところに手が届かず，目的に合ったきめ細かい処理を自由に行うためには，その手順を詳細にコンピュータに指示する必要があります．コンピュータが行うべき処理手順をコンピュータが理解できる形式で書き下したものを一般に，**プログラム**（program）といいます．そして，プログラムの作成にあたり，まず検討しなければならない基本となる考え方が，**アルゴリズム**（algorithm）と**データ構造**（data structure）です[1, 2]．本章では，アルゴリズムやデータ構造の基礎について，具体例を交えながら説明します．

2.2　データサイエンスにおけるアルゴリズムとデータ構造

2.2.1　アルゴリズムとは

　コンピュータを用いて計算を行ったりデータを処理したりする際には，計算や処理の仕方をコンピュータに教える必要があります．何らかの問題が与えられたときに，どのようにすればそれが解けるのかについて，一連の処理手順としてまとめたものが「アルゴリズム」です．一般に，解くべき問題は「入力」と「出力」によって定義できるので，アルゴリズムとは「入力」から「出力」を導くための作業手順ということもできます．

　アルゴリズムについての理解を容易にするために，「料理する」ことが喩えとしてしばしば取り上げられます．この「料理する」という問題においては，「入力」は材料，「出力」はでき上がった食べ物です．そして，レシピ（作り方の説明）がアルゴリズムに相当します．

　データサイエンスにおける典型的な問題として，観測されたデータ間に成り立つ関係を求めて，一方のデータから他方を推定する問題があります[*1]．例えば，多数の人に対して身長と体重の測定データが収集されているときに，そこには含まれていない別の人の身長の値だけから，その人の体重を推定することを考えてみましょう．このときの「入力」は身長と体重の組に関する測定データの集合（例えば，$\{(182\,\mathrm{cm}, 76\,\mathrm{kg}), (171\,\mathrm{cm}, 62\,\mathrm{kg}), (177\,\mathrm{cm}, 71\,\mathrm{kg}), \cdots\}$）および体重を求めたい人の身長（例えば，$165\,\mathrm{cm}$）であり，「出力」はその人の体重の推定値（例えば，$60\,\mathrm{kg}$）となります．そして，これを実現するための一連の計算の手順がアルゴリズムです．

2.2.2　データ構造とは

　上の例で挙げた身長から体重を推定する問題においては，身長と体重の組のデータを大量に保持しながら処理する必要があります[*2]．データの処理を伴う

[*1]　このような分析を回帰分析と呼び，本書の後の章でも取り上げられています．

[*2]　入力されたデータそのものだけでなく，処理の中間段階で作られたデータの保持が必要な場合もあります．

問題を解くにあたって，データをコンピュータ内に蓄積するための仕組みが
「データ構造」です[*3]．最もシンプルなデータ構造の一つに**配列**（array）があ
ります．配列は，図2.1(a)に示すように，データを入れる複数の箱が並んだイ
メージをしており，いくつかのデータをまとめて取り扱うためのデータ構造と
なっています．このため，データサイエンスが対象とするさまざまな問題にお
いて見られるような，多数のデータをもとに計算や加工を行ったり，多数の
データの中から必要なデータを探したりする際に重要な役割を果たします．

　データ構造には，配列で表せるような1列に並んだリスト構造以外にも，**木**
（tree）（図2.1(b)），**グラフ**（graph）（図2.1(c)）など，多数の種類があり[*4]，
処理の対象とするデータの性質に応じて適切なデータ構造が採用されます．

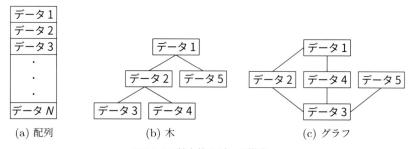

(a) 配列　　　　　　　　　(b) 木　　　　　　　　(c) グラフ

図2.1 ■ 基本的なデータ構造

　プログラムを作成するためには，アルゴリズムに加えて，データをどのよう
な仕組みで取り扱うかについても厳密に決めておく必要があります．そして，
決定したアルゴリズムとデータ構造に基づいて，プログラミング言語[*5]を用い
てコンピュータが実行できるように書き表したものがプログラムです．アルゴ
リズムとデータ構造がプログラムの基礎であるといわれる所以がここにあり
ます．

---

*3　料理問題であれば，用意した材料や材料を加工したものがデータで，これらを入れておく器が
　　　データ構造に相当します．

*4　データ構造は，より厳密にはコンピュータ上での実装に直結する「物理構造」と抽象的なデータ
　　　の構造を表現した「論理構造」に区別して論じることができますが，ここでは両者の違いをあま
　　　り意識せずに取り扱うものとします．

*5　世の中には，さまざまなプログラミング言語があり，それぞれに，用途に応じた相性の良さが用
　　　いられます．データサイエンスにおいては，統計処理や機械学習関連のライブラリ（プログラム
　　　の部品をまとめたもの）が充実していることから，PythonやRがよく用いられています．

2.3　アルゴリズムの基礎

2.3.1　アルゴリズムの基本構造

　一般に何らかの問題を解くときには，細かい作業を順次実行していきながら，最終的な目標に達成することがしばしばあります．例えば「料理する」という問題では，「材料を洗う」，「材料を切る」，「材料を鍋に入れる」のように，レシピで指示された細かい作業を順番にこなしていくことで料理が完成します．また，味見をして味が薄いときには「醤油を追加する」とか，柔らかくなるまで「加熱を続ける」などのように，そのときの状況に応じた作業を行うこともあります．

　アルゴリズムは問題を解くための一連の処理手順であり，料理と同様に細かい作業の連続を基本としながら，状況に応じた処理が求められます．そこで，アルゴリズムの代表的な処理の流れを以下の3種類の基本構造として捉えることができます．

- 逐次構造：指示された一連の処理を順番に実行（図 2.2(a)）
- 分岐構造：状況に応じて，処理を切り替えながら実行（図 2.2(b)）
- 繰り返し構造：状況に応じて，処理を繰り返し実行（図 2.2(c)）

また，これらの基本構造は自由に組み合わせることが可能で，繰り返し構造の中の処理に分岐構造を配置したり，分岐を順番に並べたりなどが行われます．

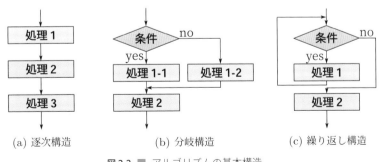

(a) 逐次構造　　　　　(b) 分岐構造　　　　　(c) 繰り返し構造

図 2.2　■　アルゴリズムの基本構造

　プログラムは，アルゴリズムに基づいて作成されるので，ほとんどのプログ

ラミング言語において，これらの基本構造を記述するための仕組みが用意されています．まず，逐次構造については，処理内容を上から下に順番に記述することで実現できます[*6]．また，代表的なプログラミング言語であるCやデータサイエンスにおいてよく用いられるPythonでは，分岐構造のためにif文，繰り返し構造のためにfor文やwhile文などが用いられます．

　一方，料理における「材料を切る」などに対応する基本処理（コンピュータへの基本的な指示内容）としては，

- 代入：変数（データを格納するための箱）の中にデータを登録（上書き）
- 演算：足し算，引き算などの四則演算やデータの大小比較など
- 入出力：キーボードやファイルからのデータの読み込み，結果の画面表示など

をはじめとしてさまざまな操作が考えられます．基本構造である逐次構造，分岐構造，繰り返し構造やその組合せを大枠として，その中にこれらの基本処理を埋め込むことによってアルゴリズム全体が構成されます．なお，これらの基本処理に関しても，プログラミング言語ごとに記述方法が定められています．

　アルゴリズムの簡単な例として「10個の正の数値を読み込んで，その中で最大値を求める」という問題を取り上げて，これを解決するための方法について考えてみましょう．

　この問題は，**アルゴリズム 2.1**に示すアルゴリズムで解くことができます．

アルゴリズム 2.1 ■ 入力された10個の正の数値の中から最大値を求める

---

① 数値を格納する箱として，xとmaxと名付けた2つの変数を用意する
② 変数maxに0を代入する
③ 以下の処理ⓐⓑを10回繰り返す
　ⓐ 入力された数値を読み込んで変数xに代入（上書き）する
　ⓑ xに入っている値とmaxに入っている値を比較し，
　　　xに入っている値の方が大きい場合には，変数maxにxの値を代入する
④ 変数maxの値を答（最大値）として出力する

　通常，上記のようにアルゴリズムを記述した場合，上から ①②③ ⋯ の順

[*6]　プログラミング言語によっては，そのようになっていないものもあります

に処理を行うことを暗黙のうちに想定しています．これにより，逐次構造が実現できます．また，③と@⑥は繰り返し構造に対応し，ここでは繰り返しの回数が10回になるまでという条件が明示されています．⑥は条件によって処理を切り替える分岐構造を表しています．

2.3.2　疑似コード

　上記のアルゴリズムは自然言語を用いて書かれているため，比較的容易に内容が理解できます．しかしながら，より複雑なアルゴリズムを記述する場合，自然言語による方法は，かえって煩雑で見通しが悪くなることや，曖昧になる可能性があります．そこで，アルゴリズムをコンパクトかつ厳密に記述するために**疑似コード**（pseudocode）が用いられます．上で述べた最大値を求める問題を解くためのアルゴリズムを疑似コードを用いて書き直した結果をアルゴリズム 2.2 に示します．

アルゴリズム 2.2 ■ 入力された10個の正の値の中から最大値を求める

```
1:  max = 0
2:  for i = 1 to 10 do
3:      x = input()
4:      if x > max then
5:          max = x
6:      end if
7:  end for
8:  print(max)
```

　疑似コードはプログラムに類似した記述形式をとりますが，必ずしも決まった書き方があるわけではありません．今回の例では，変数はイタリック体（斜体）を用いて表しています．また，代入は等号（=）によって表現され[7]，右辺の値が左辺に書かれた変数に代入されます．ボールド体（太字）は特別な意味をもった予約語で，2行目の**for**は，**do**と**end for**で囲まれた部分（ブロック）を変数 i の値が1から10になるまで，1ずつ増やしながら繰り返すことを意味しています．その結果，10回の繰り返し処理が行われます．4行目の**if**は，そ

---

[7]　代入操作を = ではなく，:= や ← で記述することもあります．

の直後に書かれた条件が満たされる場合，**then**と**end if**の間に記載された処理を実行します．これらの記述において，どこからどこまでが，まとまった処理になっているかが視覚的にわかりやすいように，字下げ（インデント）が用いられています．なお，inputとprintはそれぞれ特定の処理[*8]を表しており，**関数**（function）といいます．

2.3.3　関数の呼び出しと定義

　関数とは，アルゴリズムやプログラムにおいて，1つのまとまった意味をもつ処理に対応するもので，サブルーチンともいいます．アルゴリズム2.2に示した疑似コードでは，input()，print()など，括弧を伴ったキーワードが関数です．括弧の中には，引数が書かれることがあり，関数は引数として与えられた値に対して，何らかの処理を行います．例えば，アルゴリズム2.2のprint関数は，引数として与えられた変数の中身（値）を画面に表示する機能をもちます．input関数のように引数をとらない関数もありますし，2つ以上の引数をとるような関数もあります．また，関数は処理した結果，何らかの値を返す場合もあります．そのような値を関数の**返り値**（return value）といいます．アルゴリズム2.2において，input関数はキーボードからの入力を受け付け，キー入力された値を関数の返り値として返します．そして，この返り値が変数xに代入され，以降の処理で利用されます．

　多くのプログラミング言語では，事前に提供されている関数（built-in function）とは別に新たな関数を自由に定義できるようになっています．本書でも，疑似コードによって関数（のアルゴリズム）を定義する場合には，説明箇所にその旨を記載するとともに，冒頭の**Input**行で，関数に与える引数（入力）を示し，**Output**行で関数の仕様（出力）を明示します．また，関数の返り値は**return**文によって指定されます．簡単な関数定義の例として，次の例題を考えてみましょう．

[*8]　これらの処理内容については次項にて述べます．

例題 2.1 ■ 整数の和を求める関数の定義

引数として，正の整数 n を受け取り，1 から n までの整数の和を返り値として戻す関数を定義しなさい.

アルゴリズム 2.3 に疑似コードを用いて定義した整数の和を求める関数の例を示します[*9].

アルゴリズム 2.3 ■ 1 から n までの整数の和を求める関数 sum(n)

Input: 1 以上の整数 n
Output: 1 から n までの整数の和
 1: $s = 0$
 2: **for** $i = 1$ **to** n **do**
 3:　　$s = s + i$
 4: **end for**
 5: **return**　s

本書における疑似コードで使用される主要な表記法をまとめて表 2.1 に示します. 下線部は，内容に応じた記述が行われる箇所を表しています.

2.3.4　アルゴリズムの良し悪しと計算量

ある問題が与えられたときに，それを解決するためのアルゴリズムは 1 通りといえるでしょうか. 同じ料理を作るためのレシピが複数あるのと同様に，同じ問題を解くために，通常，複数のアルゴリズムを考えることができます. このとき，問題を早く解ける方が良いとされるため，処理効率の高いアルゴリズムが望まれます. また，問題の規模（例えばデータ処理であれば，処理の対象とするデータの分量）が大きくなると，一般に計算時間に長くなりますが，問題の規模の増加に比べて，どれくらいの割合で計算時間が延びるのかが重要なポイントとなります.

[*9]　疑似コードの中で登場する等号（＝）は前述のとおり，変数への代入を表しており，数学における等号ではないことに注意してください. 3 行目の $s = s + i$ は変数 s の中に入っている値と変数 i の中に入っている値を足し合わせ，その結果を変数 s の中に入れ直すことを意味しています. s と $s + i$ が等しいというわけではありません.

表 2.1 ■ 疑似コードで使用される主要な表記法

項目	用例	意味
Input 行	Input: 記述	記述にアルゴリズムに対する入力や関数の引数を記載
Output 行	Output: 記述	記述にアルゴリズムの処理結果や関数の返り値を記載

for 文	for 変数 = 値$_1$ to 値$_2$ do
	　処理
	end for
		変数の値が 値$_1$ から 値$_2$ になるまで，変数の値を1ずつ増やしながら 処理 を実行

while 文	while 条件 do
	　処理
	end while
		条件 が成立している間，処理 を実行

repeat-until 文	repeat 　処理 until 条件	条件 が成立するまで，処理 を実行

if 文	if 条件 then
	　処理$_1$
	else
	　処理$_2$
	end if
		条件 が成立すれば 処理$_1$ を実行し，成立しなければ 処理$_2$ を実行
		（else ～ 処理$_2$ は省略可）

return 文	return 値	関数の返り値として，値 を返却
比較演算	値$_1$ == 値$_2$	値$_1$ と 値$_2$ が等しい場合は真，そうでなければ偽
	値$_1$!= 値$_2$	値$_1$ と 値$_2$ が等しくない場合は真，そうでなければ偽
	（他に <，<=，>，>= など）	（それぞれ，「小さい」，「小さいか等しい」，「大きい」，「大きいか等しい」など）
論理演算	条件$_1$ and 条件$_2$ 条件$_1$ or 条件$_2$	条件$_1$ と 条件$_2$ がともに真のときに真 条件$_1$ と 条件$_2$ のいずれかが真のときに真
代入演算	変数 = 値	変数 に 値 を代入
入出力関数	input() print(値)	標準入力（キーボードなど）からの入力 値 を標準出力（画面など）に出力
配列要素	配列名[添字] 配列名[添字$_1$][添字$_2$] 配列名[添字$_1$]…[添字$_n$]	1次元配列 2次元配列 n 次元配列

　このようにアルゴリズムの良し悪しは，その効率によって評価でき[*10]，その指針となる指標がアルゴリズムの**計算量**（complexity）という**概念**です．主要な計算量として，計算時間と関連する**時間計算量**（time complexity）と，メモリ使用効率の評価指標である**空間計算量**（space complexity）[*11]が挙げられます．後者は，そのアルゴリズムが使用するコンピュータ内の記憶領域のサイズに関するもので，大量のデータを処理する場面などにおいて，特に留意する必要があります．しかしながら，一般には計算時間に注目されることが多いため，ここでは時間計算量のみを取り上げて説明します[*12]．

　時間計算量は，アルゴリズムが処理に要する時間の見積りを与えるものですが，実際の計算時間そのものは，使用するコンピュータの種類など，アルゴリズム以外の要因によって左右されるため，あまり大きな意味をもちません．そこで，かなり大雑把な概算によって計算量を算出します．特に，問題の規模（対象とするデータ数など）が n というパラメータで与えられている場面において，n が非常に大きくなったときに，アルゴリズムの処理時間がどのように変化するか，すなわちアルゴリズムの漸近的な挙動が興味の対象となります．これを計算量の**オーダー**（order）と呼び，**O-記法**（big O notation）を用いて表記します．

　計算量や計算量のオーダーは，アルゴリズムを構成する基本的な操作の計算時間に基づいて求めることができます．このとき，特にアルゴリズムの中の繰り返し構造に注目します．なぜならば，問題の規模 n によって，繰り返し回数が変化することがしばしばあるからです．一方で，n によらず，常に一定回数しか実行されない基本操作もあります．例えば，例題 2.1 の解答例である**アルゴリズム 2.3**のアルゴリズムにおいて，1 行目と 5 行目は n に依存せず，1 回だけ実行されます．このように，一定回数だけ実行される操作に必要な合計計算時間をここでは T_1 とおきます．一方で，このアルゴリズムの 2〜4 行目は繰り返し構造になっていて n 回実行されます．このような n 回繰り返される操作における 1 回あたりの実行に必要な計算時間を T_2 とおくと，全体の計算時間は $T_1 + n \times T_2$ となり，これがこのアルゴリズムの計算量を表した式になります．

[*10]　可読性やアレンジ容易性などでもアルゴリズムを評価することがありますが，最も重要視される点が効率です．

[*11]　領域計算量ともいいます．

[*12]　以下において，特に説明なく計算量という用語を用いた場合，時間計算量を意味します．

前述のとおり，nが非常に大きくなった場合には，定数項（T_1）の影響は相対的に小さくなります．加えて，T_1やT_2の値は，アルゴリズムとは別の要因の影響も受けるので，これらの値を厳密に求めることにはあまり意味がなく，大雑把に捉えて無視することとします．その結果，nのみが残るため，このアルゴリズムの計算量のオーダーを$O(n)$のように記述し，「アルゴリズムの計算量のオーダーはnである」とか「アルゴリズムの計算量はnのオーダーである」といういい方をします．

　以上をまとめると，アルゴリズムの計算量のオーダーは，次のようにして求めることができます．

1.　アルゴリズムにおける基本操作の実行回数を概算し，おおよその実行時間を概略式で表す．
2.　得られた式のうち主要項（次数が最も高い項）以外は削除する．
3.　主要項の係数を1にする（無視する）．

なお，最初のステップにおいて，与えられたデータに依存して基本操作の実行回数が変化することがしばしばあります．このような場合には，最悪のケースにおける計算量（最悪計算量）や計算量の期待値（平均計算量）を求めてアルゴリズムを評価します．

　ところで，アルゴリズム2.3は，1からnまでの整数の和を求める問題（例題2.1）に対するアルゴリズムですが，同じ問題を解くことができるより効率の良いアルゴリズムが存在します．すなわち，

$$\sum_{i=1}^{n} i = \frac{n(n+1)}{2}$$

を利用すると，アルゴリズム2.4が得られます．このアルゴリズムは繰り返し構造がなく，一定の時間で処理が終了します．このようなアルゴリズムの計算量のオーダーは$O(1)$と記載され，定数オーダーといいます．定数オーダーのアルゴリズムは，問題の規模の影響を受けないため，理想のアルゴリズムといえ，処理効率という点においては，アルゴリズム2.4はアルゴリズム2.3よりも優れていることになります．

アルゴリズム 2.4 ■ 1からnまでの整数の和を求める関数の改訂版

Input: 1以上の整数n
Output: 1からnまでの整数の和
　1: **return** $n(n+1)/2$

　アルゴリズムのオーダーは，大雑把な計算時間の見積りですが，別の見方をすると，アルゴリズムのオーダーが異なるとコンピュータの処理速度が少々向上したところで追いつかないくらいの大きな効率の違いを示すものといえます．さまざまなアルゴリズムにおいてしばしば登場するオーダーごとに，問題の規模を表すパラメータnに特定の数値を想定したときの計算量の目安[*13]を計算した結果を**図 2.3**と**表 2.2**に示します．図はnの値が100以下におけるオーダーごとの計算量の振舞いを表しており，この程度の小さいnに対しても，オーダーによって変化の仕方が大きく異なることがわかります．一方，表はnの値が大きく変化した場合の計算量の概算を示すもので，$O(\log_2 n)$のアルゴリズムはnの桁数が変わっても計算量はそれほど大きくならず，$O(n)$のアルゴリズムに比べて圧倒的に効率が良いことなどが理解できます．$O(\log_2 n)$や$O(n\log_2 n)$など$\log_2$が登場するオーダーは，素朴な方法では$O(n)$や$O(n^2)$になるところを何らかの工夫によって効率化したものであることが多く，特に大規模データを取り扱うような問題において，目標とすべき指標といえます．探索（2.5節）やソーティング（2.6節）のアルゴリズムについて説明する際に，その具体例を紹介します．

　新たなアルゴリズムを開発したり，既存のアルゴリズムの選定や導入を行ったりする際には，そのアルゴリズムの計算量のオーダーがどうなるかについて意識することが重要です．取り扱うデータの大きさも念頭におきながら，オーダーを下げる工夫ができないか，よりオーダーの低いアルゴリズムが存在しないかなどについて，検討・調査することを習慣付けましょう．

[*13]　O-記法の括弧内の式に対して，単純にnに数値を代入して概数にしたもので，実際の計算時間などを表すものではないことに注意してください．

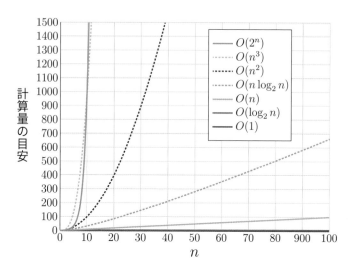

図 2.3 ■ 計算量の目安（$n \leq 100$）

表 2.2 ■ 計算量の目安（大きな n に対して）

	$O(1)$	$O(\log_2 n)$	$O(n)$	$O(n \log_2 n)$	$O(n^2)$	$O(n^3)$	$O(2^n)$
$n = 100$	1	7	100	700	10000	10^6	10^{30}
$n = 1000$	1	10	1000	10000	10^6	10^9	10^{301}
$n = 10000$	1	13	10000	130000	10^8	10^{12}	10^{3010}

2.4　基本的なデータ構造

　ここでは，代表的なデータ構造をいくつか取り上げて，その概要と使用例について解説します．

■（1）配列と行列

　配列とは，2.2.2項で説明したように，いくつかのデータをまとめて取り扱う仕組みです．配列において，データを入れる箱は配列要素と呼ばれ，各配列要素には前から何番目の箱であるかを示すための添字（番号，インデックス）が付与されています．そして，各配列要素へのデータの代入や配列要素内のデータの参照のために，配列の名前（配列名）と添字を組み合わせて**配列名[添字]**のように表すと，通常の変数と同じように扱うことができます．例えば，配列

名がAである配列の3番目の配列要素は，$A[2]$のように表記されます[*14].

　通常の配列は，1次元，すなわち一直線にデータを並べたものとして構成されますが，配列要素の中に配列を入れることにより，図2.4に示す2次元配列を作成することも可能です．2次元配列の各配列要素は**配列名[添字$_1$][添字$_2$]**のように記載されます．後の章で述べられるように，データサイエンスで活用されるさまざまなアルゴリズムにおいて，逆行列を求めたり，固有値を計算したりなど，さまざまな行列演算が用いられますが，2次元配列は行列とみなすこともできるため，極めて重要なデータ構造といえます．

$A[0][0]$	$A[0][1]$	$A[0][2]$	$A[0][3]$
$A[1][0]$	$A[1][1]$	$A[1][2]$	$A[1][3]$
$A[2][0]$	$A[2][1]$	$A[2][2]$	$A[2][3]$
$A[3][0]$	$A[3][1]$	$A[3][2]$	$A[3][3]$
$A[4][0]$	$A[4][1]$	$A[4][2]$	$A[4][3]$

図 2.4 ■ 2次元配列

例題 2.2 ■ 行列の積

　2つの行列の積を求めるアルゴリズムを疑似コードを用い記述しなさい．

　p行q列の行列Aとq行r列の行列Bを掛けて，p行r列の行列Cを求めるアルゴリズムをアルゴリズム 2.5に示します．

アルゴリズム 2.5 ■ 行列の積

```
1: for i = 0 to p − 1 do
2:    for j = 0 to r − 1 do
3:       for k = 0 to q − 1 do
4:          C[i][j] = C[i][j] + A[i][k] ∗ B[k][j]
5:       end for
6:    end for
7: end for
```

[*14] ここでは，配列の添字が0から始まることを想定しています．プログラミング言語によっては，添字が1から始まるものもあり，その場合，3番目の配列要素は$A[3]$になります．

　このように2次元配列を用いて行列データを取り扱うことで，例えば，行の入れ替えや列の入れ替えなどの操作，行列式や逆行列の計算などのアルゴリズムを作ることも可能です．なお，Pythonなどのプログラミング言語では，さまざまな行列演算のための仕組みが用意されていて，比較的簡単に行列を取り扱うことができるようになっています．

問2.1（行列の積の計算量）

　アルゴリズム2.5に示した行列の積を求めるアルゴリズムの計算量のオーダーを示しなさい．

問2.2（行列式）

　2行2列の行列を2次元配列で表し，その行列式の値を求めるアルゴリズムを示しなさい．また，そのアルゴリズムの計算量のオーダーを示しなさい．

■（2）木構造

　配列のようなリスト形式，表形式の構造と同様に重要なデータ構造が木です．木は図2.1(b)に示したような構造であり，データ間に親子関係が定義できることに特徴があります．木構造において，データを格納する部分を**節点**（node），データとデータの親子関係を表す接続線を**枝**（arc）といいます．上位の節点が**親**（parent）であり，下位に配置される節点が**子**（child）を表します．一般的に，親は複数の子をもつことができますが，子は1つの親に対して接続されます．実際の木とは天地が逆になっていて，最も上位の，すなわち親が存在しない節点を**根**（root）といいます．また，子のいない節点は**葉**（leaf）といいます．

　木は，階層的な表現を得意とするため，データを整理して格納することができ，必要なデータを効率よく探すことができます．例えば，**図2.5**は，学生に関するデータを大学の組織図に対応させて表現した例を示しています．特定の学部・学科・学年の学生を探したい場合には，木の根に位置する「大学」から該当する項目を順にたどれば，効率的に所望のデータにアクセスできます．

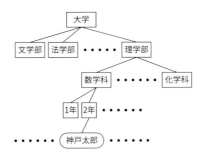

図 2.5 ■ 学生に関する木構造の例

■（3）グラフ

　木に類似したデータ構造にグラフ*15があります．グラフも木と同様に節点にデータを格納し，節点を枝で結んだ構造を取りますが，木とは異なり，必ずしも節点間の親子関係はなく，よって相互に接続する節点の個数にも制限はありません．その意味でグラフは木を一般化したデータ構造ということができます．通常，木には閉路（ある節点から枝をたどり，同じ節点に戻るような道）は存在しませんが，グラフは閉路をもつことがあります．なお，グラフにおいては，節点の代わりに**頂点**（vertex），枝の代わりに**辺**（edge）という用語がしばしば用いられます*16．また，グラフには，辺に向きがある場合（有向グラフ）と向きがない場合（無向グラフ）があり，前者においては，辺の向きに従ったたどり方のみが許されます．辺には**重み**（weight）を付与することがあり，これによって頂点間の距離などを示すことができます．

　グラフは2次元配列を用いて実現できます．グラフに存在する頂点の個数をNとして，$N \times N$の行列を2次元配列$E[i][j]$（$0 \leq i, j \leq N - 1$）として用意します．そして，頂点iと頂点jの間に辺が存在するときには，配列要素$E[i][j]$に辺の重みを代入することでグラフが表現できます*17．このような行列を（重み付きの）**隣接行列**といいます．

　図 2.6 は，都市間の関係を表したグラフとその隣接行列の例です．頂点が都市を，辺が都市間を結ぶ幹線道路を，そして辺に付与された重みが所要時間を

---

*15　ネットワークともいいます．

*16　グラフに対してだけでなく，木においても，これらの用語が用いられることがあります．

*17　グラフが重み付きでない場合は，接続されているときに1を代入します．

表しています．このグラフを用いることで，例えば，ある都市から他の都市までの最短の所要時間を求めることができます[*18]．

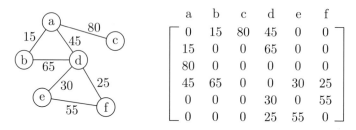

$$\begin{array}{cccccc} a & b & c & d & e & f \\ \begin{bmatrix} 0 & 15 & 80 & 45 & 0 & 0 \\ 15 & 0 & 0 & 65 & 0 & 0 \\ 80 & 0 & 0 & 0 & 0 & 0 \\ 45 & 65 & 0 & 0 & 30 & 25 \\ 0 & 0 & 0 & 30 & 0 & 55 \\ 0 & 0 & 0 & 25 & 55 & 0 \end{bmatrix} \end{array}$$

図2.6 ■ 都市間の所要時間に関するグラフの例

他にも例えばソーシャルネットワーキングサービス（SNS）における人と人のつながりもグラフを用いて表すことができ，このような社会ネットワークの分析（コミュニティの抽出，中心人物の特定，新たなつながりの予測など）もデータサイエンスにおける重要なテーマになっています．

2.5 探索

2.5.1 線形探索

データが大量に蓄積されている状況において，必要なデータを見つけること，すなわちデータの探索は，最も基本的なデータ処理であり，多数のアルゴリズムが考案されています．その最も簡単なものが**線形探索**（linear search）です．線形探索は，条件に合致するデータに出会うまで，全てのデータを順番に見ていく探索方法です．アルゴリズムを**アルゴリズム 2.6**に示します．ここでは，N 個の配列要素からなる配列 A にデータが格納されており，与えられたデータ d が見つかれば**true**を，見つからなければ**false**を返すことを想定しています．なお，2行目の等号を2つ重ねた==は比較を意味していて，両辺の値が等しい場合に**then**から**end if**を実行します．

[*18] このような問題は**最短経路問題**（shortest path problem）と呼ばれ，この問題を解くアルゴリズムとして**ダイクストラ法**（Dijkstra's algorithm）などが有名です．

例題2.3 ■ 線形探索の計算量

アルゴリズム 2.6 に示した線形探索の計算量を求めなさい.

アルゴリズム 2.6 ■ 線形探索：配列 A からデータ d を探索

```
1: for i = 0 to N − 1 do
2:    if A[i] == d then
3:        return  true
4:    end if
5: end for
6: return  false
```

2.3.4項で述べたように，計算量は繰り返し処理の回数に大きく依存します. 線形探索における繰り返し回数は，探索したいデータ d が配列内に存在しない 場合と存在する場合で異なるため，注意が必要です. データ d が存在しない場 合には，1〜5行目の処理が必ず N 回実行されるため，計算量は $O(N)$ となりま す. データ d が存在する場合には，仮に配列のどの要素に入っているかがラン ダム（全て $1/N$ の等確率）であるとするならば，1〜5行目の処理に実行回数は最 小で1回，最大は N 回であるため，平均的には $(1+2+\cdots+N)/N = (N+1)/2$ 回となります. 計算量のオーダーにおいて係数や定数項は無視するため，こ の場合も $O(N)$ です. よって，線形探索の平均計算量は，いずれの場合でも $O(N)$ ということができます.

2.5.2　二分探索

線形探索では，条件を満たすデータが見つかるまで，配列に格納された全て のデータを探索の対象としています. これに対して，全てのデータを探索対象 としないことで処理の効率化を図った方法が**二分探索**（binary search）です.

二分探索のアルゴリズムを**アルゴリズム 2.7**に示します. 二分探索では，配 列 A 内のデータがある決まり（例えば，数値であれば小さい順，文字列であれ ば辞書順（50音順やアルファベット順）など）に従って並んでいることを前提 としています. 配列の中間に位置する配列要素に格納されたデータ（中間デー タ）と与えられたデータ d を比較して，d が中間データより（決められた順序の

もとで）前方にあるべきなのか，後方にあるべきなのかを判定します[19]．判定結果に基づいて存在可能な部分のみを探索対象と考えて同様のことを繰り返すことで，データの有無を判定します．なお，この疑似コードにおいて，**while** はその直後に書かれた条件を満たしている間，**do** と **end while** で囲まれた部分を繰り返し実行することを意味しています．整数データが昇順に配列に入っている状況において二分探索を実行した例を図 2.7 に示します．

アルゴリズム 2.7 ■ 二分探索：配列 A からデータ d を探索

```
 1: f = 0
 2: r = N − 1
 3: while f <= r do
 4:     m = ⌊(f + r)/2⌋
 5:     if A[m] == d then
 6:         return  true
 7:     end if
 8:     if d < A[m] then
 9:         r = m − 1
10:     else
11:         f = m + 1
12:     end if
13: end while
14: return  false
```

例題 2.4 ■ 二分探索の計算量

アルゴリズム 2.7 に示した二分探索の計算量を求めなさい．

　二分探索の計算量も繰り返し回数をもとに，求めることができます．二分探索における繰り返し処理は 3～13 行目の **while** 文です．この繰り返しを 1 回実行する度に，探索の対象とする範囲（配列要素数）が $N, N/2, N/4, N/8, \ldots$ のように半減し，d が配列内に存在しない場合など，最大でも $\lceil \log_2 N \rceil$ 回の繰り返しによって探索対象範囲が $N/2^{\lceil \log_2 N \rceil} \approx 1$ となって処理を終了します[20]．

---

[19] アルゴリズム 2.7 の 4 行目の $m = \lfloor (f+r)/2 \rfloor$ によって，中間の配列要素の添字を計算していますが，ここで用いられている $\lfloor x \rfloor$ は床関数と呼ばれ，実数 x に対して x 以下の最大の整数を意味します．これによって，配列の添字が整数以外になることを回避しています．

[20] $\lceil x \rceil$ は天井関数を示しており，実数 x に対して x 以上の最小の整数を意味します．

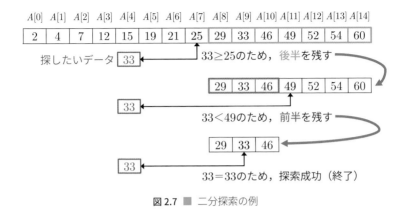

図 2.7 ■ 二分探索の例

以上より，二分探索の計算量のオーダーは $O(\log_2 N)$ となります．線形探索と二分探索のアルゴリズムを比較すると，二分探索の方が複雑な処理をしているため，一見，計算時間もかかるように思いますが，計算量のオーダーは二分探索が $O(\log_2 N)$ に対して線形探索は $O(N)$ であり，2.3.4項の図 2.3や表 2.2に示したように，二分探索の方が圧倒的に効率が良いアルゴリズムといえます．このように同じデータの探索という問題を取り上げた場合でも，そのアルゴリズムによって，処理の効率が大きく異なります．ただし，二分探索においてはデータの並びに制約があるため，完全に同一の問題ではないことに留意が必要です．

2.5.3 　ハッシュ

　二分探索は，データの比較のたびに探索対象とする配列を半分にすることができるため，非常に効率よく，データを探すことができます．それでも，所望のデータにたどり着くまでに，数回のデータの比較を必要とします．また，二分探索では，データの並び順を維持する必要があり，新たなデータを追加する際には，データを配列内で移動させなければならないため，探索に比べて余分な手間がかかります．

　そこで，データの探索や追加においてさらなる効率化を狙った方法の一つが**ハッシュ**（hashing）です．ハッシュも線形探索や二分探索と同様に配列を用いてデータを格納することを前提としていますが，各データを何番目の配列要素に格納するかがデータによって決まっていることに特徴があります．

　ハッシュの基本的な考え方は，データ d（とりあえず，ここでは0以上の整数と仮定します）を配列 A に格納する際，配列要素 $A[d]$ に格納するというものです．このように，d に依存して格納する場所を固定できれば，データ d の有無は，単に $A[d]$ を見にいけばよいだけになり，非常に簡単な処理で探索が実現できます．また，データの登録も $A[d]$ に代入するだけですみます．

　しかしながら，この方法には，次のような問題があります．

- データ d が0以上かつ配列の添字の最大値までの整数に限定される．
- d の値が大きい場合には，格納するデータ数が少ない場合でも，大きな配列を用意する必要があり，無駄が多い．

　そこで，これらの問題を回避するために**ハッシュ関数**（hash function）を導入したものがハッシュです．ハッシュ関数は，引数としてデータ d を取り，返り値として，0以上で配列の添字の最大値までの整数値を返す関数として定義されます．配列サイズ（配列要素数）を N とすると，データ d が整数データであるならば，$h(d) \stackrel{\text{def}}{=} d \bmod N$ により定義[*21]される関数 $h(d)$ が最も簡単なハッシュ関数の例です．$N = 10$ の配列に対して，このハッシュ関数を用いて整数データを格納した例を図 2.8 に示します．なお，データ d が単純な整数ではなく，例えば個人の「氏名」，「住所」，「電話番号」などから構成されるような複雑な構造をもつ場合でも，それらのデータを $0 \sim N - 1$ の整数に変換するハッシュ関数[*22]を用意すれば同様の処理が可能です．

$A[0]$	$A[1]$	$A[2]$	$A[3]$	$A[4]$	$A[5]$	$A[6]$	$A[7]$	$A[8]$	$A[9]$
	211	512		44	5		997	28	

図 2.8 ■ ハッシュの例

　一方で，ハッシュでは，異なるデータが同じハッシュ関数の値をとることがあり，これを**衝突**（collision）といいます．一般に1つの配列要素に複数のデータを格納することはできないので，衝突に対する対処が必要となります．詳細は省略しますが，代表的な2種類の方法について簡単に紹介します．1つ目

[*21]　この定義式において mod は剰余（d を N で割った余り）を意味します．

[*22]　文字などの非数値データもコンピュータ内部では数値として扱われているため，「氏名」などの文字列を整数に変換することは容易です．

の方法は，1つの配列要素から数珠つなぎに複数のデータを格納できるような
データ構造を配列の外側に設けることで，同じハッシュ関数の値をとるデータ
を順番に格納していく方法です．数珠つなぎのデータ構造を配列の外に用意す
るので，**チェイニング法**（chaining）あるいは外部ハッシュといいます．2つ
目の方法は，**オープンアドレス法**（open addressing）あるいは内部ハッシュ
と呼ばれるもので，衝突が生じた場合に，後から来たデータの格納場所を配列
内の別の配列要素から探す方法です．例えば，データが入っていない空きの配
列要素が見つかるまで，ハッシュ関数が最初に示した添字からその値を順番に
進めていくなどの方法が用いられます．図2.9にその例を示します．

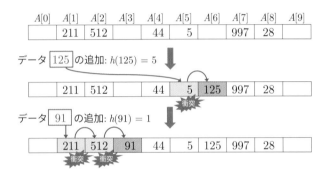

図 2.9 ■ オープンアドレス法による衝突への対応の例

　ハッシュは大量のデータを効率よく取り扱うための汎用的な仕組みであるた
め，Python，Javaなど多くのプログラミング言語において，標準的な機能と
して提供されています．

2.6 ソーティング

　データの探索と並ぶ基本的なデータ処理に**ソーティング**（sorting）がありま
す．これは複数のデータを，ある決められた順序に従って並べ替える操作のこ
とです．例えば，携帯電話の連絡先データを氏名の50音順に表示したり，あ
る製品の販売店リストを販売価格の安い順に並べたり，スーパーマーケットに
おける店舗ごとの売上ランキングを作成したりなど，データの並べ替え操作は

日常的に行われていることからも，その重要性が理解できるでしょう．

ソーティングのためのアルゴリズムは多数存在しますが，ここでは代表的な2つのアルゴリズムを紹介します．なお，以下では説明を簡単にするために，整数のデータをその大小関係に基づいて**昇順**（ascending order）[*23]にソーティングすることを想定しますが，順序を定義できれば，必ずしも数値や大小関係に限定されるわけではありません．同じアルゴリズムで，英単語などの文字列を辞書順に並べることなども可能です．

2.6.1　バブルソート

バブルソート（bubble sort）は隣り合う2つのデータの順序を比較し，比較結果をもとに必要に応じて交換することを繰り返すことにより，ソーティングを実現するアルゴリズムです．最初に1番目のデータと2番目のデータを比較して，順序が望ましい状態（小さい順）に並んでいないようであれば，これら2つのデータを交換します．次に2番目のデータと3番目のデータを比較して，同様に必要であればデータを交換します．この操作を最後のデータまで行うと，末尾に最大のデータがやってきます．ここまでがひとまとまりの処理になります．次に，末尾を除く残りの部分に対して，同じ処理を繰り返すと末尾から2番目の位置に2番目に大きなデータが収まります．このように後ろから順番に大きいデータを入れていくことで，ソーティングが完了します．

要素数 N の配列 A をソーティングするためのバブルソートのアルゴリズムをアルゴリズム2.8に示します．ここでswapは，2つの引数を受け取り，その値を交換する関数です．

アルゴリズム2.8 ▓ バブルソート

```
1: for i = 0 to N − 2 do
2:     for j = 0 to N − i − 2 do
3:         if A[j] > A[j + 1] then
4:             swap (A[j], A[j + 1])
5:         end if
6:     end for
7: end for
```

[*23] 数値の小さい順を意味します．逆の順番を**降順**（descending order）といいます．

　バブルソートの動作例を図2.10に示します．図からソーティング完了まで
に10回のデータ比較が行われていることがわかります．バブルソートをはじ
めとするソーティングアルゴリズムの計算量は，主にデータの比較処理（ア
ルゴリズム2.8の3行目の**if**文の条件部）が何回実行されるかによって求める
ことができ，バブルソートにおいては計算量のオーダーは$O(N^2)$となります．
ソーティングが完了するまでに，同じデータの参照が繰り返し行われているた
め，次に解説するクイックソートと比べると効率の悪いアルゴリズムになって
います．

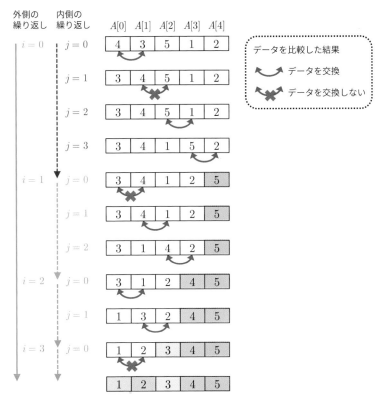

図2.10 ■ バブルソートの動作例

問2.3（バブルソートの動作）

　次のように値が格納されている配列に対してバブルソートを適用したときの動作の様子を図示しなさい.

5	2	1	8	9	4	3	6	0	7

問2.4（バブルソートの計算量）

　アルゴリズム2.8のバブルソートの計算量のオーダーが$O(N^2)$になる理由を述べなさい.

2.6.2　クイックソート

　クイックソート（quick sort）は, 効率が良いソーティングとして, さまざまな場面で用いられている実用性の高いアルゴリズムです. その基本的な考え方は, 与えられたデータを2つに分けることで, より小規模なデータに対するソーティングに置き換えるという処理を繰り返して, 最終的に全体をソーティングするというものです. このように, 規模が大きな問題を小さい問題に分割することを繰り返し, それぞれの（小さな）問題を解決することで, 最終的に元の問題を解くという枠組みは, 一般的に**分割統治法**（divide-and-conquer method）と呼ばれ, ソーティングだけでなく, さまざまなアルゴリズムの開発において利用される考え方です.

　クイックソートの処理の概要は次のとおりです. まず, 与えられたデータの中から, 1つのデータを基準データとして選択します. このデータは**ピボット**（pivot）といいます. 次にピボット以外のデータをピボット未満の部分とピボット以上の部分に分けて, 前者をピボットより前に, 後者をピボットより後に並べる形で配列を二分割します. 分割されたそれぞれの配列に対して, 同じ処理を行うことを繰り返すことで, 最終的な全体の並べ替えが完成します. クイックソートの動作例を図2.11に示します.

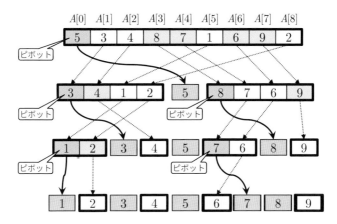

図2.11 ■ クイックソートの動作例

　疑似コードを用いて記述したクイックソートのアルゴリズムをアルゴリズム2.9に示します.このアルゴリズムでは,自分自身をアルゴリズムの中で呼び出すといったややトリッキーなテクニックが使われています[*24].このために,アルゴリズム全体を2つの引数をもつ関数quicksort(l, r)として定義し,ソーティングの対象となる範囲を,開始位置を示す(配列Aの)添字lと終了位置を示す添字rによって指定しています.

　ピボットとして,どのデータを選択しても構いませんが,このアルゴリズムでは,対象としている配列範囲の左端(先頭)の要素を用いる形にしています.アルゴリズム中盤の**for**から**end for**の繰り返し部分では,最終的にピボットが収まる場所($A[i]$)を挟む[*25]ように,ピボットより小さいデータをその左側$A[l], \ldots, A[i-1]$に,ピボット以上のデータをその右側$A[i+1], \ldots, A[r]$に割り振る処理が行われています.

　クイックソートの計算量について厳密に求めることはやや難しいため,ここでは簡単に概要を述べるに留めます.詳しくは文献[1]などを参照してください.クイックソートは,対象とするデータの状態によって計算量のオーダーが変化します.クイックソートは上で解説したように分割統治法を基本的な考え

[*24]　このようなアルゴリズムは**再帰的アルゴリズム**(recursive algorithm)と呼ばれ,アルゴリズムやプログラムを簡潔に記載することに役立ちます.

[*25]　**end for**の後で,ピボットが収められた$A[l]$と$A[i]$の値を入れ替えることによって,ピボットのデータを$A[i]$の位置に移動しています.

アルゴリズム 2.9 ■ クイックソート quicksort(l, r)

Input: ソーティング対象となる配列 A の開始位置 l と終了位置 r
Output: 返り値はなし．ただし，配列 $A[l] \sim A[r]$ をソーティング

```
 1: if l >= r then
 2:    return
 3: end if
 4: i = l
 5: for j = l + 1 to r do
 6:    if A[j] < A[l] then
 7:       i = i + 1
 8:       swap(A[i], A[j])
 9:    end if
10: end for
11: swap(A[l], A[i])
12: quicksort(l, i − 1)
13: quicksort(i + 1, r)
```

方としていますが，分割がうまく行われる場合，分割後の問題においてその規模がほぼ半減し，配列サイズ N に対して $\log_2 N$ 回程度の分割を行うことで，それ以上分割できない状態にすることができます．1回の分割ごとに，N 個のデータを参照する必要があるため，クイックソートの計算量のオーダーは両者の積から $O(N \log_2 N)$ となります．ただし，これは分割の際に偏りがない場合であって，もし，ピボットを用いた分割操作において，毎回，1つと残り全部という形に分割された場合には分割回数が $\log_2 N$ に収まらず，おおよそ N 回の分割が発生します．これが最悪のケースで，このときの計算量のオーダーは $O(N^2)$ となります．このようにクイックソートは平均計算量が $O(N \log_2 N)$，最悪計算量が $O(N^2)$ という特徴をもっています．

問 2.5 （クイックソートの動作）

次のように値が格納されている配列に対してクイックソートを適用したときの動作の様子を図示しなさい．

5	2	1	8	9	4	3	6	0	7

●さらなる学習のために●

　本章では，アルゴリズムとデータ構造の基礎について，基本的なデータ処理である探索とソーティングを中心に，代表的なアルゴリズムを取り上げて解説しました．紙面の都合で割愛しましたが，木構造に対する系統的な探索のためのアルゴリズムやグラフにおける最短経路を求めるアルゴリズムなど，さまざまなアルゴリズムが知られています．また，プログラムを開発するという観点からは，アルゴリズムの設計手法も重要な話題となります．これらについて学習するには，参考文献 [1, 2] などが参考になるでしょう．幸いなことに，アルゴリズムとデータ構造は，データサイエンスに限らず，計算機科学，情報工学などを学ぶ者にとって，最も基本的で重要な学習事項の一つであるため，上記の参考文献以外にも多数の教科書・参考書が出版されています．本章でアルゴリズムやデータ構造の基礎的な内容について学んだ後には，是非，お気に入りの一冊を見つけて通読することをお勧めします．

　なお，データサイエンスの諸問題を解決するためのアルゴリズムについて，本書の以降の章において，それぞれのトピックスごとに紹介されています．アルゴリズムの多くは，本章で導入した疑似コードを用いて記述されていますので，表 2.1 を参考にしながら読み進めてください．

第 3 章

システム最適化

　ある人工的なシステムが運用されている状況を考えた場合，対象となるシステムに与えられた目的を達成するように，運用のためのさまざまな変数を決定していく手法が最適化手法です．例えば，コンビニエンスストアチェーンが自社の複数店舗に対して，複数台のトラックを用いて倉庫から食品や飲料を供給している状況を想定しましょう．配送コストを最も小さくするためには，どのように運用すればよいでしょうか．この場合，配送コストの最小化が目的を表します．また，どのトラックを使用して，どの店舗を配送対象とし，どういう順序で配送していくのか，が運用のための変数を表します．すなわち，配送コストの最小化を実現するために，使用トラックとその配送対象店舗，および配送順序を決定していくための手法が最適化手法です．本章は，システム最適化に関するトピックスを概観し，データサイエンティストが最低限備えておくべきシステム最適化の知識を獲得することを目的としています．

3.1 最適化問題とは

3.1.1 最適化問題の例

　日常生活では気づかれていない場合も多いのですが，身のまわりのシステムをうまく作動させるために，**最適化問題**（optimization problem）として扱われ，それを何らかの手法で解かれた解を用いてシステムが運用されている場合が散見されます．

　例えば，ある工場で材料Aと材料Bを用いて製品I，製品IIを作る場合を考えます．製品I，IIはそれぞれ，単位数量あたりいくらかの利益が得られるとします（例えば1個あたり100円）．各製品は，それぞれ材料A，Bが特定の分量だけ必要ですが，各材料の在庫量は決まっているので利用できる量に制限があります．その場合，製品I，IIをそれぞれをいくつずつ作ると利益が最も大きくなるのでしょうか．このような問題は，生産計画問題とよばれる最適化問題の一例です．

　ある企業のセールスマンが，取引先企業の中の複数社を営業で順に巡っていき，最後に帰社する場合を考えます．セールスマンの移動距離をできるだけ小さくすることは，徒歩で移動する場合はセールスマンの疲労度軽減になりますし，自動車で移動する場合も燃料費や高速道路利用料などが節約できます．また，移動時間をできるだけ短くすることで，客先における滞在時間を長くすることが可能となり，営業効率も上がるでしょう．このように，複数の拠点をどういう順序で巡回し帰社すると移動距離の合計を最小化することができるか，を求める問題を巡回セールスマン問題といいます．

　ニューラルネットワーク [3] を用いた機械学習によって画像認識をしようとしているとします．教師と学習器（ニューラルネットワーク）の出力の誤差を損失関数として表すことが多いのですが，機械が学習するということは，この損失関数を最小化していく過程と捉えられます．損失関数の最小化過程でよく利用される**誤差逆伝播法**（バックプロパゲーション，backpropagation; BP）は，後述する非線形最適化手法の最急降下法のことであり，これも最適化問題の一例です．

　機械学習法の一つである**強化学習**（reinforcement learning）[4] は，行動選

択に対する価値関数を最大化するように，外部から得られる報酬に基づいて行動の系列を強化していくものです．強化学習は最適化手法の一つである動的計画法をもとにしており，**マルコフ意思決定過程**（Markov Decision Process; MDP）であれば最適解への収束が実現できます．すなわち，最適化問題として捉えられます．

このように，システムを最適に運用しようとする場合や，データサイエンスにおいてよく用いられる手法においても，最適化問題として扱われ求解される場面は多いのです．

3.1.2　最適化問題の表現方法

最適化問題は，対象システムが作動することができる限界（境界）である**制約条件**（constraint）下で，目的を表す尺度である**目的関数**（objective function）を最小化（または最大化）するような**決定変数**（decision variable）の値を導くこと，と定義できます．

冒頭のコンビニエンスストアチェーンの例の場合，配送コストが目的関数に当たり，それを最小化しようとします．各トラックが配送対象とする店舗，各トラックが対象店舗を移動する順序が決定変数となります．制約条件とは，利用できるトラックの台数が決まっていること，配送する店舗への訪問回数は1回であること，全ての対象店舗へ配送すること，などが相当します．

このような最適化問題を数式で表現すると，

$$\min_{\boldsymbol{x}} \quad f(\boldsymbol{x}) \quad （または \max_{\boldsymbol{x}} \quad f(\boldsymbol{x}))\tag{3.1}$$

$$\text{sub. to} \quad \boldsymbol{x} \in F\tag{3.2}$$

$$F \subseteq X\tag{3.3}$$

と記述できます [5]．式 (3.1) は，目的関数 $f(\boldsymbol{x})$ を最小（または最大）にする決定変数 $\boldsymbol{x}$ の値を定めることを表しています．式 (3.2) は制約条件であり，決定変数 $\boldsymbol{x}$ は集合 F の要素であることを表しています．式 (3.3) は，集合 F がシステムの性質から定められる基本空間 X の部分集合であることを表しています．集合 F のことを**実行可能領域**（feasible region）といい，制約式 (3.2) を満たす $\boldsymbol{x}$ を**実行可能解**（feasible solution）といいます．実行可能解 $\boldsymbol{x}$ の中で，目的関数 $f(\boldsymbol{x})$ を最小（または最大）にする $\boldsymbol{x}*$ を**最適解**（optimal solution）といい

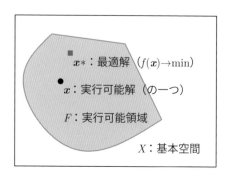

図 3.1 ■ 最適化問題の概念図

ます. 式 (3.1)〜(3.3) の概念図を **図 3.1** に示します. 図中の外側の四角が基本空間 X を, 部分空間である内側の縁取られた部分が実行可能領域 F を表しています. 実行可能領域の中の 1 つの解 x を丸い点で, 実行可能解の中で目的関数 $f(x)$ を最小にする最適解 $x*$ を四角い点で表しています.

　先ほどのコンビニエンスストアチェーンの例の場合, 実行可能解は, 利用できるトラック台数の制約の中で, 全ての配送対象となっている店舗に 1 度ずつ配送できる配送計画を表します. 一方で, トラック台数の制約をオーバーしたり, 配送されない店舗があるような場合は, 実行不可能解となります. 実行可能解の中で, 全てのトラックの移動距離の合計が最短のものが最適解となります.

3.2 　線形計画問題

3.2.1 　線形計画問題の概要

　線形計画問題 (linear programming problem) は, 式 (3.1)〜(3.3) の目的関数と制約条件が全て線形式で表現される場合で, 決定変数は実数 (連続値) となります. ここで, 線形式とは式中の変数が全て 1 次で表される方程式 (例えば $x + y = 1$) のことで, 非線形式とは 1 次以外の変数を含む式 (例えば $x^2 + e^y = 1$) のことを指します. **例題 3.1** に示す生産計画問題を例に, 問題の定式化と解法について述べます.

例題 3.1 ■ 生産計画問題

　製品 A, B を作るために, 「原料の精製」と「調合」の 2 つの工程が必要であるとします. それぞれの工程では, 単位重量当たり一定の時間が必要です. また, 各工程の 1 日の総作業時間は, 精製作業が 24 時間以内, 調合作業が 10 時間以内と定められています. このとき, 最大の利益が得られるように製品 A, B をそれぞれどれだけ製造すればよいか, また, そのときの利益はいくらになるか考えなさい. ただし, 以上の生産に関わるデータをまとめると表 3.1 のようになります.

表 3.1 ■ 製造データ

	精製 [h/kg]	調合 [h/kg]	利益 [百円/kg]
製品 A	3	2	24
製品 B	4	1	16
作業可能時間 [h]	24	10	

3.2.2　定式化

　例題 3.1 を線形計画問題として定式化してみましょう. まず, 決定したいのは製品 A, B の生産量ですので, それを決定変数とします. つまり, 製品 A の生産量を x[kg], 製品 B の生産量を y[kg] とします. 次に, 利益を最大化したいので, 利益を計算します. 利益は, 製品 A, B を 1 kg 作るとそれぞれ, 24 百円（=2,400 円）, 16 百円（=1,600 円）です. 1 kg あたりの利益と生産量の積で利益が求められるため, 目的関数を z とすると,

$$z = 24x + 16y \tag{3.4}$$

となります.

　次に, 制約式を考えます. 製品 A, B を 1 kg 製造するのに精製工程はそれぞれ 3 時間, 4 時間必要です. つまり, 1 kg あたりの精製時間と生産量の積で必要な精製時間が求められます. 精製にかけられる時間の上限は 24 時間なので, 精製工程に関する制約式は次のとおりとなります.

$$3x + 4y \leq 24 \tag{3.5}$$

同様に，調合にかけられる時間の上限は10時間なので，調合工程に関する制約式は次のとおりとなります．

$$2x + y \leq 10 \tag{3.6}$$

もう1つ重要な制約があります．生産量x, yはマイナス量にはなれないので，以下の非負制約が必要です．

$$x \geq 0, \ y \geq 0 \tag{3.7}$$

　以上の目的関数，制約式を1つの最適化問題の形式にまとめると次のとおりとなります．

$$\max_{x,y} \quad z = 24x + 16y \tag{3.8}$$

$$\text{sub. to} \quad 3x + 4y \leq 24 \tag{3.9}$$

$$2x + y \leq 10 \tag{3.10}$$

$$x \geq 0, \ y \geq 0 \tag{3.11}$$

3.2.3　解法

　線形計画問題の直感的な理解のために，例題 3.1 を図解法と呼ばれる解法で解いてみましょう．まず，図 3.2(a) に例題 3.1 の実行可能領域（網をかけた四角形の領域）を示します．図中の横軸に決定変数x，縦軸に決定変数yをとると，式 (3.11) からグラフ上の第1象限全ての領域が対象となります．次に，制約式 (3.9) からxを右辺に移項して整理すると，

$$y \leq -\frac{3}{4}x + 6 \tag{3.12}$$

となります．式 (3.12) の等号にあたる直線は図中の①です．式 (3.12) より，実行可能領域は図中直線①の下側に制約されます．同様に，制約式 (3.10) は次のとおりになります．

$$y \leq -2x + 10 \tag{3.13}$$

式 (3.13) から，図中の直線②の下側が実行可能領域となります．すなわち，x軸，y軸と2つの直線で囲まれた網をかけた領域が実行可能領域です．

　次に，目的関数の式 (3.8) をyで整理すると，

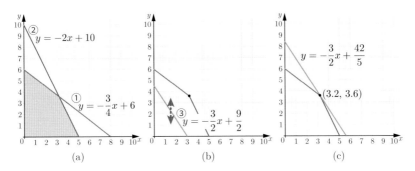

図3.2 ■ 線形計画問題の図解法の例

$$y = -\frac{3}{2}x + \frac{z}{16} \tag{3.14}$$

となります. $z = 72$ のときの直線は**図3.2**(b)の直線③です. この場合は実行可能領域を通過しており, $x \geq 0, y \geq 0$ を満たす全ての (x, y) の値の組は実行可能解となります. z の値の変化により直線の切片 $z/16$ が変化し, **図3.2**(b)中の矢印に示したように図中を平行移動することになります. では, 実行可能解のうちで目的関数の値 z が最大となるのはどのような場合でしょうか. 直感的にも推測できると思いますが, 2つの制約式の交点 $(16/5, 18/5) = (3.2, 3.6)$ を通るときです (**図3.2**(c)に示しています). 式 (3.14) に $(x, y) = (3.2, 3.6)$ を代入すると, $z = 134.4$ となります.

以上から, **例題3.1**の生産計画問題は, 最適解：$(x, y) = (3.2, 3.6)$ のときに, 最適値：$z = 134.4$ となります. すなわち, 製品 A を 3.2 kg, 製品 B を 3.6 kg 製造したときに, 最大利益 134.4 百円 (13,440 円) が得られます.

3.2.4　標準形

例題3.1のような実行可能領域のことを, 凸平面 (すなわち凹の部分がない) の構造をしているといいます. そして, 最適解はその凸平面を構成する制約式の交点に存在しました (**例題3.1**の場合は点 $(3.2, 3.6)$ でした). 線形計画問題の場合, 2つ以上の決定変数が存在した場合でも, 実行可能領域が凸多面体を構成している限り, 最適解は必ず端点 (制約式の交点) 上に存在することが知られています. すなわち, 実行可能解の全てを調べる必要はなく, 実行可能解を与える実行可能領域の端点をいかに効率よく調べていくのかが重要となりま

す．この特徴を利用し，線形計画問題を効率的に解く手法が，Dantzigによる
単体法（または**シンプレックス法**）（simplex method）[6]です．本節では単
体法そのものは取り上げませんが，その考え方のみ解説します．

　例題3.1では，決定変数が2つの問題（製品Aと製品Bの生産量）を取り上
げました．しかし，決定変数が2つというのは最も小さいクラスの問題であり，
実問題では数百・数千という決定変数が存在する場合もあります．また，目的
関数の最大化だけではなく，最小化の問題もありますし，制約に不等式や等式
が混ざる場合もあります．このように，さまざまなバリエーションを有する問
題を統一的に取り扱うために，線形計画法では標準形が定められています．標
準形とは，

- 最小化すべき目的関数が与えられている．
- 制約条件が全て等式で与えられている．
- 全ての変数に非負条件が与えられている．

という3条件が満たされている形式のことをいいます．では，**例題3.1**の定式
化（式(3.8)〜(3.11)）を標準形に変更してみましょう．まず，目的関数を最小
化問題に変更するために，最大化問題の目的関数に−1を掛けます．目的関数
では最小化となりますが，実質は最大化しているのと同じになります．

$$\min_{x,y} \quad z = -24x - 16y \tag{3.15}$$

次に，不等号制約を等号制約に変更します．例えば式(3.9), (3.10)の場合，左
辺が右辺より小さいか，あるいは同じ値をとらなければならないという制約を
表しています．小さいはずの左辺に0以上の変数をたし合わせると，左辺と右
辺が同じ値をとるようになります．すなわち，変数 λ（ただし $\lambda \geq 0$, これを
スラック変数（「スラック」は余剰分を意味する slack）といいます）を左辺に
足せばよいので，

$$\text{sub. to} \quad 3x + 4y + \lambda_1 = 24 \tag{3.16}$$

$$2x + y + \lambda_2 = 10 \tag{3.17}$$

となります．式(3.11)にスラック変数を加えると，

$$x \geq 0,\ y \geq 0,\ \lambda_1 \geq 0,\ \lambda_2 \geq 0 \tag{3.18}$$

となります.制約式の大小関係が異なる場合（つまり左辺の方が大きくなる場合）は，同様に0以上のスラック変数 λ（$\lambda \geq 0$）を左辺から引く必要があります.

3.2.5 基底変数と基底解

以上で例題 3.1 の問題が標準形の線形計画問題として定式化されました.ここで,制約式 (3.16),式 (3.17) に注目してもらいたいのですが,変数は4つあるのに,式は2つしかありません.通常,連立方程式の値を定めるためには,変数の数 n と式の数 m は一致（あるいは式の数の方が多い）している必要があります.そこで,多い分の変数（つまり $n - m$ 個）の値を0にすると残りの変数の数と式の数が一致します.このように,値を0とした変数のことを**非基底変数**（nonbasic variable）といいます.一方,0以外の値をもつ変数を**基底変数**（basic variable）と呼び,基底変数の数と方程式の数が一致するので連立方程式の解が1つに定まります.このようにして導出した解を**基底解**（basic solution）といいます.さらに,全ての変数が非負条件を満たす基底解を**実行可能基底解**（feasible basic solution）といいます.

例題 3.1 の問題で考えてみましょう.最適解として導出した解は,λ_1 と λ_2 を非基底変数とした場合,すなわち

$$\lambda_1 = 0,\ \lambda_2 = 0 \tag{3.19}$$

とした場合の等式制約の連立方程式

$$3x + 4y = 24 \tag{3.20}$$

$$2x + y = 10 \tag{3.21}$$

の解（代入法などで容易に解けます）,$(x, y) = (16/5, 18/5)$ の場合にほかなりません.

問 3.1 （実行可能基底解）

x, λ_1 を非基底変数,つまり $x = 0,\ \lambda_1 = 0$ とした場合の実行可能基底解を求めるとともに,図解法においてどの点を指すか答えなさい.

同様に (x, y), (y, λ_2) を非基底変数に選ぶと実行可能基底解 $(x, y) = (0, 0)$,

$(x, y) = (5, 0)$ が得られ，(y, λ_1)，(x, λ_2) を非基底変数に選ぶと，実行不可能な基底解 $(x, y) = (8, 0)$，$(x, y) = (0, 10)$，が得られます．このように，基底解は変数の数 n から等式制約の数 m を選ぶ組合せ（${}_n\mathrm{C}_m$）だけ存在します．例題 3.1 の場合，変数の数が 4，等式制約の数が 2 なので，上記のとおり，基底解の数は ${}_4\mathrm{C}_2 = 6$ となります．

　基底解と実行可能領域の端点との関係がイメージできるようになったでしょうか．線形計画問題の解法の中で最もよく使われている手法の一つである単体法は，このような基底解を全数調べるのではなく，ピボット操作（基底解を変更していく操作のこと）によって効率的に最適解を導出することができる手法です．数学的な記述も高度になるため本節では解説しませんが，アルゴリズム 3.1 にアルゴリズムの概要を示します．最適条件（非基底解の双対コスト係数が全て 0 以上になる）を満たすまで，基底解と非基底解を入れ替える（値を 0 にする変数を変更する）というものです．単体法の詳細な手順については参考文献（例えば [5, 8] など）を参照してください．

アルゴリズム 3.1 ■ 単体法アルゴリズム

Input: 対象問題を標準形に変形
Output: 線形計画問題の最適解
 1: 初期の実行可能基底解を選定
 2: **while** 双対コスト係数が 0 未満の非基底解が存在 **do**
 3: 　　基底変数と非基底変数の組合せを変更
 4: **end while**

3.3　非線形計画問題

3.3.1　非線形計画問題の概要

　非線形計画問題（non-linear programming problem）は，式 (3.1)～(3.3) の目的関数または制約条件に非線形の項を含む問題です．まず例題 3.1 を拡張した 2 変数の問題を図解法で解く手法 [7] について解説した後，一般的な解法について概説します．

3.3.2　2変数の場合

例題 3.1では，単位重量あたりの利益は生産量に依存せず一定の値をとった
ため，目的関数は式 (3.4)のように線形式で表現されました．しかし，利益が
生産量に依存する場合もあります．例えば，生産量 x, y の増加に対して，利益
がそれぞれ $6 - x, (35/3) - y$ のように下落する場合，利益を表す目的関数は，

$$z = (6 - x)x + \left(\frac{35}{3} - y\right)y \tag{3.22}$$

と表記できます．制約式は例題 3.1と同様に式 (3.9)〜(3.11)の線形制約とし
た場合を考え，式 (3.22)の目的関数を最大化する問題を考えましょう．便宜
上，標準化の場合と同様に −1を掛けて最小化問題とします．そうすると，新
しい目的関数 f は，

$$f = -(6 - x)x - \left(\frac{35}{3} - y\right)y \tag{3.23}$$

となり，この式を展開すると，

$$f = x^2 - 6x + y^2 - \frac{35}{3}y \tag{3.24}$$

となります．次に，円の方程式を活用して上式を次のように変形します．

$$(x - 3)^2 + \left(y - \frac{35}{6}\right)^2 = f + \frac{1549}{36} \tag{3.25}$$

ここで式 (3.25)は，点 $(3, 35/6)$ を中心とする円を表しています．f の値が大き
くなればなるほど右辺の値も大きくなり，円の半径も大きくなります．図 3.3
からも直感的にわかるように，実行可能解かつ f が最小となるのは円が等式制
約式（図中の直線①）と接するときで，接点は点 $(x, y) = (2, 4.5)$ になります．
このとき，制約式に接する円の半径が 5/3となることを利用して，

$$f + \frac{1549}{36} = \left(\frac{5}{3}\right)^2 \tag{3.26}$$

を解くことで，$f = -1449/36 \ (= -40.25)$ が得られます．最終的な目的関数
値 $z = -f$ より，$z = 40.25$ が最適値，$(x, y) = (2, 4.5)$ が最適解となります．

問 3.2（2変数非線形計画問題）

2変数非線形計画問題において，線形計画問題の最適解 $(x, y) = (3.2, 3.6)$
の場合の目的関数値を求め，2変数非線形計画問題の最適値と比較しなさい．

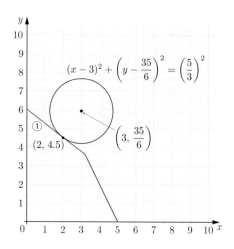

図 3.3 ■ 2変数非線形計画問題の図解法例

3.3.3 | 一般的な解法

　非線形最適化問題においても，線形制約のもとで目的関数が非線形の場合，決定変数が2つであれば図解法で求解可能であることを示しました．しかし，変数の数は2より多い場合も多く，制約式に非線形項を含む場合もあります．一般的には，制約がある場合とない場合で用いられる手法が異なり，次のような手法が代表的なものとして挙げられます．各手法の詳細の解説は数学的にも高度になるため本節では省略しますが，詳細は参考文献（例えば [5, 8] など）を参照してください．

- 制約なし最適化問題：降下法（勾配法），最急降下法，ニュートン法，準ニュートン法など．
- 制約あり最適化問題：ペナルティ法，乗数法，逐次2次計画法など．

3.4 整数計画問題

3.4.1 整数計画問題の概要

　式 (3.1)〜(3.3)における決定変数が整数値（離散値）となる問題のことを**整数計画問題**（integer programming problem）といいます．実行可能領域 F が組合せ的な条件を含むようになるため，**組合せ最適化問題**（combinatorial optimization problem）ともいいます．決定変数の値が0または1に限定される場合は0-1整数計画問題といいます．また，離散値をとる決定変数と連続値をとる決定変数が混在するような場合は，**混合整数計画問題**（mixed integer programming problem）といいます．例題 3.1のように生産量が連続量をとることができる問題に対し，例えば自動車やテレビなどの分割不可能な離散量をとる製品の生産計画が相当します．以下では，前節と同様に2変数の場合を図解法によって解を求めるとともに，より一般的な解法について概説します．

3.4.2 2変数の場合

　例題 3.1の非負条件に整数条件が加わります．すると式 (3.11)は以下のように変化します．

$$x \geq 0 \text{の整数}, \ y \geq 0 \text{の整数} \tag{3.27}$$

図 3.4は，例題 3.1を対象とした2変数整数計画問題の図解法を示しています．整数条件以外の制約式は線形計画問題のときと同様なので，実行可能領域は線形計画問題と同様となります．しかし，整数条件のために，実行可能領域の中の全ての変数をとることはできず，整数値しかとることができません（図 3.4(a)中の点）．目的関数も線形式のままですが，線形計画問題では最適解となる2つの制約式の交点の座標 $(x, y) = (3.2, 3.6)$ は整数の組ではないため，整数計画問題では実行不可能解となります（図 3.4(b)の直線④）．そこで，別の解を探す必要が出てきます．線形計画問題と同様に，目的関数のグラフを平行移動させ，解候補と交わるもので切片が最大となるものが最適解となります．図 3.4(c)の直線⑤に示したように，最適解 $(x, y) = (4.0, 2.0)$，最適値 $z = 128$ となります．つまり，製品Aを4 kg，製品Bを2 kg生産するとき，

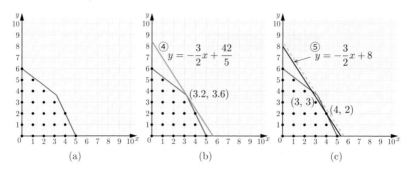

図 3.4 ■ 2変数整数計画問題の図解法

最大利益（最適値）は128百円（=12,800円）となります．また，**図 3.4(c)** より，線形計画問題の最適解 $(x, y) = (3.2, 3.6)$ に最も近い解ではなく（この場合 $(x, y) = (3, 3)$ が相当します），少し離れた解が最適解となっているのに注意が必要です．

問 3.3（2変数整数計画問題）

2変数整数計画問題において，線形計画問題の最適解 $(x, y) = (3.2, 3.6)$ に最も近い解 $(x, y) = (3, 3)$ とした場合の目的関数値を求め，整数計画問題の最適値と比較しなさい．

3.4.3　一般的な解法

図 3.4 に示したように，整数計画問題，整数だけではなく実数値も混ざった混合整数計画問題など，決定変数が離散的な解をとることにより，求解が難しくなります．線形計画問題のように実行可能領域の端点を調べることも不可能ですし，目的関数も不連続な値をとるので微分不可能であり，非線形最適化問題のように勾配情報を使うこともできません．つまり，基本的には全ての組合せを調べていくしかないために，整数計画問題は実用的な時間では解けない場合も多くあります．

整数計画問題は，問題の規模が大きくなるにつれて解の候補が指数関数的に増大することが問題で，計算量の理論では**NP困難**（nondeterministic polynomial-time hardness）といわれます．典型例とされる巡回セールスマン問題（セールスマンが出発地点から，営業先の都市を順に巡って出発点に戻る

経路のうち最短路を見つける問題）では，5 都市の場合は解の候補は 12 ($\times 10^0$) であるのに対し，規模が倍の 10 都市では 1.8×10^5，15 都市で 4.36×10^{10}，20 都市で 6.08×10^{16}，25 都市で 3.10×10^{23}，30 都市で 4.42×10^{30} となります．宇宙全体の星（恒星だけでなく惑星や衛星などを含むあらゆる星）の数が約 10^{26} 個といわれているので，30 都市ではそれを 4 桁も上回ります．現実の問題ではそれよりも大規模な問題も多く，全ての組合せを数え上げていくことは事実上不可能となります．

　このような整数計画問題の解法は，解の精度と計算時間によって，列挙的手法（分枝限定法，動的計画法など），発見的手法（欲張り方，ヒューリスティクスなど），探索的手法（ランダム探索法，局所探索法，メタヒューリスティクスなど）の 3 つのアプローチに分類できます．実際に求解する場合は，問題の規模は小さく制限しても最適解を求めたい場合は列挙的手法を用いたり，時間がかけられないので発見的手法や探索的手法を用いる場合など，求められる解の精度とかけられる時間によって適切な手法を選択する必要があります．また，発見的手法によってまずは求解し，それを初期解として探索的手法を用いるなど，複数の手法が組み合わされる場合もあります．少し高度な説明となるため本節では詳細な解説は省略しますが，参考文献（例えば [5, 8] など）を参照してください．

●さらなる学習のために●

　本章では，システム最適化について概説しました．システム最適化というと，解法の部分に注目されがちで，ここまでにもいろいろな手法が提案されてきました．しかし，近年コンピュータの能力が飛躍的に向上したことにより，最適化問題を数式を用いて記述できれば，数理計画ソルバと呼ばれるソフトウェアを用いて高速に求解することが可能となってきました [9]．数理計画ソルバには，商用のものとして IBM の CPLEX Optimizer [10], Gurobi の Gurobi Optimizer [11]，非商用のものとしては，GLPK [12] や lp_solve [13] などがよく利用されています．近年のデータ解析でよく用いられる Python においても，COIN プロジェクトの CBC [14] という非商用ソルバがデフォルトで利用できます（PuLP [15] というパッケージの一部としてインストールされます）．

　このように，解法については専用のソフトウェアに任せることが可能となりつつあるのですが，それらのソルバをうまく機能させるためには最適化問題の数式モデルをいかに作成するのかが重要となります．対象システムの特徴を理解し，適切な数式モデルを構築できないと，適切な解を求めることができません．本章では，解法そのものについては線形代数や微分積分などの比較的高度な数学的知識が必要となるため記述を避けました．詳細を理解する必要がある読者は他の専門書（例えば [5, 8] など）を参考にすると良いでしょう．

第 4 章

統計的データ解析の考え方

　本章では，統計的データ解析の基本的な考え方を解説します．データサイエンスのさまざまな手法の中で，統計的データ解析の特徴的なことの一つに，誤差の扱い，特に，標本誤差の扱いがあります．本章では，標本誤差の考え方を理解するために必要な，標本調査の考え方から始めて，標準誤差，推定，信頼区間，仮説検定，回帰分析などの基本的な統計手法の考え方を解説します．基本的な考え方を理解した方は，章末に挙げた教科書を参考に，理解を深めてください．

4.1 標本調査

4.1.1 標本調査と標本誤差

標本調査の考え方は，統計的データ解析の基本的な考え方の一つです．本節の内容は，高校数学で学んだ内容を含みますが，復習を兼ねて考え方を整理しましょう．データサイエンスで扱われるさまざまなデータには，通常，さまざまな誤差が含まれます．統計学では誤差を，その発生メカニズムや性質により分類します．例えば，測定器の能力不足や数値の丸めなどが原因で真の値からずれる誤差は，測定誤差（偶然誤差）とよばれます．また，測定者や測定器の癖，測定条件などにより生じる誤差は，系統誤差とよばれます．測定誤差や系統誤差は，精密な測定器で適切な方法でデータを取ることにより，ある程度は減らすことができますが，一方で，その性質上，完全に取り除くことのできない種類の誤差もあります．次の例題を考えてみましょう．

例題4.1 ■ 遠隔講義の満足度調査

ある大学では，遠隔講義の満足度について調べるため，無作為に選んだ学生20人のアンケートを取ったところ，12人が「満足」，8人が「不満」と答えました．このアンケート結果から何がわかりますか．

もちろん，このアンケート結果からは，調査の対象となった20人についての「満足度が60%である」ということがわかります．しかし本当に知りたいのは，大学の学生全体の満足度でしょう．そして，学生全体について調査することが何らかの理由で困難であったため，代わりに，無作為に選んだ20人について調査を行った，という背景を想像することができます．このように，調査により性質を調べたい全体の集団を**母集団**（population）といい，母集団全体を調べるのが難しいときに，その一部について調査することを**標本調査**（sampling survey）といいます．そして，標本調査で選ばれる「母集団の一部」を**標本**（sample）といいます．例題4.1であれば，母集団は大学の学生全体，標本はアンケート調査に選ばれた20人です．標本調査の目的は，得られた標

本をもとに母集団の特性を推測することであり，例題 4.1 では「大学全体の満足度を推測すること」がそれにあたります．そして，アンケート結果が「満足度 60 ％」であるからといって，母集団の満足度もまた「ちょうど 60 ％である」と断言することはできません．このような，標本調査で得られた推定値と，母集団の真の特性値とのずれを，**標本誤差**（sampling error）といいます．

標本誤差は，なぜ生じるのでしょうか．例題 4.1 であれば，標本に選んだ 20 人が別の 20 人であったら，アンケートの結果も変わっていたかもしれない，と考えられます．このように，母集団から選ばれる標本のとり方により標本調査の結果は変化し，本当に知りたい母集団の真の特性は，母集団全体を調査することでしか知ることができません．

4.1.2　アンケート調査とベルヌーイ試行

限られた標本から得られた結果から，母集団の特性についての結論を得るために必要となるのが，**統計的推測**（statistical inference）の理論です．前述した，「標本調査の結果は，標本のとり方により変化する」という現象を扱うために，統計的推測では，観測値を**確率変数の実現値**と見なします．そして，その確率変数の確率分布を説明する数学的な仮定を**統計モデル**（statistical model）といいます．例えば例題 4.1 の標本調査は，確率変数 $X_1, \ldots, X_{20}$ の実現値であると考え，その統計モデルは次のようになります．

【例題 4.1 に対する統計モデル（独立なベルヌーイ試行）】

　確率変数 $X_1, \ldots, X_{20}$ は，互いに独立に，成功確率 p のベルヌーイ分布に従う．

ここで，成功確率 p のベルヌーイ分布とは，成功確率 p，試行回数 1 の二項分布のことをいい，$i = 1, \ldots, 20$ について

$$P(X_i = 1) = p, \quad P(X_i = 0) = 1 - p$$

となります．より身近な「コイン投げ」で説明すれば，例題 4.1 の 20 人のアンケート調査を，表の出る確率が p であるコインを，独立に 20 回投げて，その結果，表が 12 回出た，と考えています．このように定式化することで，「標本の満足度は，母集団全体の満足度とは一致するとは限らない」という標本誤差

や，「標本として別の20人を選んでいたら，アンケート結果は変化していたかもしれない」という推定値のちらばりが説明できます．例えば後者は，「再度，20回のコイン投げを行えば，表の出る回数は変わるはず」と考えることに対応します．

4.1.3　母数と標本分布

前項で述べたベルヌーイ試行は，最も簡単な統計モデルの一つです．統計的推測では，興味のある母集団の特性を**母数**（parameter）といいます．ベルヌーイ試行では，成功確率 p（アンケート調査では，学生全体の満足度）が母数であり，これは母集団中の「満足」の比率ですから，**母比率**（population proportion）とよばれます．これに対し，標本調査で得られた $\bar{x} = (x_1 + \cdots + x_{20})/20 = 0.6$ は，**標本比率**（sample proportion）とよばれます．例題 4.1 の問いは，標本比率 $\bar{x} = 0.6$ から，母比率 p について何がわかるかを考える，統計的推測の問題にほかなりません．また，上記の統計的推測においては，元の標本値 $x_1, \ldots, x_{20}$ そのものではなく，その平均値である標本比率 $\bar{x}$ に情報を集約しています．このように，統計的推測に用いる標本の関数を，**統計量**（statistic）といいます．例えば，標本比率は統計量の例です．ここで，観測された標本 $x_1, \ldots, x_{20}$ が確率変数 $X_1, \ldots, X_{20}$ の実現値であるのと同様に，観測された標本比率 $\bar{x}$ も，確率変数 $\overline{X} = (X_1 + \cdots + X_{20})/n$ の実現値である，という点が重要です．一般に，統計量の確率分布を**標本分布**（sampling distribution）といいます．

4.2　信頼区間と仮説検定

4.2.1　信頼区間

標本から，母集団の母数について，どんなことがわかるでしょうか．再び例題 4.1 で考えます．母比率 p は，標本比率 $\bar{x} = 0.6$ に近い値と想像できますが，ちょうど一致すると断言はできません．真の値は $p = 0.71$ かもしれないし，$p = 0.55$ かもしれないし，もしかしたら実態の満足度はとても低くて

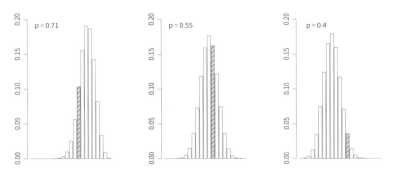

図 4.1 ■ $n = 20$ の二項分布（$p = 0.71,\ 0.55,\ 0.4$）

$p = 0.4$ なのかもしれません．統計的推測では，母数の真値をいろいろと想定し，**それが正しいと仮定したときの統計量の分布（標本分布）**を考えます．ここでは例題 4.1 で，統計量として，標本比率の代わりに「満足」と回答した学生の数に注目します．これは，確率変数 $X_1 + \cdots + X_n$（$= X$ と置きます）の実現値であり，X は，母比率 p を成功確率とする二項分布 $Bin(20, p)$ に従います．これが，X の標本分布です．二項分布の確率関数から，

$$P(X = x) = {}_{20}C_x p^x (1 - p)^{20-x} \quad (x = 0, 1, \ldots, 20)$$

となり，例題 4.1 は，この確率に従って分布する X の実現値として $x = 12$ が観測された，と解釈するわけです．母数 p は未知ですが，例に挙げた $p = 0.71,\ 0.55,\ 0.4$ の 3 つの場合について，二項分布の確率関数を棒グラフで描いてみると，図 4.1 となります．観測された $x = 12$ の柱を斜線で示しています．母数 p の値は未知ですので，これらの図のどれが実態に近いのかはわかりません．しかし，$p = 0.4$ のときのような，「$X = 12$ となる確率が小さいのが実態である」と考えるよりも，$p = 0.55$ のときのような「$X = 12$ となる確率は，ある程度大きいのが実態である」と考える方が自然だといえそうです．そこで，この，「母数 p の真値として考えるのに，それほど不自然ではないような範囲」を定量化することを考えましょう．例えば，p をいろいろと変化させれば，$P(X \leq 12)$, $P(X \geq 12)$ の値も変化しますが，$P(X \leq 12) = 0.025$ となるときの p の値を下限，$P(X \geq 12) = 0.025$ となるときの p の値を上限とするような範囲を求めてみます．コンピュータを使って実際に計算すると，$p = 0.3606$ のとき，$P(X \geq 12) = 0.025$ となり，$p = 0.8087$ のとき，$P(X \leq 12) = 0.025$ となることがわかります．図 4.2 は，これらに対応する

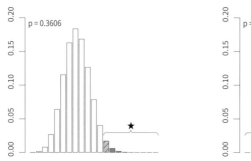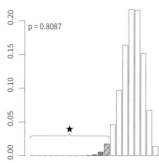

図4.2 ■ $n = 20$ の二項分布（$p = 0.3606,\ 0.8087$）

二項分布の確率関数の棒グラフです．斜線の柱が $x = 12$ に対応し，これを含む図の★の柱の合計が，それぞれちょうど0.025となっています．このような2つの p の値から，母数 p の真値の範囲を

$$0.3606 \leq p \leq 0.8087 \tag{4.1}$$

と推定するのが，統計的推測の手法の一つ，**信頼区間**（confidence interval）の考え方です．上で作成した信頼区間は**信頼度95%の信頼区間**といいます．

4.2.2　仮説検定

　統計的推測のもう一つの代表的な手法は，**仮説検定**（hypothesis testing）です．再び**例題4.1**について，今度は，標本比率が $\bar{x} = 0.6$ という結果から，「母比率 p は 0.5 より大きい」と主張できるかどうかを考えます．この問いに対しても，信頼区間と同じように，「仮に $p = 0.5$ が正しかったら」と仮定して，観測された結果がどれくらい「仮定のもとでの分布の端の方にあるのか」を，確率の値を計算して判断します．図4.3は，$p = 0.5$ のときの二項分布の確率関数の棒グラフで，斜線の柱は観測された $x = 12$ です．図4.3を見ると，$x = 12$ の斜線の柱は，分布の中心からずれていますが，それほど端にあるわけでもなく，仮に $p = 0.5$ が真であると仮定しても，違和感は少ないように思えます．このような判断を客観的に行うためには，$p = 0.5$ が真であると仮定して，その仮定のもとでの確率 $P(X \geq 12)$ を計算します．これは，図4.3の斜線の柱を含む★の柱の確率の合計に該当します．実際にコンピュータで計算すると，

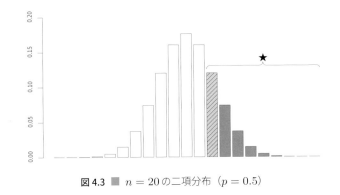

図 4.3 ■ $n = 20$ の二項分布 ($p = 0.5$)

$$P(X \geq 12) = \sum_{x=12}^{20} {}_{20}\mathrm{C}_x (0.5)^x (1 - 0.5)^{20-x} = 0.2517 \tag{4.2}$$

となりました．通常は，この値を事前に定めた基準値，例えば 0.05 と比較して，「基準値よりも小さい確率であれば，仮定した $p = 0.5$ は疑わしい」と結論付けます．この例では，$P(X \geq 12) = 0.2517$ は，それほど小さい値ではないので，$p = 0.5$ の仮定を否定することはできなさそうです．

　上で求めた，0.2517 という確率は，観測値 $x = 12$ に対する**有意確率（P 値）**（significance probability, P-value）といいます．また，判断の基準として事前に定める 0.05 などの値を，**有意水準**（significance level）といいます．有意水準は，0.05 あるいは 0.01 とするのが標準的です．また，上で仮定した $p = 0.5$ のような命題を，**帰無仮説**（null hypothesis）といい，それに対して，帰無仮説を否定することで主張したい命題（上の例では $p > 0.5$）を**対立仮説**（alternative hypothesis）といいます．

　仮説検定の手順は，まず，考えている統計モデルに対する帰無仮説，対立仮説，有意水準を定めて，その後，観測値に対する P 値を（帰無仮説が正しいと仮定した分布に従い）計算し，それを有意水準と比較することで結論を下します．P 値が有意水準よりも小さければ，帰無仮説の仮定（あるいは統計モデルの仮定）が疑わしいと判断します．このとき仮に，統計モデルの仮定が妥当であり，帰無仮説の仮定だけが疑わしいと判断できるのなら，そのときは，「対立仮説が正しい」と主張してもよいでしょう．例えば**例題 4.1** で，もし 20 人中，15 人が満足と答えていたなら，P 値は $P(X \geq 15) = 0.0207$ となって，有意水準が 0.05 であれば「母比率 p は 0.5 より大きい」という主張ができて

いました．一方で，**例題 4.1** の実際の結果のように，P 値が有意水準よりも大きければ，帰無仮説や統計モデルの仮定のもとで，それほど珍しくないことが起きたに過ぎないわけですので，仮説の真偽について何も主張することはできません．

4.3 分布の近似と標準誤差

4.3.1 分布の近似

前節では，**例題 4.1** を使って信頼区間と仮説検定の考え方を復習しました．信頼区間や仮説検定の P 値を計算するために，コンピュータを利用して二項分布の確率を厳密に計算しましたが，もう少し手軽に信頼区間や P 値の計算をするには，分布の**近似**を使うのが便利です．例えば「二項分布 $Bin(n, p)$ は，n が大きいとき，平均 np，分散 $np(1 - p)$ の正規分布 $N(np, np(1 - p))$ で近似できる」という定理があります．この定理を使えば，**例題 4.1** で扱った，母比率に関する信頼区間と仮説検定について，一般形を書くことができます．

信頼区間については，次のようになります．

【母比率 p の近似的な 95% 信頼区間】

サイズ n の標本の標本比率が $\overline{x}$ のとき，母比率 p の近似的な 95% 信頼区間は

$$\overline{x} - 1.96\sqrt{\frac{\overline{x}(1 - \overline{x})}{n}} \leq p \leq \overline{x} + 1.96\sqrt{\frac{\overline{x}(1 - \overline{x})}{n}} \tag{4.3}$$

となる．

この式の中に出てくる，1.96 という値は，標準正規分布の上側 2.5% 点です．この値を標準正規分布の該当する上側パーセント点に置き換えれば，任意に与えた信頼度の信頼区間を構成することもできます．**例題 4.1** の場合，$n = 20$，$\overline{x} = 0.6$ を代入すれば，母比率 p の近似的な 95% 信頼区間は $0.3853 \leq p \leq 0.8147$ となります．厳密な式 (4.1) からの多少のズレがありますが，わずかサイズ $n = 20$ のデータに対する近似ですので仕方ありません．

それよりも，手軽に信頼区間が得られるメリットの方が大きいでしょう．

　同様に，仮説検定は次のように書けます．

【母比率 p の近似的な仮説検定】

　標本サイズ n の標本比率が $\overline{x}$ のとき，母比率 p についての帰無仮説 $p = p_0$ の検定の P 値は，

$$z = \frac{\overline{x} - p_0}{\sqrt{\dfrac{p_0(1 - p_0)}{n}}} \tag{4.4}$$

の値から，対立仮説に応じて次のようになる．

- 対立仮説が $p \neq p_0$ のとき，$2P(Z \geq |z|)$
- 対立仮説が $p > p_0$ のとき，$P(Z \geq z)$
- 対立仮説が $p < p_0$ のとき，$P(Z \leq z)$

ただし，Z は標準正規分布 $N(0,1)$ に従う確率変数とする．

　例えば，**例題 4.1** の場合，帰無仮説 $p = 0.5$ の検定であれば，

$$z = \frac{0.6 - 0.5}{\sqrt{\dfrac{0.5(1 - 0.5)}{20}}} \approx 0.8944$$

ですので，標準正規分布表などから，対立仮説 $p > 0.5$ に対する P 値の近似値が $P(Z \geq 0.8944) = 0.186$ と計算できます．厳密計算による式 (4.2) とのズレは大きいですが，標本サイズ n が小さいのでやむを得ません．

4.3.2　標準誤差

　式 (4.3) に出てきた $\sqrt{\overline{x}(1 - \overline{x})/n}$ と，式 (4.4) に出てきた $\sqrt{p_0(1 - p_0)/n}$ に注目してください．一般に，ある母数 θ の推定量 $\hat{\theta}$ があったとき，その分散の正の平方根 $\sqrt{\mathrm{Var}(\hat{\theta})}$ を，推定量 $\hat{\theta}$ の**標準誤差** (standard error) といいます．標本比率 $\overline{X}$ の標準誤差は $\sqrt{\mathrm{Var}(\overline{X})} = \sqrt{p(1 - p)/n}$ となります．近似的な信頼区間の式 (4.3) に現れたのは，真の標準誤差の（p を $\overline{x}$ で置き換えた）推定値であり，近似的な検定の式 (4.4) では，帰無仮説 $p = p_0$ のもとでの標準

誤差の値を使っています. 標準誤差という用語は, しばしば, 「真の標準誤差」だけでなく, 「標準誤差の推定値」や「帰無仮説のもとでの標準誤差」などを表すのにも用いられます.

　一般に, 母数 θ を $\hat{\theta}$ で推定する統計的推測の多くの場合で, θ の近似的な信頼区間が $\hat{\theta} \pm u \times$「$\hat{\theta}$ の標準誤差」の形で与えられます (ただし u は, $\hat{\theta}$ の分布形から定まる上側パーセント点です). また, $\theta = \theta_0$ を帰無仮説とする仮説検定の多くは, $\hat{\theta} - \theta_0$ を $\hat{\theta}$ の標準誤差で割った量に基づき (それが帰無仮説のもとで従う分布の上側パーセント点と比較することで) 行われます. 標準誤差は, 推定量の精度を定量的に表す, 大変重要な量です. 標本比率の標準誤差の形は, 満足度や賛否を問うような標本調査の精度を 1 桁上げるためには, 標本サイズを100倍にしなければならないことを示唆しています. もちろん, 標本サイズを明記せず, 単に「賛成○○パーセントです」としか書かれていない調査結果には, (少なくとも統計学的には) 何の意味もないといわざるを得ません.

4.4 線形回帰モデル

4.4.1 線形回帰モデル

　次に, もう少し複雑な構造のデータ解析を考えます. 統計計算ソフトウェア R には, さまざまなデータセットが含まれており, ブレーキ実験データ cars はその一つです. cars は, さまざまな走行速度に対する制動距離 (ブレーキを踏んでから停止するまでの移動距離) を計測した実験結果で, サイズ $n = 50$ の 2 次元データです. 横軸を走行速度 (単位は時速マイル), 縦軸を制動距離 (単位はフィート) とした散布図を図 4.4 に示します. 散布図から, 「走行速度が大きければ, 制動距離も大きい」という, 直感的にも正しそうな正の相関関係を読み取ることができ, 実際, 相関係数は 0.81 と高い正の相関を示します. このようなサイズ n の 2 次元データ (x_1, y_1), (x_2, y_2), ..., (x_n, y_n) に対して, y_i を確率変数 Y_i の実現値と考え, 構造

$$Y_i = \beta_0 + \beta_1 x_i + \varepsilon_i \quad (i = 1, \ldots, n)$$

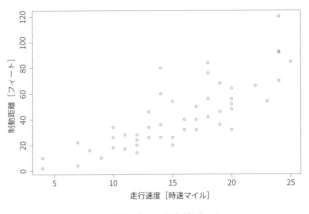

図4.4 ■ ブレーキ実験データ

を仮定するモデルが, **線形回帰モデル** (linear regression model) です. ただし ε_i は, 誤差を表す互いに無相関な確率変数で, $E(\varepsilon_i) = 0$, $\mathrm{Var}(\varepsilon_i) = \sigma^2$ $(i = 1, \ldots, n)$ を満たすと仮定します. 線形回帰モデルでは, 左辺の Y_i を**目的変数** (response variable) (または従属変数), 右辺の x_i を**説明変数** (explanatory variable) (または独立変数) といいます. cars のように, 説明変数が1つだけの線形回帰モデルは, 線形単回帰モデルともよばれ, それに対して説明変数が2つ以上ある場合は線形重回帰モデルとよばれます. いずれの場合も, 説明変数は通常の変数 (固定された実数値) として扱い, 目的変数を確率変数として扱います. ブレーキ実験データであれば, 速度 x が与えられたときの制動距離は, $\beta_0 + \beta_1 x$ を中心とする分散 σ^2 の確率分布の実現値と考えます.

4.4.2 最小二乗法

線形単回帰モデルの母数は, β_0, β_1, σ^2 の3つです. これらの値は, 以下のようにデータから推定します. いま, $i = 1, \ldots, n$ について, 母数 β_0, β_1 の値を与えたとき, 説明変数が x_i のときの目的変数の予測値 $\hat{y}_i$ と, 残差 e_i を, $\hat{y}_i = \beta_0 + \beta_1 x_i$, $e_i = y_i - \hat{y}_i$ と定めます. これらを図示したものが**図4.5**です. この残差の二乗和 (残差平方和)

$$\sum_{i=1}^{n} e_i^2 = \sum_{i=1}^{n} (y_i - \hat{y}_i)^2 = \sum_{i=1}^{n} (y_i - \beta_0 - \beta_1 x_i)^2 \tag{4.5}$$

は, 線形単回帰モデルのデータへの当てはまり具合を表す自然な指標と考え

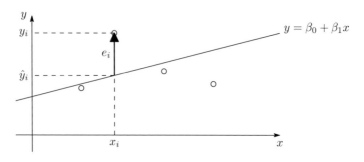

図 4.5 ■ 予測値と残差

られます．そこで，β_0, β_1 の推定値として，残差平方和が最小になるときの β_0, β_1 の値を考えます．この考え方を**最小二乗法**（least squares method）といい，得られた推定値 $\hat{\beta}_0, \hat{\beta}_1$ を最小二乗推定値といいます．最小二乗法の考え方は，説明変数が複数の線形重回帰モデルでも同様です．誤差の分散 σ^2 の推定値としては，残差平方和の最小値をその自由度で割った値とするのが普通です（自由度の意味や定義は割愛しますが，説明変数が p 個の線形重回帰モデルでは $n - p - 1$ となります．ブレーキ実験データでは自由度は 48 です）．

4.4.3 ソフトウェアの利用

最小二乗法の実際の計算には，微分の知識が必要となります．まず，残差平方和（式 (4.5)）を母数 β_0, β_1 の関数（2次関数）と見て $Q(\beta_0, \beta_1)$ とおきます．これを β_0, β_1 で偏微分してゼロとおいた連立方程式（これを**正規方程式**（normal equation）といいます）

$$\frac{\partial Q(\beta_0, \beta_1)}{\partial \beta_0} = \frac{\partial Q(\beta_0, \beta_1)}{\partial \beta_1} = 0$$

の解が，最小二乗推定値です．実際に偏微分を計算することにより，最小二乗推定値は次のようになります．

$$\hat{\beta}_1 = \frac{\sum_{i=1}^{n}(x_i - \bar{x})(y_i - \bar{y})}{\sum_{i=1}^{n}(x_i - \bar{x})^2}, \quad \hat{\beta}_0 = \bar{y} - \hat{\beta}_1 \bar{x}$$

ブレーキ実験データに対して，最小二乗推定値を求めると，$\hat{\beta}_0 = -17.58$，$\hat{\beta}_1 = 3.932$ となります．また，$Q(\hat{\beta}_0, \hat{\beta}_1)$ の値（残差平方和の最小値）は

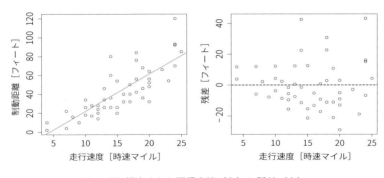

図4.6 ■ 推定された回帰直線（左）と残差（右）

11353.52となり，誤差分散の推定値は $\hat{\sigma}^2 = 11353.52/48 \approx 236.53$ となります．散布図に，推定された回帰直線を重ねたものが図4.6左です．推定された線形回帰モデルから，例えば，「走行速度が時速1マイル増えると，制動距離は3.93フィート増える」という解釈を得ることができます．また，「走行速度が時速20マイル（時速約32 km）のときは，制動距離は $-17.6 + 3.93 \times 20 = 61.0$ フィート（18.6 m）必要」というように，予測に使うこともできます．

　最小二乗法の実際の計算には，さまざまな統計計算ソフトウェアを使うことが多いでしょう．参考のため，Rでの計算結果の出力を見てみます．

Rでの計算例

```
> summary(lm(dist~speed,data=cars))
Call:
lm(formula = dist ~ speed, data = cars)
Residuals:
    Min     1Q  Median     3Q     Max
-29.069  -9.525  -2.272   9.215  43.201
Coefficients:
            Estimate Std. Error t value Pr(>|t|)
(Intercept) -17.5791     6.7584  -2.601   0.0123 *
speed         3.9324     0.4155   9.464 1.49e-12 ***
—
Signif. codes: 0 '***' 0.001 '**' 0.01 '*' 0.05 '.' 0.1 ' ' 1
Residual standard error: 15.38 on 48 degrees of freedom
Multiple R-squared: 0.6511, Adjusted R-squared: 0.6438
F-statistic: 89.57 on 1 and 48 DF,  p-value: 1.490e-12
```

　このように，通常の統計計算ソフトウェアでは必ず，母数の推定値だけでなく，その標準誤差（Std. Error）も一緒に出力されます．その隣のt value，

$\mathrm{Pr}(>|t|)$ は,「母数 $= 0$」という帰無仮説に対する仮説検定の結果です（ただし,誤差が正規分布 $N(0, \sigma^2)$ に従うことを仮定しています）.例えば,説明変数 speed の係数 β_1 について,帰無仮説 $\beta_1 = 0$ の仮説検定は,$\hat{\beta}_1 - 0 = 3.9324$ の値を $\hat{\beta}_1$ の標準誤差で割った値 $3.9324/0.4155 = 9.464$ に基づいて行われ,これを $\hat{\beta}_1$ の帰無仮説のもとでの分布（ここでは,自由度 48 の t 分布）と比較することで,対立仮説 $\beta_1 \neq 0$ に対する P 値が 1.49×10^{-12} となることが読み取れます.もし,β_1 の 95% 信頼区間を求めたければ,自由度 48 の t 分布の上側 2.5% 点が 2.01 となることを数表などで確かめて,$3.9324 \pm 2.01 \times 0.4155 = [3.097, 4.768]$ と計算できます.また,Residual standard error の行は,σ^2 の推定結果を表し,$\sqrt{\hat{\sigma}^2} = 15.38$ であることがわかります.

　ソフトウェアを利用すれば,推定値だけでなく,標準誤差や検定の P 値まで自動で出力してくれるので,大変便利です.特に,検定の結果については,P 値が小さければ「その母数は $= 0$ とは考えにくい」つまり「目的変数を説明するために,意味のある変数である」という主張に使うことができます.ただし,この主張はあくまでも,**仮定した線形回帰モデルが正しい**という前提のもとでの主張であることに注意してください.P 値が小さい値のときに否定されるのは,帰無仮説の $\beta_1 = 0$ だけでなく,線形回帰モデルの分布形や誤差の無相関性,等分散性など,前提になっている統計モデルの全ての仮定となります.その中で,帰無仮説 $\beta_1 = 0$ 以外の前提が妥当であると判断されるときに初めて,対立仮説 $\beta_1 \neq 0$ を主張することができます.

4.4.4 回帰診断

　前提とする統計モデルの妥当性のチェックには,**回帰診断**（regression diagnostics）が使われます.回帰診断にはさまざまな手法が含まれますが,最も基本的な手法は,残差のプロットです.図 4.6 右は,ブレーキ実験データに線形単回帰モデルを当てはめたときの残差プロットです.線形単回帰モデルの仮定が正しいときには,残差は 0 を中心に一様に分布します.図 4.6 右では,走行速度が大きい右側の方が,左側に比べて,残差の絶対値がやや大きくなっているように見えます.つまり,誤差の等分散性 $\mathrm{Var}(\varepsilon_i) = \sigma^2$,$(i = 1, \ldots, n)$ は疑わしく,例えば「誤差分散は走行速度に比例して増大するモデル」のような,より複雑なモデルを考える必要があるのかもしれません.

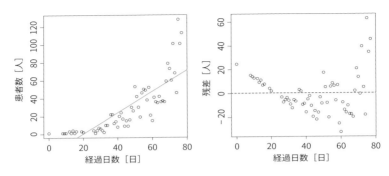

図 4.7 ■ 新型コロナウイルス国内患者数（2021年1月16日〜4月2日）に対する
推定された回帰直線（左）と残差（右）

　もう少しはっきりと，線形回帰モデルの仮定が不適切となる例を見てみましょう．図 4.7 左は，厚生労働省の Web サイトで，2021年1月16日から4月2日までの新型コロナウイルス国内患者数を調べてプロットし，線形単回帰モデルを当てはめたものです（横軸は，1月16日を起点とする日数．縦軸の患者数には，無症状病原体保有者，陽性確定例（症状有無確認中）の人数を含まない）．図 4.7 右はその残差プロットです．残差プロットを見ると，左から「正 → 負 → 正」というパターンが見られ，これはこのデータの「曲線的な傾向」を示唆しています．残差にこのような傾向が見られるのは，線形回帰モデルが不適切である典型例です．このデータに対しては，線形単回帰モデルの代わりに，目的変数を患者数の対数とした，

$$\ln(患者数) = \beta_0 + \beta_1 \times 経過日数 + 誤差$$

という統計モデルを考えてみましょう．最小二乗推定は，目的変数 y_i を $\ln y_i$ に置き換えるだけでよく，母数の最小二乗推定値は $\hat{\beta}_0 = -0.21$，$\hat{\beta}_1 = 0.064$ となりました．図 4.8 に推定結果と残差プロットを示します．残差は 0 を中心にほぼ一様と判断でき，こちらの方が，線形単回帰モデルよりも当てはまりの良い統計モデルであると判断できそうです．この推定結果から

$$感染者数 = \exp(-0.21 + 0.064 \times 経過日数) = 0.81 \times (1.066)^{経過日数}$$

という関係が得られ，つまり「感染者数は，毎日，6.6％ずつ増加している」という解釈が得られます．

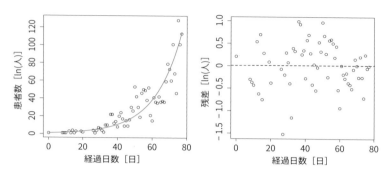

図 4.8 ■ 国内患者数の対数を目的変数とした場合の
推定された回帰直線（左）と残差（右）

4.5 非線形回帰モデル

4.5.1 O リングデータ

最後に，目的変数が連続な実数値でない場合の回帰モデルについて考えます．表 4.1 は，1986 年に起きたスペースシャトル「チャレンジャー号」爆発事故より以前の，23 回のスペースシャトルの打上げにおける，外気温と O リングの破損状況のデータ（論文 [16] より）の一部で，図 4.9 はこれをプロットしたものです．事故後の研究により，チャレンジャー号爆発事故は，右側固体燃料補助ロケットの密閉用 O リングが破損したことが原因であったとされています．発射当日は，異常寒波の影響で気温が非常に低かった（華氏 31 度，つまり摂氏約 −1 度）ために，O リングが柔軟性を失い，事故に繋がったと考えられるわけです．実際，図 4.9 からは，「気温が低いと O リングの破損が起こりやすい」という傾向が読み取れます（ちなみに，チャレンジャー号以前の打上

表 4.1 ■ O リング破損状況データ [16]

Flight No.	外気温（華氏）	破損状況（1 が破損）
1	66	0
2	70	1
3	69	0
⋮	⋮	⋮
23	58	1

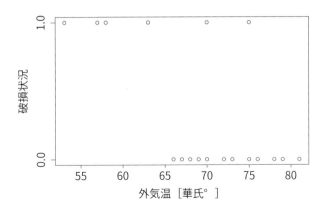

図 4.9 ■ Oリング破損状況データ（縦軸: 破損状況（1: 破損），横軸: 外気温）

げ時の外気温は華氏53度（摂氏約12度）以上であり，チャレンジャー号の華氏31度の異常さがわかります）．

4.5.2 ロジスティック回帰モデル

　前項のデータに対して，外気温を説明変数，Oリング破損状況を目的変数とする回帰モデルを考えたとき，目的変数の値は 0 または 1 の2値ですから，明らかに線形回帰モデルは不適切です．そこで，次のような非線形な回帰モデルを考えます．まず，目的変数であるOリングの破損状況（$y_i = 1$ or 0）は，表が出る確率が p_i の独立なコイン投げの実現値とみなします．そして，その母数 p_i について，構造

$$\ln \frac{p_i}{1 - p_i} = \beta_0 + \beta_1 x_i, \quad i = 1, \ldots, 23$$

を仮定します．ここで，x_i は説明変数である外気温であり，β_0, β_1 が母数です．このようなモデルを，**ロジスティック回帰モデル**（logistic regression model）といいます．ロジスティック回帰モデルの左辺は，破損確率 p_i の**対数オッズ**（log odds）といい，医学・薬学・疫学の分野でよく使われる指標です．

　ロジスティック回帰モデルのように，説明変数の非線形関数で目的変数を説明する統計モデルを**非線形回帰モデル**（nonlinear regression model）といいます．前節の最後に見た例も，目的変数の対数に対する線形回帰モデルですので，非線形回帰モデルの一つと見ることもできますが，目的変数を対数変換す

れば，線形回帰モデルと同様に最小二乗推定を行うことができました．それに対してロジスティック回帰モデルでは，目的変数がそもそも2値であり，線形回帰モデルとは本質的に異なるモデルと考えることができます．このような非線形回帰モデルの母数の推定には，最小二乗法ではない他の方法（最尤法など）が使われ，推定値を簡単な式で表すことは一般にはできません．そのため，数学的な扱いは難しくなりますが，ソフトウェアを利用すれば，計算の手間はほとんど変わりません．それでは，統計計算ソフトRで，Oリング破損状況データにロジスティック回帰モデルを当てはめてみましょう．結果の出力は次のようになります．

Rでの計算例

```
Call:
glm(formula = Failure ~ Temp, family = "binomial",
    data = ORing)
Deviance Residuals:
    Min      1Q   Median       3Q      Max
-1.0611  -0.7613  -0.3783   0.4524   2.2175
Coefficients:
            Estimate Std. Error z value Pr(>|z|)
(Intercept)  15.0429     7.3786   2.039   0.0415 *
Temp         -0.2322     0.1082  -2.145   0.0320 *
−
Signif. codes: 0 '***' 0.001 '**' 0.01 '*' 0.05 '.' 0.1 ' ' 1
(Dispersion parameter for binomial family taken to be 1)
    Null deviance: 28.267  on 22  degrees of freedom
Residual deviance: 20.315  on 21  degrees of freedom
AIC: 24.315
```

出力のうち，Estimateが母数の推定値です．したがって，このデータに最も適合したロジスティック回帰モデルが

$$\ln \frac{p_i}{1 - p_i} = 15.04 - 0.23 x_i$$

であることがわかります．当てはめたロジスティック曲線を図4.10に示します．このモデルは，「外気温が華氏1度下がると，Oリングの破損の対数オッズが0.23増える」と解釈できます．また，チャレンジャー号の華氏31度での破損確率の推定値は

$$\ln \frac{p}{1 - p} = 15.04 - 0.23 \times 31 = 7.91 \Rightarrow p = 0.999633$$

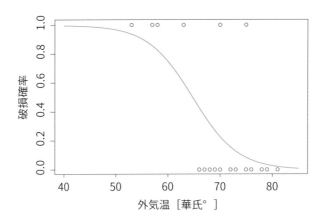

図 4.10 ■ O リング破損状況データに当てはめたロジスティック回帰直線

となります（ただしこれは，データの得られた範囲の外である $x = 31$ においても，推定されたロジスティック回帰モデルが妥当であることを前提とした推定結果です．このような**外挿**は，注意深く行わなければなりません）．仮説検定の結果の見方も，線形回帰モデルと同じです．帰無仮説 $\beta_1 = 0$ の検定の P 値は 0.0320 と小さいので，$\beta_1 = 0$ とは考えにくい，つまり「温度は確率に影響がある」と主張することが（ロジスティック回帰モデルの仮定が妥当であれば）できそうです．P 値の計算は，母数の推定値 $\hat{\beta_1}$ が近似的に標準正規分布に従うことを使っています．もし β_1 の近似的な 95% 信頼区間を求めたければ，**例題 4.1** と同じ上側 2.5% 点の値（1.96）を用いて $-0.2322 \pm 1.96 \times 0.1082 = [-0.444, -0.020]$ となります．

●さらなる学習のために●

　以上，統計的データ解析の考え方，特に，統計的推測の考え方を概説し，統計モデルの例として，線形回帰モデル，非線形回帰モデルを紹介しました．本章で解説したのは，考え方の概要だけですので，個々の統計モデルに対する信頼区間や仮説検定や，推定量の分布については，その都度，勉強し，理解して使う必要があります．統計的推測のさまざまな手法を学ぶことができる，大学の初年次向けの教科書としては，[18],[17],[19] を，もう少し幅広い話題を学びたい方には [20] を，もう少し深く学びたい方には [21] を挙げておきます．

　線形回帰モデルについては，本章で扱えなかった概念として，寄与率，決定係数が重要です．また，説明変数が2個以上の場合の線形重回帰分析では，最小二乗法の理論（線形代数を用いた行列演算）は重要です．また，応用上重要となるのは，説明変数間の多重共線性とよばれる性質と，説明変数の選択（モデル選択）の考え方です．これらの考え方を理解することは，より複雑な，罰則付き最小二乗法（正則化）やスパース推定の理論へと繋がります．これらをきちんと理解したい方は，[21] の第2章や [23] の第9章などを学んでください．また，本章で出てきたような，ソフトウェアの出力の解釈などは，近年は統計学の資格試験（統計検定）の問題にも見られ，標準的な知識として定着しつつあります．これらを学ぶためには，[22] のような教科書を利用するのが効率的でしょう．[22] の第17章は，回帰診断について詳しく解説しています．

　非線形回帰モデルについては，ロジスティック回帰モデルのほかにも，対数線形モデル（ポアソン回帰モデル）やプロビットモデルなど，さまざまなモデルがあり，それらは一般化線形モデルとして統一的に理論が展開されます．これらの理論の概要は，[22] の第18章などで学ぶことができます．

第 5 章

教師なし学習

　機械学習は大きく教師あり学習・教師なし学習・強化学習の3つに分けられます．本章では教師なし学習について解説します．教師なし学習の主な目的は，与えられたデータの「クラスタリング」「次元削減」「可視化」などを行い，隠れた構造やパターンを見つけ出すことです．教師なし学習の難しい点は，元のデータには対応する正解が与えられていないため，学習のためには内的な評価基準を定める必要があるところです．これを定めるためにさまざまな数学のテクニックを用います．

5.1 クラスタリング

クラスタリング（clustering）とは，データを特定の特徴に基づいてグループ分けすることです．分けられた各グループをクラスタといいます．クラスタリングの方法はいくつもありますが，ここでは，**K-平均法**（K-means clustering）という最も基本的なクラスタリングの手法と，**混合ガウスモデル**（Gaussian mixture models）を使った確率論的な手法の2つを紹介します．

5.1.1 K-平均法

■（1）概要

図 5.1 を見てください．左がオリジナルのデータですが，大まかに見て4つのグループがあるように見えます．K-平均法によって，各点が4つのグループのうち，どのグループに属するかを決めることができます（図 5.1 右）．オリジナルデータには，どの点がどのグループに属しているか，という正解はありません．つまりこれは教師なし学習です．これから K-平均法では，どのようにグループへの割り当てを決めているかを解説します．

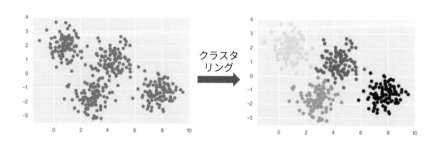

図 5.1 ■ クラスタリング

■（2）数学的背景

本章では数字の組（つまりベクトル）の集まりからなるデータを扱います．2つの数字の組（2次元ベクトル）からなるデータを2次元データと呼び，3つの数字の組（3次元ベクトル）からなるデータを3次元データといいます．多くの数字の組（高次元ベクトル）からなるデータを高次元データといいます．

どのような次元のデータに対しても K-平均法を用いてクラスタリングすることができます．しかしここでは説明を簡単にするために，2次元データの場合に限って K-平均法を解説します．

まず N 個の2次元ベクトルからなるデータがあるとします．これらのベクトルを $x_1, x_2, \ldots, x_N$ とおきます．この各ベクトルを座標平面上の点だと考えます．すると平面上に N 個のデータ点が現れます．この N 個のデータ点の K 個のクラスタへのグループ分けを考えます．K-平均法の主なタスクは，**クラスタ中心**（centroid）と呼ばれる点を K 個，平面内に配置することになります．もし K 個のクラスタ中心を配置することができれば，データの K 個のクラスタへのグループ分けが次のようにして定まります．まず，配置された K 個のクラスタ中心を $c_1, c_2, \ldots, c_K$ とおくことにします．各 $c_1, c_2, \ldots, c_K$ には対応するクラスタがあるとし，これらのクラスタに $C_1, C_2, \ldots, C_K$ と名前をつけておきます．データ点 x_n（$n = 1, \ldots, N$）が，$C_1, C_2, \ldots, C_K$ の内のどのクラスタに割り当てられるかを次のように定めます．

1. クラスタ中心 $c_1, \ldots, c_K$ の中から最も x_n に近いクラスタ中心を見つける．このクラスタ中心を c_{k^*} とおく（つまり，$k^* = \underset{k \in \{1, \ldots, K\}}{\operatorname{argmin}} \|x_n - c_k\|^2$）．
2. x_n はクラスタ C_{k^*} に割り当てる．

ここで $\|x_n - c_k\|$ は，クラスタ中心 c_k とデータ点 x_n の間の距離を意味します．つまりクラスタ C_k は「最も近いクラスタ中心が c_k であるようなデータ点全体からなるグループ」を意味します．このようにクラスタ中心の配置が決まればクラスタリングが決まります．しかし，でたらめにクラスタ中心を配置してしまうと，良いクラスタリングができるとは思えません．良いクラスタリングを与えるクラスタ中心の配置の仕方を見つけるために，「クラスタ中心の配置の悪さ」を数値化することが次の目標です．

■（3）損失関数

クラスタ中心の配置が与えられているとし，これを $c_1, c_2, \ldots, c_K$ とおきます．この配置によってクラスタリングが決まります．クラスタ C_k（$k = 1, \ldots, K$）に属するデータ点の個数を N_k とおき，属するデータ点を $x_1^{(k)}, \ldots, x_{N_k}^{(k)}$ と表すことにします．このときクラスタ中心 $c_1, c_2, \ldots, c_K$ の配

置の「悪さ」を表す数値である $J(c_1, c_2, \ldots, c_K)$ を次で定義します：

$$J(c_1, c_2, \ldots, c_K) = \sum_{k=1}^{K} \left(\|x_1^{(k)} - c_k\|^2 + \|x_2^{(k)} - c_k\|^2 + \cdots + \|x_{N_k}^{(k)} - c_k\|^2 \right) \quad (5.1)$$

例えば図 5.2 (a) の星型の点のようにクラスタ中心を配置すると，$J(c_1, c_2)$ は小さくなります．ここで円形の点はデータ点を意味します．一方で図 5.2 (b) の星型の点のようにクラスタ中心を配置すると，$J(c_1, c_2)$ は大きくなります．

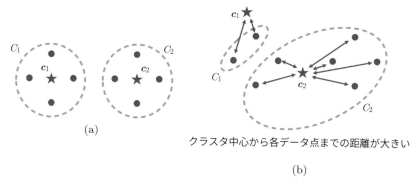

クラスタ中心から各データ点までの距離が大きい

(b)

図 5.2 ■ c_1, c_2 の良い配置 (a) と悪い配置 (b)

このようにして「クラスタ中心の配置の悪さ」を数値化することができました．これによって，クラスタ中心の配置を引数（入力）とし，その悪さの値を返す関数を定義することができます．この関数は**損失関数**（loss function）といいます．損失関数の値がなるべく小さくなるようにクラスタ中心の配置を学習することが次の目標です．

■ (4) アルゴリズム

実際に損失関数の値がなるべく小さくなるようにクラスタ中心の配置を学習するためにはアルゴリズム 5.1 を用います．これからアルゴリズム 5.1 を解説します．まずは，1 から 3 行目においてクラスタ中心をランダムに配置します．次に 9 から 12 行目において，定めたクラスタ中心を用いて各データ点のクラスタへの割り当てを行っています．13 から 15 行目において，上で決めたクラスタ割り当てを用いて，各クラスタの要素の平均によってクラスタ中心の配置の更新を行います．14 行目の $|C_k|$ は配列 C_k の要素数を表し，この更新式は損失関数の c_k に関する偏微分を 0 とおくことで導出されます．更新前のクラス

アルゴリズム 5.1 ■ K-平均法

Input: データ点 $\{x_1, \ldots, x_N\}$
Output: クラスタ中心 $\{c_1, \ldots, c_K\}$
 1: for $k = 1$ to K do
 2:   c_k にランダムな数値を代入
 3: end for
 4: while $(c_1, \ldots, c_K)\ != (d_1, \ldots, d_K)$ do
 5:   for $k = 1$ to K do
 6:     $d_k = c_k$
 7:     配列 C_k を空にする
 8:   end for
 9:   for $n = 1$ to N do
10:     $k^* = \underset{k \in \{1,2,\ldots,K\}}{\operatorname{argmin}}\ \|x_n - c_k\|^2$
11:     C_{k^*} の末尾に x_n を追加
12:   end for
13:   for $k = 1$ to K do
14:     $c_k = (C_k[0] + \cdots + C_k[|C_k| - 1])/|C_k|$
15:   end for
16: end while
17: return $\{c_1, \ldots, c_K\}$

タ中心と更新後のクラスタ中心とで変化がなくなるまで，クラスタへの割り当てとクラスタ中心の更新の操作を交互に繰り返します．実は，この繰り返しにより段々と損失関数の値は小さくなり，良いクラスタ中心の配置が得られることが期待されます．ただし，このアルゴリズムで得られるクラスタ中心の配置は，損失関数の値を最小とする配置であるとは限らないことは知っておいてください（図 5.3）．

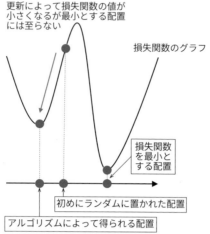

図5.3 ■ 損失関数

問5.1 （**K**-平均法）

(1) なぜ，クラスタへの割り当てとクラスタ中心の更新の操作を交互に繰り返すことによって段々と損失関数の値が小さくなるのか考えなさい．

(2) ある企業で顧客分析のため，各顧客の購入回数と購入金額の2次元データ（図5.4）を，**K**-平均法を用いてクラスタリングし顧客のグループ分けを試みるとします．購入回数は最小2回で最大20回，購入金額は最小250円で最大5000円であり，それぞれの数値のばらつきには差があったとします．このように項目ごとにばらつきに差がある場合，**K**-平均法がうまく働かない可能性があります．その理由を考えなさい．

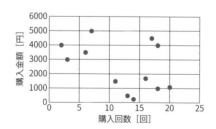

図5.4 ■ 購入回数（回）と購入金額（円）のデータ

5.1.2 確率モデル

次に混合ガウスモデルを使ったクラスタリングの確率論的な手法を解説します. この混合ガウスモデルは**確率モデル**（probability models）の一種です. まずはこの確率モデルの考え方について，次の例を通して解説します. 弓で矢を射て的に当てる競技について考えます. 射手に矢を射てもらい，矢が刺さった場所に印をつけます. 良い射手であれば，印は中心付近に集中するはずです. 矢が刺さる場所は確率的に決まると考え，この射手に関する確率の問題を考えます. 例えば何回か矢を射てもらい，このデータからこの選手が的をはずす確率を見積もりたい，などです.

良い射手が矢を射る場合，的の印の分布は中心付近の密度が高く，中心から離れるに連れて密度が低くなります（図5.5）. このように的上には密度が高い場所・低い場所がありますが，重要なアイデアは，密度を的上に定義された関数と思うことです. つまり的の各点を引数とし，出力をその点での密度とする関数です. この関数は**確率密度関数**（probability density function）といいます.

確率密度関数を数式を用いて表すことができると，さまざまな数学のテクニックを用いることができます. しかし，この関数を数式で表すことができるとは限りません. そこで数式がわかっている扱いやすい関数で，数式がわからない関数を「近似」することを考えます. この扱いやすい関数のことを**確率モデル**といいます. 例として射手に関する確率の問題を考えます. もしこの確率モデルを得ることができれば，このモデルの数式の積分を考えることで，この射手が的に当てる確率を求めることができます. この確率を1から引くことで，的を外す確率を求めることができます. このような考え方は**異常検知**

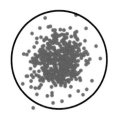

図5.5 ■ 的の印の分布

（anomaly detection）の問題に応用することができます．例えばある機械に関するデータを日常的に観測しているとします．あるとき起こる確率が十分に小さい値を観測したとすると，何か機械に異常が起きたのではないかと推測できます（詳細は，例えば[24]の第5章などを参照してください）．

■（1）ガウスモデル

ここでは確率モデルとしてよく使われる**ガウスモデル**（Gaussian model）を紹介します．ガウスモデルの数式は次の式で与えられます：

$$N(\boldsymbol{x} \mid \boldsymbol{\mu}, \boldsymbol{\Sigma}) = \frac{1}{2\pi\sqrt{|\boldsymbol{\Sigma}|}} \exp\left(-\frac{1}{2}(\boldsymbol{x} - \boldsymbol{\mu})^T \boldsymbol{\Sigma}^{-1}(\boldsymbol{x} - \boldsymbol{\mu})\right)$$

$$\text{ただし,}\ \boldsymbol{x} = \begin{pmatrix} x_1 \\ x_2 \end{pmatrix},\ \boldsymbol{\mu} = \begin{pmatrix} \mu_1 \\ \mu_2 \end{pmatrix},\ \boldsymbol{\Sigma} = \begin{pmatrix} \sigma_{11} & \sigma_{12} \\ \sigma_{12} & \sigma_{22} \end{pmatrix} \tag{5.2}$$

$|\boldsymbol{\Sigma}|, \boldsymbol{\Sigma}^{-1}$ はそれぞれ $\boldsymbol{\Sigma}$ の行列式と逆行列を表します．さらに $(\boldsymbol{x}-\boldsymbol{\mu})^T$ は $\boldsymbol{x}-\boldsymbol{\mu}$ の転置行列を表します．このベクトル $\boldsymbol{\mu}$ は平均ベクトルと呼ばれ，行列 $\boldsymbol{\Sigma}$ は分散共分散行列といいます．この分散共分散行列は対称行列になっています（つまり $(1,2)$ 成分と $(2,1)$ 成分が同じ σ_{12} になっています）．

数学的な詳細は割愛しますが，正規分布の平均，分散（標準偏差）を高次元に拡張したものがそれぞれ平均ベクトル，分散共分散行列であると思っておけばよいでしょう．ここではさらに，下記の3点を押さえておきます．

まずは「文字 $\mu_1, \mu_2, \sigma_{11}, \sigma_{12}, \sigma_{22}$ に数値を代入すると，$N(\boldsymbol{x} \mid \boldsymbol{\mu}, \boldsymbol{\Sigma})$ によって x_1 と x_2 を引数とする関数が定まる」という点です．そして「この関数の出力値がその点 (x_1, x_2) における密度を意味する」という点，「出力値は，$x_1 = \mu_1, x_2 = \mu_2$ と入力したときに最大となる」という点を頭に入れておいてください．この $\mu_1, \mu_2, \sigma_{11}, \sigma_{12}, \sigma_{22}$ をガウスモデルの**パラメータ**といいます．例えば，$\mu_1 = \mu_2 = 0, \sigma_{11} = \sigma_{22} = 1, \sigma_{12} = 0$ の場合，$N(\boldsymbol{x} \mid \boldsymbol{\mu}, \boldsymbol{\Sigma})$ のグラフは図 5.6 (a) のようになります．この場合に $N(\boldsymbol{x} \mid \boldsymbol{\mu}, \boldsymbol{\Sigma})$ を密度とする確率で，500回点を打った（サンプリングした）結果，図 5.6 (b) が得られました．$N(\boldsymbol{x} \mid \boldsymbol{\mu}, \boldsymbol{\Sigma})$ のグラフを見ると $(0,0)$ 付近で値が大きくなりますが，確かにサンプリングの結果は $(0,0)$ 付近に点が密集しています．また他のパラメータの値でサンプリングを行った結果が図 5.7 です．それぞれの分布は円形または楕円形の分布になっています．実はそれぞれのパラメータには意味があります．パラメータ μ_1, μ_2 は分布の中心を意味します．また，パラメータ $\sigma_{11}, \sigma_{12}, \sigma_{22}$

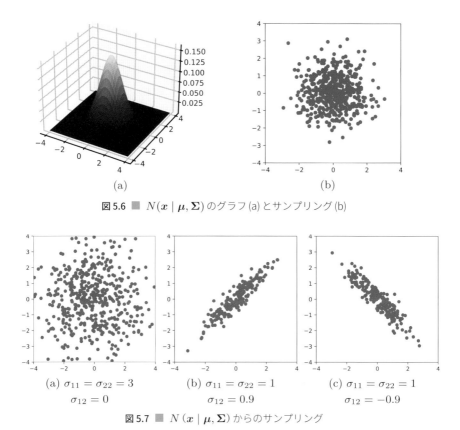

図 5.6 ■ $N(\boldsymbol{x} \mid \boldsymbol{\mu}, \boldsymbol{\Sigma})$ のグラフ (a) とサンプリング (b)

(a) $\sigma_{11} = \sigma_{22} = 3$　　　(b) $\sigma_{11} = \sigma_{22} = 1$　　　(c) $\sigma_{11} = \sigma_{22} = 1$
$\sigma_{12} = 0$　　　　　　　$\sigma_{12} = 0.9$　　　　　　　$\sigma_{12} = -0.9$

図 5.7 ■ $N(\boldsymbol{x} \mid \boldsymbol{\mu}, \boldsymbol{\Sigma})$ からのサンプリング

は分布のばらつき具合や形を決めています（図 5.6 (b) と図 5.7 の 4 つの図を見比べてください）．確率モデルの話に戻ります．ガウスモデルは，具体的にはデータが図 5.6 (b) や図 5.7 にあるような分布をなしている場合によく用いられます．データが与えられたとき，実際にその確率密度関数を近似しているガウスモデルを決めるためには，パラメータの値をうまく決める必要があります．これを決める方法として多くの場合，次に説明する**最尤推定**（maximum likelihood estimation）を用います．

■（2）最尤推定

N 個の 2 次元ベクトル $\boldsymbol{x}_1, \ldots, \boldsymbol{x}_N$ からなるデータが与えられているとします．このデータのガウスモデルを考えます．つまり $\boldsymbol{x}_1, \ldots, \boldsymbol{x}_N$ を，ある

μ, Σ についての $N(\boldsymbol{x} \mid \mu, \Sigma)$ からのサンプリングによって実現したものと考えます．最尤推定によってこの μ, Σ を決めますが，その決め方は「最も $\boldsymbol{x}_1, \ldots, \boldsymbol{x}_N$ が実現しやすいように μ, Σ を決める」というものです．各 $\boldsymbol{x}_n$ $(n = 1, \ldots, N)$ の実現しやすさは，$N(\boldsymbol{x} \mid \mu, \Sigma)$ に $\boldsymbol{x} = \boldsymbol{x}_n$ を代入して得られる値 $N(\boldsymbol{x}_n \mid \mu, \Sigma)$ の大きさとして数値化できます．そこで

$$N(\boldsymbol{x}_1 \mid \mu, \Sigma) \times N(\boldsymbol{x}_2 \mid \mu, \Sigma) \times \cdots \times N(\boldsymbol{x}_N \mid \mu, \Sigma) \tag{5.3}$$

を μ, Σ を引数とする関数だと思い，この関数の値が最大となるような μ, Σ を見つけます（図 5.8(a)）．この関数は**尤度関数**（likelihood function）といいます．逆に尤度関数の値が小さくなるような μ, Σ は，良いモデルを与えるとはいえません（図 5.8(b)）．ここで図 5.8 の (a) と (b) とでは $\boldsymbol{x}_1, \boldsymbol{x}_2, \boldsymbol{x}_3$ の場所は変わらず，パラメータ μ, Σ が異なっていることに注意してください．実際に尤度関数の値が最大になる μ, Σ を求める場合，尤度関数の自然対数をとった**対数尤度関数**（log-likelihood function）を使って計算します．

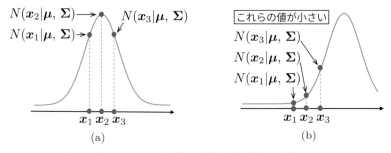

図 5.8 ■ $\boldsymbol{x}_1, \boldsymbol{x}_2, \boldsymbol{x}_3$ の良いモデル (a) と悪いモデル (b)

問 5.2（対数尤度関数）

対数尤度関数を最大化する μ, Σ は尤度関数も最大化することが知られていますが，それがなぜなのかを考えなさい．また尤度関数ではなく，対数尤度関数を扱うメリットを考えなさい．

5.1.3 混合ガウスモデル

■（1）概要

K-平均法にはいくつかの問題があります．まず第 1 に，クラスタ割り当ての

信用度を測れません. 例えば, クラスタの端で他のクラスタと重なりそうな場所にある点の場合, K-平均法で決まった割り当てが本当に正しいのか, その信用度が下がると思われます. しかし K-平均法ではその信用度を測ることができません. 第2に, K-平均法ではクラスタの形は円形になります. つまり, クラスタの形が円形でない場合そのパフォーマンスが下がります (図 5.9 中央). これらの問題を解決するのが, **混合ガウスモデル**を用いたクラスタリングです (図 5.9 右). これからその仕組みを解説していきます.

図 5.9 ■ 非円形のクラスタリング

■ (2) 数学的背景

図 5.9 左のような, 円形または楕円形の集まりがいくつかあるような分布をしているデータの確率モデルを考えます. このような場合, **混合ガウスモデル**がよく使われます. 混合ガウスモデルの数式は次の式で与えられます:

$$p(\boldsymbol{x}) = \pi_1 N(\boldsymbol{x} \mid \boldsymbol{\mu}_1, \boldsymbol{\Sigma}_1) + \cdots + \pi_K N(\boldsymbol{x} \mid \boldsymbol{\mu}_K, \boldsymbol{\Sigma}_K) \tag{5.4}$$

ここで K は点が密集している場所の個数を, $N(\boldsymbol{x} \mid \boldsymbol{\mu}_k, \boldsymbol{\Sigma}_k)$ はガウスモデルの式を表します. そして $\pi_1, \ldots, \pi_K$ は0以上の実数で $\pi_1 + \cdots + \pi_K = 1$ を満たすとします. $p(\boldsymbol{x})$ は, 図 5.10 (a) のような, ピークがいくつかあるような関数になります. その一つひとつのピーク周辺ではおおよそガウスモデルの形をしています. この $p(\boldsymbol{x})$ を密度とする確率で, 500回点を打った (サンプリングした) 結果, 図 5.10(b) が得られました. 確率モデルの話に戻ります. データが与えられたとき, そのモデルを決定させるためには, このパラメータの値を決定させる必要があります. 今回は $(\pi_1, \boldsymbol{\mu}_1, \boldsymbol{\Sigma}_1), \ldots, (\pi_K, \boldsymbol{\mu}_K, \boldsymbol{\Sigma}_K)$ がパラメータです.

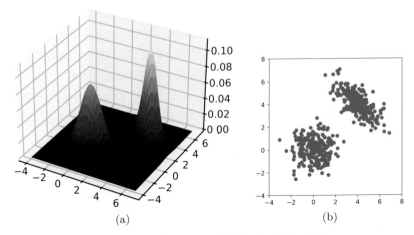

(a)　　　　　　　　　　　　(b)

図 5.10 ■ $p(\boldsymbol{x})$（$K = 2$）の例 (a) とサンプリング (b)

■ (3) 混合ガウスモデルとクラスタリングの関係

　パラメータの値の決め方を説明する前に，混合ガウスモデルとクラスタリングの関係を解説します．そのために混合ガウスモデルの2つの解釈の仕方を取り上げます．1つ目の解釈は，データ点 $\boldsymbol{x}$ は確率的に平面上に打ち込まれたもので，この確率は $p(\boldsymbol{x})$ を密度とする確率である，という解釈です．2つ目の解釈は，データ点は次の2段階のプロセスで平面上に打ち込まれたもの，という解釈です．

1. K 個のクラスタ $C_1, \ldots, C_K$ が潜在的にあると考える．点を打ち込む前にまず，$C_1, \ldots, C_K$ の中から一つクラスタが確率的に決められる．ここで，クラスタ C_k（$k = 1, \ldots, K$）が選ばれる確率は π_k とする．

2. クラスタが決まったあと，平面上に点が確率的に打ち込まれる．例えばクラスタ C_k が選ばれた場合，この確率は $N(\boldsymbol{x} \mid \boldsymbol{\mu}_k, \boldsymbol{\Sigma}_k)$ を密度とする確率である．

　N 個の2次元ベクトル $\boldsymbol{x}_1, \ldots, \boldsymbol{x}_N$ からなるデータがあるとし，この確率モデルとして混合ガウスモデルを選択したとします．混合ガウスモデルの2つ目の解釈を用いてどのようにして，このデータのクラスタリングを行うかを解説します．ポイントは「打ち込まれたデータ点 $\boldsymbol{x}_n$（$n = 1, \ldots, N$）が，クラスタ C_k が選ばれて打ち込まれた点だと思える「確率」を求めることです．ここで

の「確率」は，高校までで習った確率とは意味合いが異なります．ここでは，この確率は「信念の度合い」を数値化しているものだと思ってください．この信念の度合いを $p(\boldsymbol{x}_n \in C_k \mid \boldsymbol{x}_n)$ と表すことにします．この $p(\boldsymbol{x}_n \in C_k \mid \boldsymbol{x}_n)$ は**負担率**（responsibility）ともいいます．もし $p(\boldsymbol{x}_n \in C_k \mid \boldsymbol{x}_n)$ が大きいならば，データ点 $\boldsymbol{x}_n$ をクラスタ C_k に割り当てます．

次に，この負担率の求め方について解説します．

例題5.1 ■ 負担率

　2つの箱の箱Aと箱Bがあり，箱Aには赤玉が6つ青玉が2つ入っており，箱Bには赤玉が1つ青玉が3つ入っているとします．「まず2つの箱のどちらかをランダムで選び，選んだ箱から玉を取り出し，取り出した玉の色を記録する」という2段階のプロセスを考えます．ただし箱Aを50％で箱Bも50％で選び，箱の中の玉は分け隔てなく同じ確からしさで選ぶとします．もしこの2段階のプロセスの結果，赤玉が観測されたとして，その赤玉が箱Aから取り出された確率（条件付確率）を求めなさい．

負担率の求め方はこの例題の計算と似ています．この例題では**ベイズの定理**（Bayes' theorem）を用いて次のように計算します．まず求めたい確率を $P(箱A \mid 赤玉)$ と表すことにします．すると，次のように計算できます．

$$
\begin{aligned}
P(箱A \mid 赤玉) &= \frac{P(箱A)P(赤玉 \mid 箱A)}{P(赤玉)} \\
&= \frac{P(箱A)P(赤玉 \mid 箱A)}{P(箱A)P(赤玉 \mid 箱A) + P(箱B)P(赤玉 \mid 箱B)} \\
&= \frac{\dfrac{1}{2} \cdot \dfrac{6}{8}}{\dfrac{1}{2} \cdot \dfrac{6}{8} + \dfrac{1}{2} \cdot \dfrac{1}{4}} = \frac{3}{4}
\end{aligned}
\tag{5.5}
$$

ここで，$P(箱A)$ は箱Aを選ぶ確率を，$P(赤玉 \mid 箱A)$ は箱Aが選ばれたときに赤玉を取り出す（条件付）確率を意味します．また $P(赤玉)$ は赤玉を取り出す確率，つまり箱Aを選んで箱Aから赤玉を取り出す確率と，箱Bを選んで箱Bから赤玉を取り出す確率の和を意味します．負担率も同じくベイズの定理を用いて次のように計算されます．まずデータ点 $\boldsymbol{x}$ がクラスタ C_k が選ばれて打ち込まれた点だと思える信念の度合いを $p(\boldsymbol{x} \in C_k \mid \boldsymbol{x})$ とおきます．この信

念の度合いは次のように計算します：

$$p(\boldsymbol{x} \in C_k \mid \boldsymbol{x})$$

$$= \frac{p(\boldsymbol{x} \in C_k)p(\boldsymbol{x} \mid \boldsymbol{x} \in C_k)}{p(\boldsymbol{x})}$$

$$= \frac{p(\boldsymbol{x} \in C_k)p(\boldsymbol{x} \mid \boldsymbol{x} \in C_k)}{p(\boldsymbol{x} \in C_1)p(\boldsymbol{x}_n \mid \boldsymbol{x} \in C_1) + \cdots + p(\boldsymbol{x} \in C_K)p(\boldsymbol{x} \mid \boldsymbol{x} \in C_K)} \tag{5.6}$$

$$= \frac{\pi_k N(\boldsymbol{x} \mid \boldsymbol{\mu}_k, \boldsymbol{\Sigma}_k)}{\pi_1 N(\boldsymbol{x} \mid \boldsymbol{\mu}_1, \boldsymbol{\Sigma}_1) + \cdots + \pi_K N(\boldsymbol{x} \mid \boldsymbol{\mu}_K, \boldsymbol{\Sigma}_K)}$$

ここで $p(\boldsymbol{x} \in C_k)$ はクラスタ C_k が選ばれる確率を意味します．つまり $p(\boldsymbol{x} \in C_k) = \pi_k$ です．さらに $p(\boldsymbol{x} \mid \boldsymbol{x} \in C_k)$ は，クラスタ C_k が選ばれたときのデータ点 $\boldsymbol{x}$ の確率密度関数を意味します．つまり $p(\boldsymbol{x} \mid \boldsymbol{x} \in C_k) = N(\boldsymbol{x} \mid \boldsymbol{\mu}_k, \boldsymbol{\Sigma}_k)$ です．実際に $\boldsymbol{x}_n$ というデータ点を観測したとき，この打ち込まれたデータ点 $\boldsymbol{x}_n$ が，クラスタ C_k が選ばれて打ち込まれた点だと思える信念の度合いは，$p(\boldsymbol{x} \in C_k \mid \boldsymbol{x})$ の式の変数 $\boldsymbol{x}$ に観測値 $\boldsymbol{x}_n$ を代入することで得られる次の値になります：

$$\frac{\pi_k N(\boldsymbol{x}_n \mid \boldsymbol{\mu}_k, \boldsymbol{\Sigma}_k)}{\pi_1 N(\boldsymbol{x}_n \mid \boldsymbol{\mu}_1, \boldsymbol{\Sigma}_1) + \cdots + \pi_K N(\boldsymbol{x}_n \mid \boldsymbol{\mu}_K, \boldsymbol{\Sigma}_K)} \tag{5.7}$$

■（4）最尤推定とEMアルゴリズム

N 個の2次元ベクトル $\boldsymbol{x}_1, \ldots, \boldsymbol{x}_N$ からなるデータが与えられているとします．このデータの確率モデルとして混合ガウスモデルを選択します．混合ガウスモデルのパラメータ $\pi_k, \boldsymbol{\mu}_k, \boldsymbol{\Sigma}_k$ $(k = 1, 2, \ldots, K)$ を最尤推定によって決めます．つまり対数尤度関数の値

$$\ln(p(\boldsymbol{x}_1) \times \cdots \times p(\boldsymbol{x}_N)) = \sum_{n=1}^{N} \ln \left(\sum_{k=1}^{K} \pi_k N(\boldsymbol{x}_n \mid \boldsymbol{\mu}_k, \boldsymbol{\Sigma}_k) \right) \tag{5.8}$$

がなるべく大きくなるようにパラメータを学習します．この学習には，K-平均法の学習アルゴリズムの類似である，**EMアルゴリズム**（EM algorithm）と呼ばれるアルゴリズムを用います（アルゴリズム 5.2）．

ここからアルゴリズム 5.2 を解説します．まずは，1から3行目においてパラメータの値をランダムに定めます．次に10から12行目において，定めたパラメータを用いて各データ点の負担率の計算を行っています．13行目において，計算した負担率を用いて，パラメータの更新を行います．（具体的な更新

式とその導出方法は割愛します．詳細は例えば[25]の9.2節を参照してください）．16行目において，更新後の対数尤度関数の値と更新前の対数尤度関数の値との差を計算し，この差が十分小さくなるまで，この負担率の計算とパラメータの更新の操作を交互に繰り返します．このような更新を繰り返していくうちに対数尤度関数の値が大きくなり，モデルの精度が向上していくことが期待されます．最後にこのアルゴリズムによって学習したパラメータを使って，各データ点に対し負担率を計算することで，各データ点のクラスタへの割り当てを行います．

アルゴリズム 5.2 ■ EM アルゴリズム

Input: データ点 $\{x_1, \ldots, x_N\}$
Output: $(\pi_1, \mu_1, \Sigma_1), \ldots, (\pi_K, \mu_K, \Sigma_K)$
1: **for** $k = 1$ **to** K **do**
2: 　　変数 π_k, μ_k, Σ_k それぞれにランダムに数値を代入する
3: **end for**
4: $D = \infty$
5: $P = \sum_{n=1}^{N} \ln(\sum_{k=1}^{K} \pi_k N(x_n \mid \mu_k, \Sigma_k))$
6: **while** D があらかじめ定められた基準を上回る **do**
7: 　　$P' = P$
8: 　　**for** $k = 1$ **to** K **do**
9: 　　　　配列 E を空にする
10: 　　　　**for** $n = 1$ **to** N **do**
11: 　　　　　　$\pi_k N(x_n \mid \mu_k, \Sigma_k) / (\sum_{j=1}^{K} \pi_j N(x_n \mid \mu_j, \Sigma_j))$ を E の末尾に追加
12: 　　　　**end for**
13: 　　　　E に格納された値を使い，π_k, μ_k, Σ_k を更新
14: 　　**end for**
15: 　　$P = \sum_{n=1}^{N} \ln(\sum_{k=1}^{K} \pi_k N(x_n \mid \mu_k, \Sigma_k))$
16: 　　$D = P - P'$
17: **end while**
18: **return** $(\pi_1, \mu_1, \Sigma_1), \ldots, (\pi_K, \mu_K, \Sigma_K)$

問5.3（混合ガウスモデル）

　与えられたデータが図5.11のような分布をしていたとする．この図からこのデータには，2つの三日月形のクラスタがあることが視覚的に読み取れます．一方で，混合ガウスモデルによってこのデータのクラスタリング（$K = 2$）を行った場合，このクラスタリングの結果は，視覚的に読み取ったクラスタリングと一致するかどうかを考えなさい．

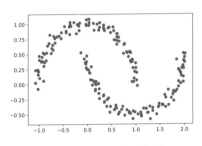

図5.11 ■ 三日月形のデータ

5.2　高次元データの次元削減と可視化

本節では高次元データの次元削減・可視化のための手法を3つ紹介します．

5.2.1　主成分分析

■ **(1) 概要**

　まずは**主成分分析**（principal component analysis; PCA）について解説します．PCAによってデータの**主成分**（principal component）と呼ばれる数値を取り出すことができます．N次元のデータの場合，主成分はN個あり，それぞれ第1主成分，第2主成分，第3主成分などといいます．初めの第1主成分が最も重要な数値で，だんだんその重要度は下がっていきます．PCAにはその重要度を数値化する仕組み（寄与率・累積寄与率）が備わっています．

　データからどのようにして主成分を取り出すのか，の説明は後回しにして，

PCAによる可視化について解説します．まず各データの第1主成分，第2主成分を組にして，2次元データをつくります．この2次元データを平面上にプロットすることでデータを可視化することができます．この分布を見ることで，元の高次元データの特徴を読み取ることができます．例えば図5.12の上部にあるような数字の0から9までの手書き文字の画像データ（1797個の画像で，画像サイズは8×8）を考えます．この画像データは，8×8つまり64個のタイルと，そのそれぞれのタイルの明るさを表す数値からなります．つまりこの画像データは64次元のデータ（64個の数字の組が1797個ある）と考えることができます．このデータをPCAによって可視化した結果が図5.12です．

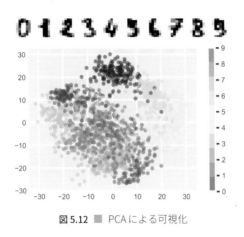

図 5.12 ■ PCAによる可視化

　次にPCAによる次元削減について説明します．64次元の手書き文字の画像データのいくつかの主成分を計算したとします．PCAの面白い点は逆変換が可能である点です（図5.13）．つまり，計算したいくつかの主成分から64次元の画像データを再構成することができます．例えば第1，第2主成分の2次元データから手書き文字を再構成して得られた画像が，図5.13の2行目の画像です．この場合，PCAによって情報が落ちすぎて判別できない文字があります．一方でより多くの主成分を使って，例えば第1から第21主成分までの21次元データを使って手書き文字を再構成して得られた画像が，図5.13の3行目の画像です．この復元されたデータの文字は全て読み取ることができます．手書き文字の画像データは，もともと64次元のデータでしたが，もっと低い21次元でおおよそ表現可能なデータであるといえます．このように高次元のデータだ

が，本質的にははるかに低い次元のデータであることがよくあります．PCAなどによる次元削減によってその無駄を省くことができます．

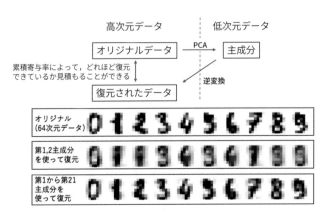

図5.13 ■ 主成分からデータの再構成

■（2）数学的背景

PCAを理解するための重要なキーワードは「直線への射影」と「分散の最大化」です．

例えば2次元データについて考えてみます．2次元データは平面上のデータ点の集合と考えることができます（図5.14中央）．先ほど「主成分と呼ばれる数値を取り出す」と説明しました．具体的には，平面上に直線を「うまく」引き，その直線への射影を考えることで数値を取り出します（図5.14右）．この数値は第1主成分といいます．ここで"直線を「うまく」引き"とありますが，これは，直線への射影によって得られる1次元データの分散を判断基準と

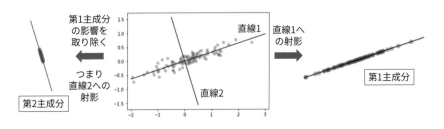

図5.14 ■ 2次元データのPCA

し「この分散が最大となる直線を引く」ことを意味します．次に2つ目の主成分である第2主成分を取り出します．まずは元の2次元データから第1主成分の影響を取り除きます．これは，図5.14の直線1に垂直に交わる直線を引き，その直線への射影を考えることを意味します．各データ点に対して，この射影によって数値を取り出すことができます．この数値が正に第2主成分となります．

■（3）　なぜ分散を最大にするのか

　PCAでは射影後のデータの分散（つまりばらつき）が最大になるように直線を引きますが，この理由は，射影によって「なるべく情報が維持されるようにするため」といえます．図5.14を例に説明します．図5.14左の射影後の点はばらつきが小さく，一方で図5.14右の射影後の点は広く分布し，ばらつきが大きくなります．このばらつきが大きい場合では射影後でも，元のデータを説明するのに十分な情報を維持しているように見えます．図5.15の三角形の点は，第1主成分のみから逆変換によって2次元データを再構成して得られた点です．確かに再構成された点は，オリジナルデータ（円形の点）と，ある程度似ています．詳しくは説明しませんが，射影後のデータの分散を使って計算される寄与率・累積寄与率を用いれば，再構成されたデータとオリジナルデータの間にどれほどの差があるかを見積もることができます．

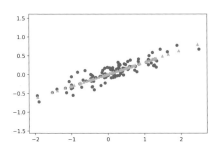

図 5.15　■　第1主成分から復元された点（三角形の点）と
オリジナルのデータ点（円形の点）

5.2.2 確率的近傍埋め込み法

■ (1) 概要

数字の0から9までの手書き文字の画像データのPCAによる可視化である図5.12を見てください. 元々のデータは数字の0から9までの手書き文字で, それぞれの文字でクラスタを形成していると考えられます. しかしこのPCAによる可視化では, そのクラスタの構造が見えづらくなっています. 元の高次元データのクラスタの構造をより反映させる可視化の方法として**確率的近傍埋め込み法**(Stochastic Neighbor Embedding; SNE) [26] またはその改良である**t分布型確率的近傍埋め込み法**(t-distributed Stochastic Neighbor Embedding; t-SNE) [27] があります. t-SNEについては使いやすいパッケージが用意されており, この両者ではt-SNEの方がよく使われます. この手書き文字の画像データのt-SNEによる可視化の結果が図5.16です. それぞれの文字に対応するクラスタがはっきりと現れていることがわかります. t-SNEの仕組みを解説したいところですが, その根幹となるアイデアは, 前身のSNEにおいて既に現れています. また, SNEの方が仕組みが単純です. そこで, この根幹となるアイデアにフォーカスを当てるため, ここではt-SNEの代わりにSNEの仕組みを解説することにします.

■ (2) 数学的背景

N 個の高次元ベクトル $x_1, \ldots, x_N$ からなるデータがあるとします. これらのベクトルは高次元空間内のデータ点と考えることができます. このデータの

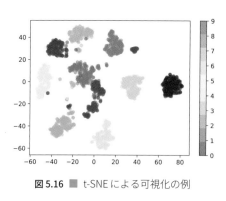

図 5.16 ■ t-SNE による可視化の例

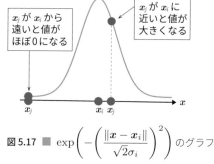

x_j が x_i から遠いと値がほぼ0になる

x_j が x_i に近いと値が大きくなる

図 5.17 ■ $\exp\left(-\left(\dfrac{\|x - x_i\|}{\sqrt{2}\sigma_i}\right)^2\right)$ のグラフ

次元削減を考えます．次元削減は，高次元空間内のデータ点 $\boldsymbol{x}_1, \ldots, \boldsymbol{x}_N$ に対して，それぞれに対応する点 $\boldsymbol{y}_1, \ldots, \boldsymbol{y}_N$ を低次元空間内に配置することを意味します．$\boldsymbol{y}_1, \ldots, \boldsymbol{y}_N$ を低次元空間内に意味ある形で配置するために「良い配置」「悪い配置」を判断する基準を定めます．その基準で最も良い配置を求めます．SNE（または t-SNE）の面白い点は，その基準を確率を使って定める点です．この基準によって得られる $\boldsymbol{y}_1, \ldots, \boldsymbol{y}_N$ は，大雑把に次の特徴をもちます．第一に，高次元空間内のデータ点 $\boldsymbol{x}_i$ と $\boldsymbol{x}_j$ が近くにある場合，対応する $\boldsymbol{y}_i$ と $\boldsymbol{y}_j$ も近くなる傾向が強くなります．そして第二に（第一ほど強い傾向ではないですが）高次元空間内のデータ点 $\boldsymbol{x}_i$ と $\boldsymbol{x}_j$ が広く離れている場合，対応する $\boldsymbol{y}_i$ と $\boldsymbol{y}_j$ も遠く離れる傾向があります．

■ （3） 確率論的アプローチ

基準を定めるためのアイデアは次のとおりです．N 個のデータ点 $\boldsymbol{x}_1, \ldots, \boldsymbol{x}_N$ の位置関係をエンコードしているような確率を定義します [Step 1]．次に N 個のデータ点 $\boldsymbol{y}_1, \ldots, \boldsymbol{y}_N$ の位置関係をエンコードしているような確率を定義します [Step 2]．そしてこの 2 つの確率を比較します [Step 3]．そしてこれらの確率が「似る」ように $\boldsymbol{y}_1, \ldots, \boldsymbol{y}_N$ の配置の仕方を学習します．学習後の $\boldsymbol{y}_1, \ldots, \boldsymbol{y}_N$ では，確率が「似ている」ことから，$\boldsymbol{x}_1, \ldots, \boldsymbol{x}_N$ の位置関係と $\boldsymbol{y}_1, \ldots, \boldsymbol{y}_N$ の位置関係も似ているはずと考えられます．

[**Step 1**] 高次元空間内のデータ点 $\boldsymbol{x}_i$（$i = 1, \ldots, N$）に注目します．$\boldsymbol{x}_i$ 以外の $N - 1$ 個のデータの中から $\boldsymbol{x}_i$ の「近傍にある点」として 1 点選ぶことを考えます．ただしこの選択は確率的に行います．この確率は，$\boldsymbol{x}_i$ からの距離が近い点が選ばれやすいように設計されます．実際には $\boldsymbol{x}_j$ を $\boldsymbol{x}_i$ 以外の点であるとして，$\boldsymbol{x}_j$ が $\boldsymbol{x}_i$ の近傍にある点として選ばれる確率 $p_{j|i}$ を次で定義します．

$$p_{j|i} = \frac{\exp\left(-\left(\|\boldsymbol{x}_j - \boldsymbol{x}_i\|/(\sqrt{2}\sigma_i)\right)^2\right)}{\sum_{k \neq i} \exp\left(-\left(\|\boldsymbol{x}_k - \boldsymbol{x}_i\|/(\sqrt{2}\sigma_i)\right)^2\right)} \tag{5.9}$$

このように設計すると，$\boldsymbol{x}_j$ が $\boldsymbol{x}_i$ の近くにある場合，$\boldsymbol{x}_j$ が「近傍の点」として選ばれる確率が上がります（図 5.17）．また $\boldsymbol{x}_j$ が $\boldsymbol{x}_i$ から十分遠い位置にある場合，$\boldsymbol{x}_j$ が「近傍の点」として選ばれる確率はほぼ 0 となります（図 5.17）．数式の中に σ_i という文字がありますが，この文字を使って $\boldsymbol{x}_i$ との距離の「近

さ」の尺度を調節することができます．すなわち「x_j が x_i と多少離れていても，大目にみて x_j は x_i に「近い」と考える」のか，「x_j が x_i と少しでも離れると，x_j は x_i から「遠い」と考えてしまう」のかを調節することができます．σ_i の値が大きいと前者の傾向になり，値が小さいと後者の傾向となります．

[**Step 2**]　低次元空間内のデータ点 y_i に注目します．y_j を y_i 以外の点であるとして，y_j が y_i の近傍にある点として選ばれる確率 $q_{j|i}$ を次で定義します．

$$q_{j|i} = \frac{\exp(-\|y_j - y_i\|^2)}{\sum_{k \neq i} \exp(-\|y_k - y_i\|^2)} \tag{5.10}$$

今回の場合は σ_i のような調節のための文字は入りません．

[**Step 3**]　Step 1 と Step 2 から 2 つの確率の組

$$\left. \begin{array}{c} (p_{1|i}, \ldots, p_{i-1|i}, p_{i+1|i} \ldots, p_{N|i}) \\ (q_{1|i}, \ldots, q_{i-1|i}, q_{i+1|i} \ldots, q_{N|i}) \end{array} \right\} \tag{5.11}$$

を得ました（これらの確率の組は**確率分布**（probability distribution）といいます）．SNE では，この 2 つの確率の組の類似度を次の数式（**カルバック・ライブラー ダイバージェンス**（Kullback–Leibler divergence）といいます）によって測ります．

$$\left(p_{1|i} \ln \frac{p_{1|i}}{q_{1|i}} \right) + \cdots + \left(p_{i-1|i} \ln \frac{p_{i-1|i}}{q_{i-1|i}} \right) + \left(p_{i+1|i} \ln \frac{p_{i+1|i}}{q_{i+1|i}} \right)$$
$$+ \cdots + \left(p_{N|i} \ln \frac{p_{N|i}}{q_{N|i}} \right) \tag{5.12}$$

この和を $D_{KL}(p_{j|i} \| q_{j|i})$ と表現することにします．実は $D_{KL}(p_{j|i} \| q_{j|i}) \geq 0$ であり，$D_{KL}(p_{j|i} \| q_{j|i})$ の値が大きいほど 2 つの確率分布は「似ていない」と考えることができます．この 2 つの確率分布が似ていないとなれば，$x_1, \ldots, x_N$ の位置関係と $y_1, \ldots, y_N$ の位置関係も似ていないと考えられます．

■（4）悪い配置の例

　ここでは $D_{KL}(p_{j|i} \| q_{j|i})$ の値の大きさと $y_1, \ldots, y_N$ の配置の悪さがどのようにつながるのか，単純な例を使って大雑把に説明します．3 次元空間内に 4 つの点 x_1, x_2, x_3, x_4 があり，そのうち x_1 と x_2 は近くにあり，x_3 と x_4 は近くにある関係にあり，さらに x_1 と x_2 のクラスタと x_3 と x_4 のクラスタは離れた

位置にあるとします．ここでは x_1 に注目します（つまり $i=1$）．このとき，

$$D_{KL}(p_{j|1}\|q_{j|1}) = p_{2|1} \ln \frac{p_{2|1}}{q_{2|1}} + p_{3|1} \ln \frac{p_{3|1}}{q_{3|1}} + p_{4|1} \ln \frac{p_{4|1}}{q_{4|1}} \tag{5.13}$$

と書くことができます．

次のような y_1, y_2, y_3, y_4 の配置は，$D_{KL}(p_{j|1}\|q_{j|1})$ の値が大きくなり，悪い配置と考えられます．

- 「x_2 は x_1 から近いにもかかわらず，y_2 を y_1 から離れた位置に配置してしまう」という配置
- 「y_2 は y_1 の近くに配置するが，y_3 と y_4 も y_1 の近くに配置する」という配置

2つ目の配置は，高次元では2つのクラスタがあったが，低次元ではクラスタが混ざってしまう，ということを意味します．

$D_{KL}(p_{j|1}\|q_{j|1})$ が大きくなる理由は次のとおりです．いま x_1 に近いのは x_2 のみですから，$p_{2|1}$ が大きく $p_{3|1}$ と $p_{4|1}$ は小さいという状況です．このような状況の場合，$D_{KL}(p_{j|1}\|q_{j|1})$ の3つの項のうちの $p_{2|1} \ln \frac{p_{2|1}}{q_{2|1}}$ に注目します．前者の配置の場合，y_2 が y_1 から離れると確率 $q_{2|1}$ の値が小さくなります．すると $p_{2|1} \ln \frac{p_{2|1}}{q_{2|1}}$ の値が大きくなります．後者の配置の場合，y_3 と y_4 が y_1 に近づくから $q_{3|1}$ と $q_{4|1}$ の値が大きくなります．全確率は1，つまり $q_{2|1}+q_{3|1}+q_{4|1}=1$ を満たすから，間接的に $q_{2|1}$ の値が小さくなります．すると $p_{2|1} \ln \frac{p_{2|1}}{q_{2|1}}$ が大きくなります．これらのことが $D_{KL}(p_{j|1}\|q_{j|1})$ が大きくなることにつながります．つまりこれらの配置は，「悪い配置」と考えられ，避けられます．

■（5）損失関数と学習

最終的には，$y_1, \ldots, y_N$ の配置を定めたとき，その配置の悪さを $\sum_i D_{KL}(p_{j|i}\|q_{j|i})$ によって数値化します．この値がなるべく小さくなるように $y_1, \ldots, y_N$ の配置を学習することが目標となります．この配置を勾配降下法と呼ばれる手法によって学習しますが，実はSNEの場合，学習に困難が伴うことが知られています．

このほかにもSNEには弱点があります．SNEの弱点を克服するために改良が加えられたのがt-SNEです．式 (5.9) と式 (5.10) において確率 $p_{j|i}$ と確率

$q_{j|i}$ の設計を行いましたが，t-SNEではこの設計を変更します．t-SNEによる可視化には，高次元データの局所的な構造と大局的な構造がバランスよく反映されるというメリットもあります．

5.2.3 **自己組織化マップ**

■ (1) 概要

最後に**自己組織化マップ**（Self-Organizing Maps; SOM）による可視化について説明します（[28, 29]）．まず次のような例を考えます．色鉛筆が散らばっていて，この色鉛筆をケースに入れることを考えます．つまり色鉛筆を一列に並べます．デタラメに並べるのは粋ではありません．なるべく隣り合う色鉛筆は似た色になって，滑らかに色が変化するように並べたいものです．SOMによる可視化のタスクはこれに似ています．色は赤・緑・青，この3つの要素の強さで決まり，3次元のデータと考えられます．色鉛筆を並べる例では，3次元の色のデータを，1次元の空間（直線）上に「きれいに」並べることを意味します．自己組織化マップによる可視化のタスクは高次元のデータを，平面などの低次元の空間上に「きれいに」並べることになります．**図5.18**は，1992年の世界銀行の統計より各国の生活の質に関する39の指標のデータから，SOMを用いて平面上に国を配置したものです．指標の値が似ている国は，平面上で互いに近い場所に配置されています．

■ (2) 数学的背景

まずN個の高次元ベクトル$\boldsymbol{x}_1, \ldots, \boldsymbol{x}_N$ からなるデータが与えられたとします．SOMによるこのデータの可視化のアイデアは次のようになります．

- 平面上にノード[*1]を（例えば格子状に）配置する．このノードの個数をMとし，各ノードを$z_1, \ldots, z_M$とおく．さらに参照ベクトルと呼ばれるデータと同じ次元をもつベクトルを，配置された各ノードごとに設定する．この参照ベクトルを$\boldsymbol{w}_1, \ldots, \boldsymbol{w}_M$とおく．
- 高次元ベクトル$\boldsymbol{x}_i$ $(i = 1, \ldots, N)$を参照ベクトル$\boldsymbol{w}_{m^*}$ （ただし，

[*1] 平面上に点を敷き詰めることで，平面を離散化するわけですが，この各点のことをノードと呼んでいます．

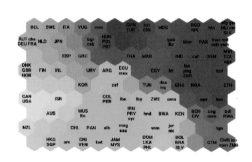

図5.18 ■ 世界の貧困「地図」（[30] より）

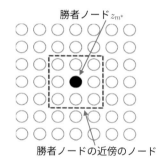

図5.19 ■ 勝者ノードとその近傍

$$m^* = \underset{m \in \{1,\ldots,M\}}{\mathrm{argmin}} \ \|\boldsymbol{x}_i - \boldsymbol{w}_m\|^2)$$ をもつノードと対応させる．

このようにすれば各ベクトルは，平面上のどこかのノードと対応します．各ベクトルを平面上の対応するノードに配置することで，データの「地図」ができます．これがSOMによる可視化の考え方です．ここで，それぞれの参照ベクトルをどのように定めるかが問題になります．

■（3）参照ベクトルの学習アルゴリズム

SOMの仕組みにはいくつかの解釈の仕方があります．その解釈の仕方によって参照ベクトルを学習するためのアルゴリズムは多少異なります．ここでは，そのどれかを選んで説明することはせずに，それらの多くに共通する基本的な考え方を紹介するのみにとどめます．参照ベクトルの学習の仕方ですが，まず初めに各ノードの参照ベクトルをランダムに設定します．そして第1に，データからベクトルを1つ選びます．例えば$\boldsymbol{x}_i$を選んだとします．第2に，$m^* = \underset{m \in \{1,\ldots,M\}}{\mathrm{argmin}} \ \|\boldsymbol{x}_i - \boldsymbol{w}_m\|^2$を求めます．ノード$z_{m^*}$は勝者ノードといいます．第3に，勝者ノードの近傍のノード（図5.19）がもつ参照ベクトルを$\boldsymbol{x}_i$に近づくように修正します．この第1から第3の操作を繰り返し行うことで，参照ベクトルを学習していきます．

問5.4 （自己組織化マップ）

SOMの学習アルゴリズムについて調べなさい．調べた結果を参考に，参照ベクトルの学習アルゴリズムの疑似コードを示しなさい．

●さらなる学習のために●

　Pythonによって本章で紹介した手法を実際に使う場合，scikit-learnと呼ばれるライブラリが最もよく用いられます．scikit-learnによって，一からプログラムを書く必要なく，紹介した多くの手法を手軽に使うことができます．このscikit-learnによって何ができるのか，またその使い方については，次のサイトが参考になります：https://scikit-learn.org/stable/auto_examples/

　本章ではクラスタリングの方法として，K-平均法と混合ガウスモデルを使った方法を紹介しました．これらの方法は**非階層的手法**（non-hierarchical method）と呼ばれています．一方で，本章では紹介できませんでしたが，**階層的手法**（hierarchical method）と呼ばれる手法があります．さらにこの階層的手法の中でも**分割型**（divisive），**凝縮型**（agglomerative）という2つの方式があります．分散型は，データ全体を1つのクラスタとし，そこから徐々に小さなクラスタへ分割していく，という手法です．凝縮型は逆に，データ点一つひとつを1つのクラスタとして，そこから徐々にクラスタの統合を行っていく，という手法です．この階層的クラスタリングでは，クラスタの分割または統合を行う過程を樹形図によって表現することができます．この樹形図をクラスタの解釈に用いることができるというメリットがあります．しかしデータの数が膨大になると，計算量が大きくなり，また樹形図は読み取りづらいものになってしまいます．この階層的クラスタリングついては，例えば次のscikit-learnのサイトが参考になります：https://scikit-learn.org/stable/modules/clustering.html

　高次元のデータだが，本質的にははるかに低い次元のデータであることがあります．PCAによって次元削減でき，その無駄を省くことができると説明しましたが，PCAがうまく働かない場合もあります．例えば，データ内に非線形の関係がある場合うまく働きません．このようなデータの次元削減を行いたい場合，**多様体学習**（manifold learning）と呼ばれている手法を使います．例えば，**多次元尺度構成法**（Multi-Dimensional Scaling; MDS），**局所線形埋め込み**（Locally Linear Embedding; LLE），**等尺性マッピング**（Isometric mapping，Isomap）などが有名です．紹介したSNE（t-SNE）もこの多様体学習の一種です．多様体学習についても次のscikit-learnのサイトが参考になります：https://scikit-learn.org/stable/modules/manifold.html

第 **6** 章

教師あり学習

　教師あり学習は，教師なし学習と並んで社会のさまざまな場所で広く利用されています．教師なし学習と大きく異なるのは，明確な正解が存在していて，モデルを正解度合いが高くなるように学習させる点です．本章では，教師あり学習の基本的な考え方や使い方，いくつかのモデルやデータからモデルの学習する方法について学んでいきます．

6.1 教師あり学習とは

6.1.1 教師あり学習の概要

第5章の教師なし学習は,「データに対応する正解が与えられていないため,学習のためには内的な評価基準を定める必要がある」のが特徴でしたが, **教師あり学習**（supervised learning）では, 学習に使われるデータセットに**教師データ**, つまり正解データがあるのが特徴です. つまり, 誤差や正解率といった, 正解データからの外れ具合を示す評価基準が比較的明確に設定できます. この評価基準を最もよく満たすモデルを見つけることが, 教師あり学習の目的であると言ってもよいでしょう.

データセットとは学習に使う手持ちの事例データの集合のことで, 一般には過去のデータや, 人間が正解を割り当てたデータを学習（トレーニング）用のデータセットとして使います. **図6.1**に教師あり学習のイメージを示しています. 予測したいものを出力 y, 予測に使うデータを**特徴量** x と表しています. 上段は気象データ x を特徴量とし, アイスの売上 y を予測するという例です. 下段は写真などの画像データを特徴量 x として, その画像に描かれているものが何の動物であるか（y）を予測するという例です. いずれのケースも y と x の間の関係をデータから学習し, 今後の予測（明日の売上や, 新たに与えられた画像の予測）に用いるというイメージです. つまり, 学習とは手持ちデータから y と x の間の関係を見つけ出すこともいえます. 第4章でも述べられたように, この y と x の関係を表現するための数式を**モデル**といいます. 4.4節の例でいえば, モデルに線形回帰を採用し, データセットの車の走行速度を特徴量, 制動距離を教師データとして両者の関係を見つけておけば, 次からは, 走行速度をモデルに入力して制動距離を予測できるようになります. つまり, 教師あり学習の特徴量と教師データとは, 回帰分析など統計でいうところの目的変数と説明変数にあたります.

ところで, もし機械学習を使わなかったらどうなるでしょうか. ルールと例外が大量に, あるいは無限に必要となり, 対処できなくなるでしょう. 「データがこうなっていれば結果はこうなる」といったルールを人手で書いていくのは, おおよそ不可能であることが想像できます.

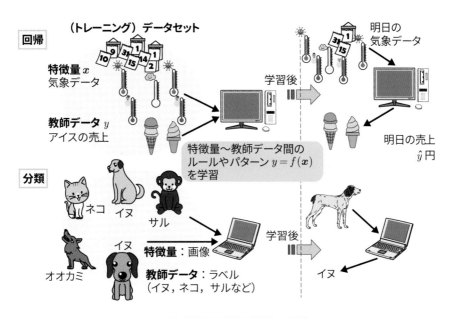

図 6.1 ■ 教師あり学習（回帰と分類）

　図 6.1 のように，教師あり学習は**回帰**（regression）と**分類**（classification）に大別することができます．下にそれぞれの特徴をまとめておきます．

回帰（問題）

- 出力（予測するもの）：一つあるいは複数の連続値
- 例：売上予測，需要予測など
- モデル：線形回帰，多項式回帰，ニューラルネットワークなど

分類（問題）

- 出力：有限個のカテゴリの一つ（への割り当て），あるいは離散値
- 例：画像識別，医療画像診断，スパムメールフィルタなど
- モデル：ロジスティック回帰，k 近傍法，サポートベクターマシン（SVM），ニューラルネットワークなど

　分類において，例えば正解か不正解，病気であるか病気でないかなど，2 つの選択肢のどちらかに割り当てる問題を二値分類，図 6.1 の例のように，3 つ

以上の選択肢（カテゴリー）の中から正解を選択する問題を多値分類といいます．判別（問題）といういい方をすることもあります．データを一定の「パターン」，つまりルールに従ってクラス分けを行う**パターン認識**も，分類とほぼ同じ意味で使われます．

6.1.2　教師あり学習の手順

　図 6.2 に，教師あり学習の手順を示します．観測データとはセンサなどで観測された，教師データを予測するために使うデータを意味しています．図 6.1 の例でいえば，気象データや画像データにあたります．前処理の「データ整形／特徴量生成」は，用意された観測データをモデルに入力するために適した特徴量に変換する操作です．扱うデータによって全く異なった操作が必要になるので，各種データの処理方法については，実データへの応用について述べた第 9 章以降を参照してください．最初から特徴量が与えられていたり，観測データがそのまま特徴量として使える場合は，この操作はスキップすることができます．近年の深層学習の発展により，特徴量生成もニューラルネットに任せてしまう「end-to-end」な学習も盛んになりつつあります．「データのセットの分割」は「**テスト**（モデルの評価）」を行うためなのですが，これらについては 6.3 節で後述します．モデル構築の「**モデル選択**」はどのような数式，アルゴリズムを予測に用いるかを選択する作業です．「**トレーニング**」は誤差や正解率と言った評価基準を表す**評価関数**（誤差関数，損失関数，目的関数，コスト関数などともいいます）を最適化することで**パラメータ**を決定する作業です．二乗誤差や尤度など，評価関数は目的や問題に応じて選択されます．

6.2　学習モデルとトレーニング（パラメータ最適化）

　第 4・5 章と説明が重複する部分もありますが，まずはデータとモデル，トレーニングについて確認しておきたいと思います．

　特徴量 x と出力（教師信号）y が組になったデータの集まり（データセット）が与えられた，あるいはサンプリングされたとします．

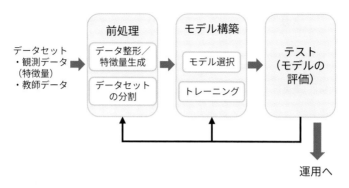

図6.2 ■ 教師あり学習の手順

$$(\boldsymbol{x}, \boldsymbol{y}) = \{(\boldsymbol{x}_1, y_1), (\boldsymbol{x}_2, y_2), \cdots, (\boldsymbol{x}_N, y_N)\}^T \tag{6.1}$$

N はサンプル数，データ数などと呼ばれ，時系列データであれば時間方向にサンプリングしたデータ点の数，画像データであれば画像の枚数に相当します．
ここで，特徴量 $\boldsymbol{x}$ と出力 y の関係を以下のように表現します．

$$y_n = f(\boldsymbol{x}_n, \boldsymbol{w}) + \varepsilon \tag{6.2}$$

$f(\boldsymbol{x}_n, \boldsymbol{w})$ というのは，モデルの一般表現です．f を4.4節の例と同様に**線形回帰モデル**で考えれば，

$$f(x_n, \boldsymbol{w}) = w_0 + w_1 x_n \tag{6.3}$$

となります．$\boldsymbol{w} = (w_0, w_1)$ はこのモデルのパラメータで定数で，それぞれバイアス項（切片）と x に対する係数（重み）になっていることがわかります．これらは，4.4節では β と表記されていた母数と同じものですが，ここでは機械学習の分野の慣習に従ってパラメータ $\boldsymbol{w}$ と表記します．教師あり学習における学習とは，$\boldsymbol{x}$ と y から $\boldsymbol{w}$ を推定（学習）することを意味します．ε は $f(\boldsymbol{x}_n, \boldsymbol{w})$ とは無関係に生じる誤差，あるいは $f(\boldsymbol{x}_n, \boldsymbol{w})$ で説明できない誤差を表現するための項で，ノイズ項や誤差項といいます．モデル f を選択したうえでパラメータ $\boldsymbol{w}$ を決めることができれば，y を観測しなくても特徴量 $\boldsymbol{x}$ を入力すれば，予測 $\hat{y}$ を計算することができるようになります．図6.3に式 (6.3) のモデルのイメージを図示します．特徴量は x ですが，バイアス項 w_0 に対応させるため，便宜上1も一緒にモデルに入力する形にしています．元のデータセットの教師信号 y と区別して，モデルの予測出力を $\hat{y}$ と表記しています．

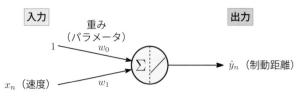

図 6.3 ■ 線形回帰モデルのイメージ

　線形回帰では，モデルの予測精度の評価基準である評価関数には，N 個のモデルの出力 $\hat{y}_n$ と教師信号 y_n の**平均二乗誤差**（Mean Squared Error; MSE）$E(\boldsymbol{w})$ がよく使われます．

$$
\begin{aligned}
E(\boldsymbol{w}) &= \frac{1}{2}\sum_{n=1}^{N}\{\hat{y}_n - y_n\}^2 \\
&= \frac{1}{2}\sum_{n=1}^{N}\{f(\boldsymbol{x}_n, \boldsymbol{w}) - y_n\}^2 \\
&= \frac{1}{2}\sum_{n=1}^{N}(w_0 + w_1 x_n - y_n)^2
\end{aligned}
\tag{6.4}
$$

この誤差を最小化する $\boldsymbol{w}$ を求める最も基本的な学習手法が**最小二乗法**（least squares method）で，4.4.3項の正規方程式を解くということでした．

　6.1.2項で述べたように，評価関数や学習手法にはさまざまなものがありますが，本節で紹介する評価関数と学習手法の組合せとモデルについて，表 6.1 にまとめます．行ラベルが(評価関数) + (学習手法)，表の中がモデル名で括弧内は解説している項です．

表 6.1 ■ 評価関数と学習手法の組合せとモデル

	(二乗誤差)+(最小二乗法)	(二乗誤差)+(勾配法)	(尤度) + (勾配法)
回帰	線形回帰 (6.2.1項)	ニューラルネットワーク (6.2.4項)	
分類	線形判別分析 (6.2.2項)		ロジスティック回帰 (6.2.5項)

6.2.1　線形重回帰モデルと最小二乗法

■（1）線形重回帰モデル

　上で紹介した線形回帰モデルは，説明変数（特徴量）が一つだけの線形単回

帰モデルでしたが，現実の問題では複数の特徴量が得られることも多くあります．複数の説明変数を用いる線形回帰モデル，**線形重回帰モデル**を紹介します．

特徴量 $\boldsymbol{X}$ と出力（教師信号）$\boldsymbol{y}$ の組がサンプリングされたとします．

$$(\boldsymbol{X}, \boldsymbol{y}) = \{(\boldsymbol{x}_1, y_1), (\boldsymbol{x}_2, y_2), \cdots, (\boldsymbol{x}_N, y_N)\}^T \tag{6.5}$$

$\boldsymbol{X}$ のような太字の大文字は，行列を意味しています．図 6.4 に $\boldsymbol{X}$ のイメージを示します．N は上と同様にサンプル数ですが，$\boldsymbol{x}_n (n = 1, 2, \cdots, N)$ は，$\boldsymbol{x}_n = (x_{n1}, x_{n2}, \cdots, x_{nD})$ のように D 次元をもつベクトルです．D は特徴量の数に当たります．図 6.1 のアイスの例なら，その日の最高気温（x_1），最低気温（x_2），湿度（x_3），降水量（x_4），…と，D 個の気象データの特徴量からアイスの売上（$\hat{y}$）を予測することになります（図 6.5）．画像の分類なら，D は画素数といった具合です．また，ここでは出力 y_n は 1 次元としていますが，複数次元もつことも可能です．モデルは

$$f(\boldsymbol{x}_n, \boldsymbol{w}) = w_0 + w_1 x_{n1} + w_2 x_{n2} + \cdots + w_D x_{nD} \tag{6.6}$$

となり，パラメータ $\boldsymbol{w} = (w_1, w_2, \cdots, w_D)$ は，各特徴に関する係数となります．

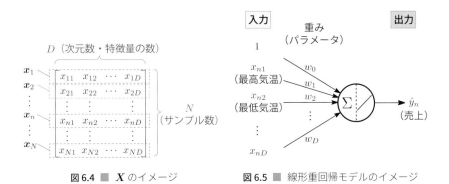

図 6.4 ■ $\boldsymbol{X}$ のイメージ　　図 6.5 ■ 線形重回帰モデルのイメージ

また，行列を使ってこのをモデル表現すると図 6.6 のようになり，回帰式をすっきり書くことができます．図 6.4 と違って，バイアス項に対応した 1 の入力を $\boldsymbol{X}$ の中に含めている点に注意してください．

$$\boldsymbol{y} = \boldsymbol{X}\boldsymbol{w}$$
$$(y_n = w_0 + w_1 x_{n1} + w_2 x_{n2} + \cdots + w_D x_{nD})$$

$$
N \left\{
\begin{bmatrix}
y_1 \\
y_2 \\
\vdots \\
y_N
\end{bmatrix}
\right.
=
\begin{bmatrix}
1 & x_{11} & x_{12} & \cdots & x_{1D} \\
1 & x_{21} & x_{22} & \cdots & x_{2D} \\
\vdots & \vdots & \vdots & \ddots & \vdots \\
1 & x_{N1} & x_{N2} & \cdots & x_{ND}
\end{bmatrix}
\begin{bmatrix}
w_0 \\
w_1 \\
w_2 \\
\vdots \\
w_D
\end{bmatrix}
\left.
\right\} D+1
$$

図 6.6 ■ 線形重回帰モデルの行列表現

■ （2） 最小二乗法

単回帰のときと同様に，評価関数として平均二乗誤差を考えます．

$$
\begin{aligned}
E(\boldsymbol{w}) &= \frac{1}{2} \sum_{n=1}^{N} \{f(\boldsymbol{x}_n, \boldsymbol{w}) - y_n\}^2 \\
&= \frac{1}{2} \|\boldsymbol{X}\boldsymbol{w} - \boldsymbol{y}\|^2
\end{aligned}
\tag{6.7}
$$

導出過程は省略しますが，重回帰モデルの場合も，これを最小化する $\boldsymbol{w} = (w_0, w_1, \cdots, w_D)$ は解析的に求めることができ，

$$
\boldsymbol{w} = \boldsymbol{X}^\dagger \boldsymbol{y}
\tag{6.8}
$$

となります．$\boldsymbol{X}^\dagger$ は一般逆行列といわれるものです．逆行列は正方・正則な行列にしか定義できませんが，一般逆行列はそれ以外の行列において逆行列と同様の働きをするもので，

$$
\boldsymbol{X}^\dagger = \left(\boldsymbol{X}^T \boldsymbol{X}\right)^{-1} \boldsymbol{X}^T
\tag{6.9}
$$

と計算することができます．これは4.4.3項の正規方程式を行列表現し，複数の説明変数を扱うために一般化したものに当たります．アルゴリズム6.1に疑似コードを示します．

| 6.2.2 | 線形（重）回帰モデルによる分類問題 |

回帰問題では出力 y が連続的な値をとりました．それに対し，分類問題では

アルゴリズム 6.1 ■ 最小二乗法

Input: y, X
Output: w
1: $w = \left(X^T X\right)^{-1} X^T y$
2: return w

---

y は離散値をとります．例えば，yes ならば $y = 1$，no ならば $y = 0$ といった具合です．あるいは，**one-hot vector 表現**を使うこともあります．これは出力を全カテゴリー数の次元をもつベクトル y とし，正解に対応するインデックスのみを1，ほか全てを0と表現する方法です．例えば，イヌ，ネコ，サルの3つのいずれかに分類したい場合，イヌは $y = (1, 0, 0)$，ネコは $y = (0, 1, 0)$，サルは $y = (0, 0, 1)$ といった具合です．

■（1）線形判別分析

出力の表現を先述の one-hot vector で表現することで，回帰における線形重回帰モデルと最小二乗法で分類問題を解くことのできる**線形判別分析**（Linear Discriminant Analysis; LDA）を紹介します．

例題 6.1 ■ 分類問題の例

図 6.7 のデータが与えられています．点 a $(x_a = (1, 2)^T)$ はクラス1，点 b $(x_b = (2, 1)^T)$ と点 c $(x_c = (3, 1)^T)$ はクラス2です．この3つのデータ点のラベルを one-hot vector で表現し，$f(x_n, W)$ を線形回帰モデルで書きなさい $(n = a, b, c)$．

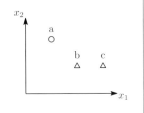

図 6.7 ■ 分類問題の例

各データ点 $x_n = (x_{n1}, x_{n2})$ に対応する教師信号（目標値）を $y_a = (0, 1)$，$y_b = (1, 0)$，$y_c = (1, 0)$ とすれば，モデルは

$$y_n = f(x_n, W) + \varepsilon = w_0 + w_1 x_{n1} + w_2 x_{n2} + \varepsilon \tag{6.10}$$

となり，y_n が多次元化した線形回帰モデルと同じ形になります．評価関数は

$$E(\boldsymbol{W}) = \frac{1}{2} \sum_{n=1}^{N} \{f(\boldsymbol{x}_n, \boldsymbol{W}) - y_n\}^2 \tag{6.11}$$

と書くことができます．$\boldsymbol{W}$ は回帰のときと同様に，最小二乗法（正規方程式）で求めることができます．

3つ以上のカテゴリーがある場合でも，$\boldsymbol{y}_n$ の次元を拡張して同様に表現することができます．線形回帰と同じように最小二乗法が使える手軽なモデルですが，全てのクラスの共分散が同じであると仮定されていること，外れ値に弱いことに気を付けなければなりません．

また，本書では紹介していませんが，教師ありの次元削減（特徴抽出）法であるFisher の線形判別分析（Fisher's Linear Discriminant Analysis）を単に線形判別分析（LDA）と呼ぶこともあるので，どちらを指しているのか注意が必要です．

問6.1（線形判別分析）

例題 6.1 のデータにアルゴリズム 6.1 を適用し，パラメータ行列 $\boldsymbol{W}$ を求めなさい．

ヒント：$\boldsymbol{y}$ の代わりに，$\boldsymbol{y}_a, \boldsymbol{y}_b, \boldsymbol{y}_c$ を縦に並べた行列 $\boldsymbol{Y}$ を使う．

6.2.3 ニューロンモデル，パーセプトロン

機械学習は，知的な振る舞いを実現する，ヒトを初めとする生物の脳や神経系の仕組みや動作原理にインスピレーションを得ながら発展してきました．特に近年の機械学習やAI，データサイエンスを語るうえでニューラルネットワーク，ディープラーニング（深層学習）を外すことはできません．ニューラルネットワークとは，その名のとおり，数理モデル化したニューロン（神経細胞）を階層的に多数つないで神経系のネットワークを模したものです．ニューラルネットワークの中でも，特に層の数が多いものはディープラーニングといいます．目的や対象データに応じてネットワーク構造等にさまざまな工夫がなされ，近年のさまざまな分野で利用されています（第10〜12章参照）．ここでは，ニューロンの数理モデルと，ニューラルネットワークの学習方法の基本的な考え方について解説します．

■（1） 形式ニューロンモデル

1943年に McCulloch と Pitts が提案した形式ニューロンモデル [31]（図 6.8）がニューラルネットワークの礎になっています．$\boldsymbol{x}_n = (x_{n1}, x_{n2}, \cdots, x_{nD})$ が入力され，y_n が出力されるわけですが（図中ではサンプルのインデックス n は省略しています），その間に**活性化関数**と呼ばれる，非線形変換もしくは線形変換を行う関数が置かれています．形式ニューロンモデルでは活性化関数として，図 6.9 のようなヘヴィサイド（ステップ）関数が使われていました．$\boldsymbol{x}$ とパラメータ（重み）$\boldsymbol{w}$ の線形和としきい値 θ の差，

$$u_n = w_1 x_{n1} + w_2 x_{n2} \cdots w_D x_{nD} - \theta = \sum_{d=1}^{D} w_d x_{nd} - \theta \qquad (6.12)$$

が 0 より小さければ 0 を，0 より大きければ 1 を出力するものです．これは，ニューロンへの入力刺激（$\sum_{d=1}^{D} w_d x_{nd}$）がしきい値 θ を超えれば発火する，超えなければ発火しない，という特性を模したものになっています．

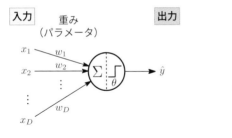

図 6.8 ■ 形式ニューロンモデル

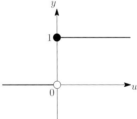

図 6.9 ■ ヘヴィサイド関数

■（2） パーセプトロン学習

1958年に Rosenblatt が提案した単純パーセプトロン [32] は，形式ニューロンモデルのパラメータ $\boldsymbol{w}$ の学習を可能にしたものです．ここでは，図 6.10 に示すような，単純パーセプトロンの活性化関数をシグモイド関数（図 6.11）に置き換えたものを考えます．また，$w_0 = -\theta$ とすることでニューロンへの入力刺激を以下のように書くことができます．

$$u_n = w_0 + w_1 x_{n1} + w_2 x_{n2} \cdots w_D x_{nD} = \sum_{d=0}^{D} w_d x_{nd} \quad (x_{n0} = 1) \qquad (6.13)$$

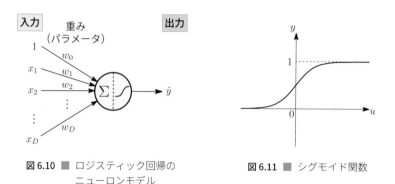

図6.10 ■ ロジスティック回帰の
ニューロンモデル

図6.11 ■ シグモイド関数

したがって，モデルの出力は

$$\hat{y}_n = f(\boldsymbol{x}_n, \boldsymbol{w}) = \mathrm{Sigmoid}(u_n) = \frac{1}{1 + \exp(-u_n)} = \frac{1}{1 + e^{-u_n}} \tag{6.14}$$

となります．ニューロンへの入力刺激，つまり，$\boldsymbol{w}$ と $\boldsymbol{x}_n$ の線形和の値 u_n を，シグモイド関数で0〜1の確率に非線形変換しています．これは，4.5節で紹介したロジスティック回帰と等価なモデルになっています（4.5節の式で，p_i を y_n，β を w に置き換えて式変形すれば，式 (6.14) になります）．ロジスティック回帰の学習については，6.2.5項で解説します．また，活性化関数に線形関数を用いれば，6.2.1項のように，線形重回帰モデルと同じになります．

6.2.4 ニューラルネットワークと勾配降下法

ここまでで紹介したニューロンモデル（パーセプトロン）を図6.12のようにつなげたニューラルネットワークを考えます．これは，各入力層と出力層が総当たり的に接続された全結合と呼ばれるネットワーク構造で，d 番目の入力層と k 番目の出力層の間の重みパラメータを w_{dk} と表しています．K 個の出力層には，それぞれ活性化関数としてシグモイド関数が設定されています．

評価関数に平均二乗誤差を用いた場合の $\boldsymbol{w}$ の学習法について考えていきますが，ここでは $\boldsymbol{y}$ も K 次元をもつベクトルであることに注意してください．

$$\begin{aligned}
E(\boldsymbol{w}) &= \frac{1}{2} \sum_{n=1}^{N} (\hat{\boldsymbol{y}}_n - \boldsymbol{y}_n)^2 \\
&= \frac{1}{2} \sum_{n=1}^{N} \sum_{k=1}^{K} (\hat{y}_{nk} - y_{nk})^2
\end{aligned}$$

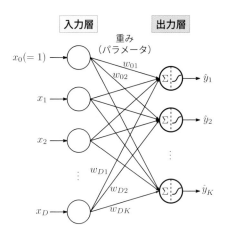

図 6.12 ■ 入力層と出力層をもつニューラルネットワーク

$$= \frac{1}{2}\sum_{n=1}^{N}\sum_{k=1}^{K}(\text{Sigmoid}(u_{nk}) - y_{nk})^2$$

$$= \frac{1}{2}\sum_{n=1}^{N}\sum_{k=1}^{K}\left(\text{Sigmoid}\left(\sum_{d=0}^{D}w_{dk}x_d\right) - y_{nk}\right)^2 \tag{6.15}$$

ニューラルネットワークのように多数の非線形変換を含む複雑なモデルでは，先に紹介した最小二乗法のように解析的に解を求めることが非常に難しくなります．こうした場合には，モデルの出力する誤差を見ながら，より正しい出力が得られるように $\boldsymbol{w}$ を修正していく必要があります．よく用いられるのが，**勾配降下法**（gradient descent method）で，$E(\boldsymbol{w})$ が最小値0に近づくように，以下の式で逐次的に $\boldsymbol{w}$ を更新していきます．

$$w_d \leftarrow w_d - \eta\frac{\partial E(\boldsymbol{w})}{\partial w_d} \tag{6.16}$$

η（$0 < \eta < 1$）は学習率と呼ばれる，設計者が事前に設定するパラメータ（＝**ハイパーパラメータ**）です．$\dfrac{\partial E(\boldsymbol{w})}{\partial w_d}$ は誤差（評価関数）$E(\boldsymbol{w})$ をパラメータ w_d で偏微分したもので，w_d をどちらの方向に動かせば $E(\boldsymbol{w})$ が減少するかを意味しています．

$\dfrac{\partial E(\boldsymbol{w})}{\partial w_d}$ を計算する必要がありますが，計算過程にシグモイド関数の微分が含まれます．シグモイド関数の微分は

$$\text{Sigmoid}(u_{nk})' = \{1 - \text{Sigmoid}(u_{nk})\}\text{Sigmoid}(u_{nk}) \tag{6.17}$$

となることを利用して，(6.15) の $\sum_{n=1}^{N}\sum_{k=1}^{K}$ の中身，つまり各サンプル，各出力次元における二乗誤差 $E_{nk}(\boldsymbol{w}) = \dfrac{1}{2}(\hat{y}_{nk} - y_{nk})^2$ の w_d による偏微分を計算すると，

$$\begin{aligned}
\frac{\partial E_{nk}(\boldsymbol{w})}{\partial w_d} &= (\hat{y}_{nk} - y_{nk})\frac{\partial \hat{y}_{nk}}{\partial w_d} \\
&= (\hat{y}_{nk} - y_{nk})\,\hat{y}_{nk}(1 - \hat{y}_{nk})x_d
\end{aligned} \tag{6.18}$$

$$\left(\hat{y}_{nk} = \text{Sigmoid}\left(\sum_{d=0}^{D} w_{dk}x_d\right) = \frac{1}{1 + \exp(-\sum_{d=0}^{D} w_{dk}x_d)}\right)$$

となります．

アルゴリズム 6.2 に勾配降下法の疑似コードを示します．

■（1）勾配降下法

パーセプトロンやニューラルネットワークに限らず，データの規模が非常に

アルゴリズム 6.2 ■ 勾配降下法

Input: $\boldsymbol{y}$, $\boldsymbol{X}$
Output: $\boldsymbol{w}$
1: $\boldsymbol{w}^{(0)}$ を決める
2: **while** $E(\boldsymbol{w})$ が十分小さくなるまで **do**
3:     **for** $n = 1$ **to** N **do**
4:         **for** $k = 1$ **to** K **do**
5:             $\hat{y}_{nk} = \text{Sigmoid}(u_{nk}) = \dfrac{1}{1+\exp(-\sum_{d=0}^{D} w_{dk}x_d)}$ を計算
6:             $E_{nk}(\boldsymbol{w}) = \sum_{k=1}^{N}\{\hat{y}_{nk} - y_{nk}\}^2$ を計算
7:             **for** $d = 0$ **to** D **do**
8:                 パラメータ w_d を更新：
　　　　　　　　$w_d^{(t+1)} = w_d^{(t)} - \eta\dfrac{\partial E(\boldsymbol{w}^{(t)})}{\partial w_d^{(t)}} = w_d^{(t)} - \eta\,(\hat{y}_{nk} - y_{nk})\,\hat{y}_{nk}(1 - \hat{y}_{nk})x_d$
9:                 $t \leftarrow t + 1$
10:             **end for**
11:         **end for**
12:     **end for**
13: **end while**
14: **return** $\boldsymbol{w}$

大きくコンピュータのメモリ不足により最小二乗法等による一括での学習ができなかったり，モデルが複雑で解析的に解が求まらなかったりする場合にも，勾配降下法がよく使われます．ここでは勾配降下法のより一般的な説明をしています．

　パラメータの初期値 $\boldsymbol{w}^{(0)}$ を定め，そこから評価関数の勾配 $\nabla E(\boldsymbol{w})$ の方向にパラメータを更新していきます．

$$\boldsymbol{w}^{(t+1)} = \boldsymbol{w}^{(t)} - \eta \nabla E(\boldsymbol{w}^{(t)}) \tag{6.19}$$

$\eta\ (> 0)$ は学習率で，$\boldsymbol{w}$ の更新幅を決めるものです．これを各パラメータ w_d $(d = 1, 2, \ldots, D)$ ごとに書き下せば，

$$w_d^{(t+1)} = w_d^{(t)} - \eta \frac{\partial E(\boldsymbol{w}^{(t)})}{\partial w_d} \tag{6.20}$$

となります．この方法は $E(\boldsymbol{w})$ の勾配が最も急な（$E(\boldsymbol{w})$ が最も減少する）方向にパラメータを更新していくので，**最急降下法**（steepest descent method）といいます．ここでは更新幅 η を固定としていますが，$(\boldsymbol{w}^{(t)} - \eta \nabla E(\boldsymbol{w}^{(t)}))$ が一番小さくなるように $\eta^{(t)}$ を毎回変化させる，**直線探索**（line search）という手法を使うこともよくあります．

　$\boldsymbol{w}$ が 2 次元の場合の評価関数とパラメータ更新のイメージを図 6.13 に示しています．図中の矢印が勾配方向 $\nabla E(\boldsymbol{w}^{(t)})$ を示しています．線形モデルでは，評価関数 $E(\boldsymbol{w})$ は凸関数になるので**大域最適解**に到達できますが，非線形性の強いモデルでは $E(\boldsymbol{w})$ は多峰性になり，初期値と学習率によっては**局所最適解**に陥ってしまうこともあります．

　アルゴリズム 6.3 に最急降下法の疑似コードを示します．終了条件としては，$E(\boldsymbol{w})$ や $|\nabla E(\boldsymbol{w})|$ がしきい値を下回ったとき，というのがよく使われます．

　最急降下法は全てのデータを一度に使うバッチ学習ですが，新たなデータを受け取るごとにパラメータ更新を行うオンライン学習というタイプもあります．近年の深層学習モデルなどで主に使われるのは，オンライン学習の一種である**確率的勾配降下法**（stochastic gradient descent）です．この手法ではランダムにデータ点を選び，その点に対する勾配を計算しパラメータの更新を行います．評価関数が単調減少するとは限りませんが，最急降下法よりも効率的にパラメータが更新できることが知られています．

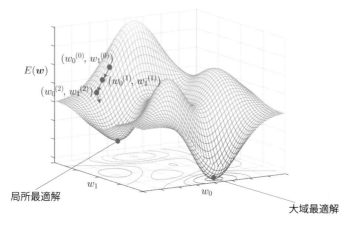

図 6.13 ■ 最急降下法のイメージ

アルゴリズム 6.3 ■ 最急降下法

Input: y, X
Output: w
1: $w^{(0)}$ を決める
2: while 終了条件 do
3:    $E(w^{(t)})$ を計算
     (二乗平均平方誤差なら $E(w^{(t)}) = \frac{1}{2}\sum_{n=1}^{N}\{f(x_n, w^{(t)}) - y_n\}^2$)
4:    最急降下方向 $\nabla E(w^{(t)})$ を計算
5:    パラメータを更新: $w^{(t+1)} = w^{(t)} - \eta\nabla E(w^{(t)})$
6:    $t \leftarrow t + 1$
7: end while
8: return w

6.2.5 ロジスティック回帰と最尤推定法

■（1）最尤推定法

　教師なし学習の 5.1.2 項でも登場した最尤推定法（maximum likelihood estimation）ですが，教師あり学習における考え方を簡単に述べておきます．

　X と Y，x と y を入出力の確率変数，実現値と捉えれば各データ点は

$$p(x_n, y_n|w) \tag{6.21}$$

と表現することができます．つまり，各データ点が，w を条件とする上記の確

率の密度関数から独立に生成（サンプリング）されている，と考えるわけです（図 6.14）．逆に，N 個のデータ $(\boldsymbol{x}_n, y_n)$ がサンプリングされる確率は，

$$L(\boldsymbol{w}|\boldsymbol{x}_n, y_n) = \prod_{n=1}^{N} p(\boldsymbol{x}_n, y_n|\boldsymbol{w}) \tag{6.22}$$

となります．$L(\boldsymbol{w}|\boldsymbol{x}_n, y_n)$，あるいは条件部分を省略した $L(\boldsymbol{w})$ は**尤度関数**（likelihood function）と呼ばれ，これを最大化するパラメータ $\boldsymbol{w}$ を見つけ出すのが最尤推定法です．つまりは，データ集合が生成される確率を最大にするパラメータ $\boldsymbol{w}$ を推定する手法です．ちなみに，**尤度関数** $L(\boldsymbol{w})$ を最大化するパラメータ $\boldsymbol{w}$ は**最尤推定量**といいます．$L(\boldsymbol{w})$ のままだと $p(\boldsymbol{x}_n, y_n|\boldsymbol{w})$ が掛け合わさった形になっており，勾配の計算が煩雑になってしまいます．そこで，対数を取った**対数尤度** $\ln L(\boldsymbol{w})$ を勾配法などで最大化，あるいは $-\ln L(\boldsymbol{w})$ を最小化することで $\boldsymbol{w}$ を求めるのが一般的です．

$$\ln L(\boldsymbol{w}) = \sum_{n=1}^{N} \ln p(\boldsymbol{x}_n, y_n|\boldsymbol{w}) \tag{6.23}$$

こうすることで関数が線形和の形になり，勾配が計算しやすくなります．また，対数は単調増加（減少）関数なので，尤度の大小関係は保たれたままです．$-\ln L(\boldsymbol{w})$ は**交差エントロピー関数**（cross-entropy function）ともいいます．

ちなみに，確率モデル $p(\boldsymbol{x}_n, y_n|\boldsymbol{w})$ を正規分布とした場合の最尤推定量 $\boldsymbol{w}$

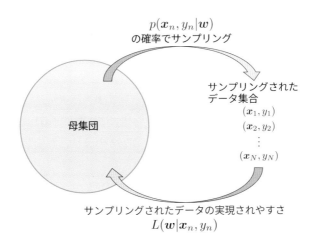

図 6.14 ■ サンプリングデータと尤度

は，ノイズ項に平均0の正規分布を仮定したときの最小二乗法で求めた $\boldsymbol{w}$ と一致します．より詳しい説明は，7.3.1項を参照してください．

例題6.2 ■ ロジスティック回帰

4.5節のスペースシャトルのOリング破損状況データの例（表4.1）で，尤度関数 $L(\boldsymbol{w})$ と最小化すべき評価関数 $E(\boldsymbol{w})$ を求めなさい．

Flight No. n 番目の外気温（華氏）x_n が与えられたとき，Oリングが破損している確率，破損していない確率は

$$p(破損 = 1|x_n) = y_n \tag{6.24}$$

$$p(破損 = 0|x_n) = 1 - p(破損 = 1|x_n) = 1 - y_n \tag{6.25}$$

と書けます．表4.1の破損状況のように，破損しているなら $t_n = 1$，破損していないなら $t_n = 0$ とすると，Flight No. n 番目のOリングが破損している確率は

$$p(破損 = t_n|x_n) = y_n{}^{t_n}(1 - y_n)^{1-t_n} \tag{6.26}$$

と表現することができます．破損状況が $t = 1$, $t = 0$ の場合でそれぞれ，(6.24)，(6.25) 式に一致することがわかります．

表4.1の全サンプルのデータが実現される確率は，

$$L(\boldsymbol{w}) = \prod_{n=1}^{N} p(破損 = t_n|x_n) = \prod_{n=1}^{N} y_n{}^{t_n}(1 - y_n)^{1-t_n} \tag{6.27}$$

となります．念のため再確認しておくと，

$$y_n = \text{Sigmoid}(u_n) = \frac{1}{1 + \exp(-(w_0 + w_1 x_n))}$$

なので，尤度が $\boldsymbol{w}$ の関数になっていることがわかります．評価関数は負の対数尤度で，

$$E(\boldsymbol{w}) = -\ln L(\boldsymbol{w}) = -\sum_{n=1}^{N} \{t_n \ln y_n + (1 - t_n)\ln(1 - y_n)\} \tag{6.28}$$

となります．

問6.2（ロジスティック回帰）

例題6.1のデータにロジスティック回帰を適用するとして，各 w_d の更新に用いる $\dfrac{\partial E(\boldsymbol{w})}{\partial w_d}$ を求めなさい．

ヒント：シグモイド関数 $y_n(u_n) = \mathrm{Sigmoid}(u_n)$ の微分は

$$\{y_n(u_n)\}' = \{1 - y_n(u_n)\}y_n(u_n)$$

$E_n(\boldsymbol{w}) = \{t_n \ln y_n + (1 - t_n)\ln(1 - y_n)\}$ の w_d による偏微分は

$$\frac{\partial E_n(\boldsymbol{w})}{\partial w_d} = \frac{\partial y_n}{\partial w_d} \cdot \frac{t_n - y_n}{y_n(1 - y_n)}$$

となる．

6.3 データのセットの分割とテスト（モデルの評価）

トレーニングを行ったモデルを実際に運用する際には，未知の（トレーニングに使っていない）データがモデルに入力されます（図6.1参照）．したがって，トレーニングしたモデルが未知のデータに対して，どれくらいの予測性能を有しているのか事前に知っておく必要があります．具体的には，以下のような手順で作業を行います．

1. 特徴量（入力変数）と出力がセットで用意されている手持ちのデータセットを，トレーニングデータセットとテストデータセットに分ける．
2. トレーニングデータセットを使ってモデルを学習する．
3. 学習済みモデルに テストデータセットの特徴量（入力変数）を適用，その予測結果とテストデータセットの教師データを比較する．

1〜3はそれぞれ，図6.2の「データセットの分割」「トレーニング」「テスト（モデルの評価）」に相当します．3.の作業の意味は，答えをもってるけど知らないふりをして予測をして，それから答え合わせをするということです．図6.15に，代表的な2種類のトレーニング／テストデータセットの分け方を示しています．**hold-out法**が最もシンプルな方法です．トレーニング／テストデータ

●hold-out法

●k-fold cross validation（k-分割交差検証法）

図 6.15 ■ データの分割

セットの比率に特に決まりはありませんが，トレーニング4に対し，テスト1くらいの割合で使うことが多いようです．cross-validation法（CV法）は見かけ上，トレーニング／テストに使うデータ数を増やすことができるので，手持ちのデータセットの数が少ないときには特に有効です．また，データの偏りによる影響を緩和することができるので，より信頼性の高い方法であるといえます．

6.4 実データへの適用例（回帰）

本節では回帰問題の実データに適用し，教師あり学習で注意すべき，**過学習**（over fitting）という現象について確認します．また，制約付きの評価関数を用いることで過学習を回避したり，モデルの解釈性をよくする方法についても紹介します．

6.4.1 　線形回帰（制約なし問題）

本節では，6.2.1項で紹介した重回帰モデルを用いた例を考えてみます．プ

ロ野球（NPB）選手の 2021 年シーズンの推定年俸を，NPB でのプレイ年数，年齢，と 2020 年の打撃成績 16 種類（打率，試合数，打席数，打数，安打，本塁打，打点，盗塁，四球，死球，三振，犠打，併殺打，出塁率，長打率，OPS），2020 年の得点貢献度の評価指標 2 種類（RC27，XR27），2020 年の守備の評価指標 1 種類（UZR）の合計 21 個の特徴量から予測してみましょう．ちなみに，RC27，XR27，UZR は大きいほど優秀であることを意味します．前年の成績が反映されやすいと思われる，2020 年シーズン後に FA 移籍しておらず，2021 年が単年契約，あるいは複数年契約の 1 年目の選手のみを対象としています．

$$f(\boldsymbol{x}_n, \boldsymbol{w}) = w_0 + w_1 x_{n1} + w_2 x_{n2} + \cdots + w_D x_{nD} + \varepsilon \tag{6.29}$$

当然ながら，年俸査定では走塁の巧拙など数値化が難しいプレー要素や前年の年俸も考慮されるはずなので，これらの特徴量だけから予測するのは少々乱暴かもしれません．また，プレー以外でのチームや球団への貢献も考慮されますし，球団ごとの事情も影響するでしょう．こうした特徴量で説明できない要素や，ランダムな要素を説明するのが ε です．ただし 4.4 節で説明したとおり，サンプルごとに独立（無相関）な確率分布に従う必要があります．

評価関数と学習アルゴリズムは，先ほどと同じ平均二乗誤差（Mean Squared Error; MSE）

$$E(\boldsymbol{w}) = \frac{1}{2} \sum_{n=1}^{N} \{f(\boldsymbol{x}_n, \boldsymbol{w}) - y_n\}^2 \tag{6.30}$$

を最小化する最小二乗法を採用することにします．

この予測に使用す特徴量が 1 つなら，$y = w_0 + w_1 x_1$（$D = 1$）の単回帰式で学習・予測を行うことになります．特徴量が 2 つなら $y = w_0 + w_1 x_1 + w_2 x_2$，3 つなら $y = w_0 + w_1 x_1 + w_2 x_2 + w_3 x_3$ となります．使用する特徴量を増やせば，最適化するパラメータ w_i の数も増える，すなわちモデルが複雑になります．特徴量の数を 1〜21 まで変化させたときの誤差の平均と分散を図 6.16 に示します．選手 30 人分のデータを使用し，10-fold cross-validation を用いてテストを行っています．特徴量の数が 10 あたりまでは，特徴量の数を増やすごとにトレーニング誤差・テスト誤差ともに減少しています．しかしその後は，それ以降は特徴量の数を増やすごとにテスト誤差が大きくなっています（使用する特徴量の組合せによって，この誤差の変動は変わります．ここでは特徴量を上述の順番で加えています）．入力する特徴量が増えることでパラメータが

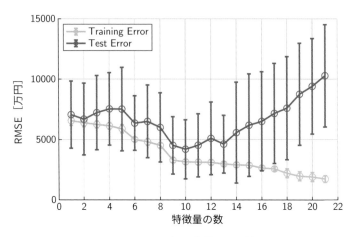

図6.16 ■ モデルの複雑さと誤差

増えてモデルが複雑に，つまりモデルの表現力が高くなります．そうすると，モデルがトレーニングデータに含まれる誤差に過剰に適合してしまい，未知のデータに対する予測性能（＝汎化性能）が低下してしまう過学習 という現象が起こります．これは，データ数に対して特徴量（入力変数）の数が多すぎる，いいかえれば，学習パラメータが多すぎる，あるいはモデルが複雑すぎることが原因です．教師あり学習では，この過学習が起こっていないか，常に気を付けなければいけません．複雑なモデルでも，トレーニングデータの量を増やすことで，過学習を起こりにくくすることができます．

　また，第4章でも解説したとおり，本来線形回帰では特徴量間の独立性を条件としています．線形回帰モデルで特徴量どうしに相関が高いものが含まれていると，**多重共線性**と呼ばれる学習パラメータの不安定化が起こることがあります．つまり，複数の特徴量を使った方が性能が上がるからといって，むやみやたらと特徴量の数を増やしてしまうと，過学習や多重共線性といった問題により，逆に性能が下がってしまうことがあるので注意が必要です．事前にデータ間の関係をチェックすること，正しくテストを行うことで，予測性能の低下に注意を払うことが大切です．

　以下に，注意すべき点をまとめます．

- テストデータを使ったモデル評価が必要
  - Hold-out 法や Cross validation でトレーニングとテストデータセッ

　　トに分割
　　　・テストデータに対するパフォーマンス（テスト誤差）が重要
　●適切な（現象に合った）モデル選択が望ましい
　　　・むやみにモデルを複雑にしない
　　　・むやみに特徴量を増やさない

6.4.2　線形回帰＋スパース推定（制約付き問題）

6.4.1項で述べた通り，事前に特徴量間の関係をチェックし注意を払うことが大切ですが，自動的に特徴量の取捨選択を行ってくれる手法もあります．

　ここでは**スパース推定**による特徴量選択を紹介します．これは評価関数にペナルティ項を加えることで，学習パラメータ w の大きさや数を抑えるという手法です．その代表的なものである **Lasso**（least absolute shrinkage and selection operator）推定では，

$$E(\boldsymbol{w}) = \frac{1}{2}\sum_{n=1}^{N}\{f(\boldsymbol{x}_n, \boldsymbol{w}) - y_n\}^2 + \lambda\sum_{d=1}^{D}|w_d| \tag{6.31}$$

のように，二乗誤差の評価関数に正則化項と呼ばれる，w_d の絶対値の大きさをコントロールするためのペナルティ項を追加します．このペナルティ項が追加されることで，各 w_d（$d = 1, 2, \ldots, D$）の絶対値が大きくなると，評価関数の値も大きくなってしまいます．したがって，評価関数の値を小さくするためには各 w_d の絶対値を小さく，できれば0にするように作用します．上の式のように，絶対値をとった正則化項を導入する方法は，**L1正則化**といいます．λ は正則化項の影響の大きさをコントロールするハイパーパラメータで，λ が大きいほど w_d を小さく，0になる w_d の数が多くなるように（＝スパースに）学習する効果があります．λ が小さいほどトレーニングデータへの当てはまりは強くなります．スパースになりやすい，つまり，予測に使われる特徴量を減らす効果があるため，特徴量選択にも使われることもあります．これによりモデルの解釈性が良くなることもありますが，相関の強い特徴量が複数ある場合は1つに絞られるので，必ずしも事実に即しているとは限らないことに注意が必要です．また，$N < D$ のとき，w の非ゼロ要素は最大 N 個になります．

　6.2.1項の例で，λ の値を変えながら Lasso 推定を行ったときのパラメータ w の最適化結果を表 **6.2** に示します．表中に記載していませんが，打撃成績（打

第 **7** 章

確率モデル・確率推論

　　ここまでの章で述べたとおり，データサイエンスの基盤技術として機械学習が注目を集めていますが，機械学習に対して確率の枠組みを導入することで，現実世界における不確かさを取り入れた柔軟な推論が可能となります．本章では，いくつかの例題を通して，確率を用いた推論の枠組みを学んでいきます．

7.1 はじめに

7.1.1 分類問題・回帰問題に対する確率論的アプローチ

ここまでの章では，教師あり学習として，分類問題や回帰問題を学んできました．分類問題や回帰問題に対して，確率的な枠組みを用いることで，対象がもつ不確かさを取り入れることができ，より精緻な推論をすることが可能になります [25].

例えば，図7.1は，**分類問題**（classification problem）に対して確率的な枠組みを適用した例を示しています．簡単のため，入力をスカラー値 x とし，クラス C_1 とクラス C_2 からなる2つのクラスが存在する状況を考えます．図7.1では，横軸が入力 x を示しており，縦軸は，入力が x である場合にクラス1である確率 $P(C_1|x)$ やクラス2である確率 $P(C_2|x)$ を示しています（これらの条件付確率では，x は条件であり，C_1 や C_2 に関する確率であることに注意しましょう．また，$P(C_1|x) + P(C_2|x) = 1$ となっていることにも注意しておきましょう）．

入力 x が健康診断での検査で得られた数値を示すものとし，出力として健康（C_1，クラス1）か，病気（C_2，クラス2）かを診断する状況設定を考えてみましょう．例えば，検査結果 x が0.2付近の場合には，健康である可能性が高いのに対して，検査結果 x が1付近の場合には，病気である可能性が高いことに

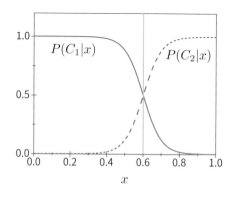

図7.1 ■ 確率モデルと分類問題

なります．一方，検査結果xが0.6となった場合には，健康である確率と病気である確率が等しくなっています．また，検査結果xが0.55付近の場合には，健康である確率が病気である確率より高くなっていますが，その差は小さいため，もう一度検査を行って，新しい入力xを取得することが必要かもしれません．一方，確率を用いない分類の場合（確定的な分類アルゴリズム）では決定境界を与えるだけのため，検査結果xが0.55の場合には健康であると診断してしまうかもしれません．すなわち，確率の枠組みを用いない分類アルゴリズムでは，クラス1とクラス2の境界付近で，推定結果にどの程度の信頼性があるかが自明ではありません．これに対して，確率を用いた枠組みに基づいて分類問題を捉え直すことにより，信頼性を考慮しながら推定を行うことが可能となります．この場合には，再検査を行うことで，新たな検査結果xを取得した方がよいという判断ができることになります．

図7.2は，**回帰問題**（regression problem）について確率的な枠組みを適用した例を示します．回帰問題では出力が連続的な値をとることになりますが，各入力xに対して特定の出力yの値が与えられるのではなく，出力yの確率密度関数を評価することが可能となります．図7.2右は，確率密度関数$p(y|x)$がガウス分布であった場合を示しており，細い曲線はガウス分布の平均値，その曲線に沿って網をかけた幅はその平均値の上下に想定される標準偏差を示しています．図7.2右に示すように，特に，データが与えられていない入力$x = x_{new}$に対して出力yを予測する際に，どの程度の確信をもった予測であるのか，予想される出力にはどの程度ばらつきがあり得るかを評価することができます．つまり，入力が$x = x_{new}$である場合に，出力yがどの値をとりやすいかを条件付きの確率密度関数$p(y|x_{new})$として表すことができるのです．

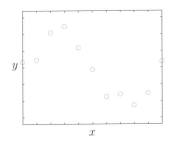
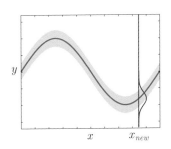

図7.2 ■ 確率モデルと回帰問題．データ点（左）と確率密度関数の模式図（右）

　このように，分類問題や回帰問題といった教師あり学習では，確率的枠組みを導入することで，不確かさや信頼性を考慮に入れた推定を実現することができます．一方，教師なし学習でも，確率的枠組みを用いることで，異常検知や変化点検出といった機能を実現することができます．すなわち，ここまでに得られているデータの傾向を確率として表しておくことで，ここまでのデータがもっていた傾向からの逸脱の度合いを知ることができるようになり，異常検知や変化点検出を行うことができるようになります．また，ここまでの章で述べたように，確率的な枠組みを用いてデータの分布構造を捉えることを通して，次元圧縮やクラスタリングを実現することができます．以上のように，確率的な枠組みに基づく機械学習やデータサイエンスの手法を用いることには，さまざまな利点があります．

問7.1（分類問題・回帰問題の確率的取り扱い）

　分類問題，または，回帰問題について確率的な枠組みで捉えることで，より良い推定ができると考えられる例を挙げなさい．その例において，どのような不確かさが存在するか説明しなさい．

7.1.2　確率論の復習

　本章の以降の内容の理解に必要な確率論の復習をしておきましょう[21, 41]．本項では，病気か健康か，陽性か陰性かという例のように，離散的な事象に対する2つの確率変数 X，Y を考えます（なお，本章では，離散事象に対する確率変数は X や Y のように大文字で表すこととし，連続値に対する確率変数は x や y のように小文字で表すこととします）．

　まず，**同時確率**（joint probability）$P(X, Y)$ は，X と Y が同時に起こる確率を表します．確率の和公式より，**周辺確率**（marginal probability）$P(X)$，$P(Y)$ は次のように計算できます．

$$P(X) = \sum_Y P(X, Y), \quad P(Y) = \sum_X P(X, Y)$$

このように，特定の確率変数に関して全ての場合に関する和を計算することで，残りの確率変数が従う周辺確率を得ることができます．この操作を**周辺化**（marginalization）といいます．上の計算は，同時確率 $P(X, Y)$ が与えられた場合に，確率変数 Y がとり得る全ての値について和を計算（周辺化）すること

で，周辺確率 $P(X)$ を求めることができることを表します（$P(Y)$ も同様）.

　また，**条件付確率**（conditional probability）$P(X|Y)$ は，ある事象 Y が既知であることを条件として，別の特定の事象 X が起こる確率を表します．確率の積公式を用いると，同時確率は，条件付確率を用いて，2 通りの方法で分解できます．

$$P(X,Y) = P(X|Y)P(Y) = P(Y|X)P(X)$$

ここで，$P(Y|X) = \dfrac{P(X|Y)P(Y)}{P(X)}$ の関係を**ベイズの定理**（Bayes' theorem）といいます．次節では，このベイズの定理が確率推論に重要な役割を果たすことを詳しく説明します．

　本項では，離散的な事象の確率論をごく簡単に復習しました．確率変数が連続値の場合には，確率密度関数を用いることになり，周辺化は積分計算により行われることに注意してください．例えば，周辺確率は $p(x) = \int p(x,y)dy$ などとなります．なお，ベイズの定理は，連続値の場合も離散値の場合と同様の式

$$p(y|x) = \frac{p(x|y)p(y)}{p(x)}$$

が成り立ちます．

7.2　確率モデルとベイズの定理

　確率モデルとは，対象の不確実性や曖昧さを確率の形で表した数式を示しており，対象を確率モデルで表すことは，本章で述べるように，確率に基づく推論を行ううえで重要です．

7.2.1　事前確率と事後確率

　データ x が与えられたとき（属するクラスは未知とします），そのデータ x が属するクラス C_k（$k \in \{1, 2, \ldots, K\}$）を推定する問題を考えましょう．ここで，$K$ はクラスの総数です．例えば，$K = 2$ のときは，2 クラス問題になります．データ x を入手している状況で所属するクラスが C_k である確率とし

て，条件付確率 $P(C_k|x)$ を考えることができます．この条件付確率はデータ x を入手したあとのクラスが C_k である確率であるため，**事後確率**（posterior probability）といいます．

ベイズの定理を用いると，事後確率 $P(C_k|x)$ は，次式のように表すことができます[25]．

$$
\begin{aligned}
P(C_k|x) &= \frac{p(x|C_k)P(C_k)}{p(x)} \\
&= \frac{p(x|C_k)P(C_k)}{\sum_{k=1}^{K} p(x|C_k)P(C_k)}
\end{aligned}
\tag{7.1}
$$

ここで，$p(x|C_k)$ を**尤度**（likelihood）といい，$P(C_k)$ を**事前確率**（prior probability）といいます．事前確率 $P(C_k)$ と事後確率 $P(C_k|x)$ は，両方とも，クラスが C_k である確率ですが，条件としてデータ x があるかどうかが異なります．データを入手する前のクラスの確率が事前確率であり，データを入手した後のクラスの確率が事後確率であると捉えると理解がしやすいと思います．なお，式 (7.1) における分母は周辺尤度またはエビデンスとよばれ，統計的機械学習においてさまざまな重要な役割を果たしますが[38, 25, 34]，本書ではその詳細には立ち入りません．

なお，ベイズの定理を示す式 (7.1) の左辺である $P(C_k|x)$ は C_k に関する確率分布ですので，右辺の分母に含まれる $p(x)$ を定数とみなすと，次の比例関係を満たすことがわかります．

$$
P(C_k|x) \propto p(x|C_k)P(C_k)
\tag{7.2}
$$

ここで，記号 $\propto$ は比例関係を示しています．

式 (7.2) の左辺と右辺に含まれる因子である $P(C_k|x)$ と $p(x|C_k)$ に注目してください．条件付確率において確率変数と条件が，左辺と右辺とで入れ替わっていることがわかります（例えば，$P(C_k|x)$ では，変数が C_k であり，条件が x です）．ここで，C_k をデータを生じさせた原因とみなし，x をデータ獲得の結果とみなすと，事後確率 $P(C_k|x)$ は結果から原因を探るための確率を示します．一方，尤度 $p(x|C_k)$ は原因から結果が生成される過程を確率モデルとして表します．

以上をまとめると，次のようになります．

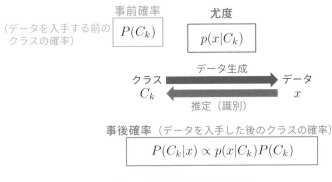

図 7.3 ■ ベイズの定理に基づく推論

- 事前確率：データを受け取る前のクラスの確率
- 尤度：データの生成過程を示す確率モデル（原因から結果へ）
- 事後確率：データを受け取った後のクラスの確率（結果から原因へ）

このベイズの定理にはどのような利点があるのでしょうか．私たちは，受け取ったデータからさまざまな推論を行いますが，このような推論には事後確率が必要になります．ベイズの定理が示していることは，図 7.3 に示すように，尤度や事前確率といったデータの生成過程に関する確率モデルを定めることで，推論に必要となる事後確率を得ることができることを示しているのです．

7.2.2 事後確率を用いた確率推論

次に，ベイズの定理を用いた確率推論の例を考えていきます [38, 41]．

例題 7.1 ■ 医療検査における確率推論

　罹患率が 0.01 であることが知られている病気があります．この病気に対する検査方法があり（検査方法 1 と呼ぶことにします），病気をもたらすウイルスに感染していれば確率 0.999 で陽性反応が出るものの，感染していなくても確率 0.005 で陽性になるとします．ある人がこの検査を受けて陽性となったとき，この人が，この病気に罹患している（ウイルスに感染している）確率を求めなさい．

まず，陽性であることを条件とし，感染している場合の確率である事後確率として，$P(感染|陽性)$ を求めます．感染していれば確率0.999で陽性反応がでることから，$P(陽性|感染) = 0.999$ となります．感染しているという条件のもと，全ての場合の確率を足すと1となることから，$P(陰性|感染) = 1 - P(陽性|感染) = 0.001$ であることもわかります．一方，感染していないときに，確率0.005で陽性であるから，$P(陽性|非感染) = 0.005$ であり，$P(陰性|非感染) = 0.995$ となります．また，罹患率の値から，事前確率は $P(感染) = 0.01$，$P(非感染) = 0.99$ となります．

次に，これらの値を代入すると，事後確率はベイズの定理を用いて，次のように求められます．

$$P(感染|陽性) = \frac{P(陽性|感染)P(感染)}{P(陽性)}$$
$$= \frac{P(陽性|感染)P(感染)}{P(陽性|感染)P(感染) + P(陽性|非感染)P(非感染)}$$
$$= \frac{0.999 \times 0.01}{0.999 \times 0.01 + 0.005 \times 0.99} \approx 0.67$$

感染していれば陽性反応が出る確率が $P(陽性|感染) = 0.999$ であったのに対し，事後確率として得られた値が，$P(感染|陽性) \approx 0.67$ であったことから，思ったより，感染している確率が低く出たことに驚いた人もいるのではないでしょうか．なお，1回の検査では陽性か陰性かの確証が得られない場合には，再検査を行うということが考えられます．この場合には，1度目の検査の結果を踏まえて，事前確率を更新したうえで，2度目の検査を踏まえた事後確率を求めます．このような逐次的なベイズ推論の方法を**ベイズ更新**（Bayesian update）といいます．

問7.2（医療検査におけるベイズ更新）

例題7.1において，検査方法1で陽性と判断された人が，さらに，別の検査方法（検査方法2）で検査を受けたところ，陽性でした．この人が感染している確率を求めなさい．ただし，検査方法2は感染者に対しては，確率0.94で陽性を示すものとし，感染していなくても，確率0.02で陽性となるとしなさい（既に，検査方法1による検査結果が得られているため，この問における事前確率は検査方法1の結果を踏まえて計算しなさい）．

7.3 確率推論

本節では，確率を用いて推論を行う方法を学んでいきます．

7.3.1 最尤推定

　ノイズの乗ったデータ点が複数与えられる状況で，その背後にある曲線を推定する問題を考えましょう．このとき，係数がもつべき性質を事前確率として導入することで，事後確率を得ることができます．例えば，横軸を x として，縦軸を y としたとき，1つ目のデータが (x_1, y_1)，2つ目のデータが (x_2, y_2) という形で，図7.4左に示すように，20点のデータが与えられる状況を考えましょう．データにはノイズが乗ったものが計測されることがありますが，ノイズの乗ったデータの背後にある曲線を推定する問題を考えていきましょう．

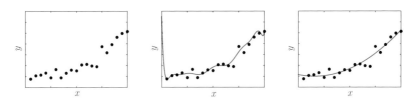

図7.4 ■ データ（左），最尤推定による回帰（中央），事後確率最大化推定による回帰（右）

　例えば，データを式 (7.3) に示す多項式に当てはめる状況を考えてみます．

$$f(x) = w_0 + w_1 x + w_2 x^2 + \cdots + w_M x^M \tag{7.3}$$

ここで，多項式の次数は M としました．$\boldsymbol{w} = [w_0, w_1, w_2, \ldots, w_M]^T$ は各項の係数（パラメータ）からなるベクトルであり，データから推定するべきものです．なお，式 (7.3) は，より一般的な基底関数 $\phi_0(x), \phi_1(x), \phi_2(x), \ldots, \phi_M(x)$ を用いて，次のように表すこともできます．

$$f(x) = w_0 \phi_0(x) + w_1 \phi_1(x) + w_2 \phi_2(x) + \cdots + w_M \phi_M(x) \tag{7.4}$$

基底関数としては，既に示した $\{1, x, x^2, \ldots, x^M\}$ 以外にも，複数の三角関数からなるフーリエ基底関数や，ガウス基底関数，シグモイド基底関数などが

用いられます. 例えば, フーリエ基底関数を用いる場合, 異なる周波数をもつ波 (三角関数) の重ね合わせでデータの背後にある曲線を表現することになります.

このような状況下で, 図に示すように, 「ノイズ ε」が乗ったデータが観測されるとすると, 出力 y は次のような式を満たすと考えられます.

$$y = f(x) + \varepsilon$$

ここで, このノイズ ε がガウス分布 (平均 0, 分散 σ^2) に従うとすると次のような式を得ることができます.

$$p(y|x, \boldsymbol{w}, \sigma^2) = \frac{1}{\sqrt{2\pi\sigma^2}} \exp\left(-\frac{(y - f(x))^2}{2\sigma^2}\right) \tag{7.5}$$

この確率密度関数に, 具体的にデータ点として, (x_1, y_1) を代入した $p(y_1|x_1, \boldsymbol{w}, \sigma^2)$ を考えていきましょう. この $p(y_1|x_1, \boldsymbol{w}, \sigma^2)$ では, 既に入力 x と出力 y は確定していますが, パラメータ $\boldsymbol{w}, \sigma^2$ はまだ定まっていません. この $p(y_1|x_1, \boldsymbol{w}, \sigma^2)$ はパラメータ $\boldsymbol{w}, \sigma^2$ の関数とみなすと, データ点が1点与えられた際の $\boldsymbol{w}, \sigma^2$ のもっともらしさを示す関数といえます. ここで, N 個のデータ点が与えられる状況を考えると, パラメータ $\boldsymbol{w}, \sigma^2$ の**尤度関数** (likelihood function) は, 個々のデータに対する尤度 $L_i(\boldsymbol{w}, \sigma^2)$ $(i = 1, \ldots, N)$ の積として, 次のように計算できます.

$$
\begin{aligned}
L(\boldsymbol{w}, \sigma^2) &= L_1(\boldsymbol{w}, \sigma^2) \times L_2(\boldsymbol{w}, \sigma^2) \times \cdots \times L_N(\boldsymbol{w}, \sigma^2) \\
&= \frac{1}{\sqrt{2\pi\sigma^2}} \exp\left(-\frac{(y_1 - f(x_1))^2}{2\sigma^2}\right) \times \frac{1}{\sqrt{2\pi\sigma^2}} \exp\left(-\frac{(y_2 - f(x_2))^2}{2\sigma^2}\right) \\
&\quad \times \cdots \times \frac{1}{\sqrt{2\pi\sigma^2}} \exp\left(-\frac{(y_N - f(x_N))^2}{2\sigma^2}\right)
\end{aligned}
\tag{7.6}
$$

この式の自然対数をとると, 次の式が得られます.

$$\ln L(\boldsymbol{w}, \sigma^2) = -\frac{1}{2\sigma^2} \sum_{i=1}^{N} (y_i - f(x_i))^2 - \frac{N}{2} \ln(2\pi\sigma^2) \tag{7.7}$$

この対数尤度を最大化するパラメータを求める方法を**最尤推定** (likelihood estimation) といいます. 最尤推定により, $\boldsymbol{w}$ や σ^2 の値を求めることができます.

対数尤度のパラメータ $\boldsymbol{w}, \sigma^2$ による偏微分を0とおき, 対数尤度を最大化す

るパラメータを求めていきます.

$$\frac{\partial \ln L(\boldsymbol{w}, \sigma^2)}{\partial \boldsymbol{w}} = 0, \qquad \frac{\partial \ln L(\boldsymbol{w}, \sigma^2)}{\partial \sigma^2} = 0 \qquad (7.8)$$

これらの式を整理すると,

$$\boldsymbol{w} = \left(\boldsymbol{\Phi}^T \boldsymbol{\Phi}\right)^{-1} \boldsymbol{\Phi}^T \boldsymbol{y}, \quad \sigma^2 = \frac{1}{N} \sum_{i=1}^{N} (y_i - f(x_i))^2 \qquad (7.9)$$

が得られます. ここで, $\boldsymbol{\Phi}$ は多項式からなる行列

$$\boldsymbol{\Phi} = \begin{bmatrix} \phi_0(x_1) & \phi_1(x_1) & \cdots & \phi_M(x_1) \\ \phi_0(x_2) & \phi_1(x_2) & \cdots & \phi_M(x_2) \\ \vdots & \vdots & \ddots & \vdots \\ \phi_0(x_N) & \phi_1(x_N) & \cdots & \phi_M(x_N) \end{bmatrix} \qquad (7.10)$$

です. この式により, データから分散の値を見積もることができ, 図 7.2 右の
ように回帰問題において各入力 x に対する出力 y の確率分布を示すことができ
ます. これにより, 回帰問題における出力 y の確信度をその分布の幅により示
すことができます (分散が小さければ, 確信度が高いと解釈することができ
ます).

なお, 式 (7.7) に示すように, 対数尤度の最大化は, $\boldsymbol{w}$ を求めるという観点
では, 二乗和誤差である $\sum_{i=1}^{N} (y_i - f(x_i))^2$ を最小化することに相当します. す
なわち, 対数尤度の最大化は, **最小二乗法** (least squares method) と等価で
あることに注意しましょう. 最小二乗法は, ノイズが平均0のガウス分布に従
うという仮定のもとでの最尤推定に相当しています [21, 25].

7.3.2 ベイズ推定と事後確率

N 個のデータの集合を, $\boldsymbol{x} = [x_1, x_2, \ldots, x_N]^T$, $\boldsymbol{y} = [y_1, y_2, \ldots, y_N]^T$
と表し, このデータに対して考えられるいくつかの重要な確率を考え
ます. データ点に対して回帰を行う際のパラメータをここまでと同様に
$\boldsymbol{w} = [w_0, w_1, w_2, \ldots, w_M]^T$ のように表します (本項以降では, 理解のしやす
さのため, もう一つのパラメータ σ^2 の推定は行わないものとします).

ベイズ推定では, データの生成過程である $p(\boldsymbol{y}|\boldsymbol{x}, \boldsymbol{w})$ に対して事前確率を乗

じることで，パラメータの事後確率 $p(\boldsymbol{w}|\boldsymbol{x}, \boldsymbol{y})$ を求めます．一方，最尤推定では，尤度関数を最大化する $\boldsymbol{w}$ の特定の1点の値を求めます．

- ベイズ推定：パラメータ $\boldsymbol{w}$ を既知の事前分布をもった確率変数とみなして，データを観測した後に $\boldsymbol{w}$ の確率分布を求める
- 最尤推定：パラメータ $\boldsymbol{w}$ を未知の定数とみなして，観測されたデータが得られる確率を最大化するパラメータの特定の値を推定する

パラメータの事前確率としてはさまざまな分布の導入方法が考えられますが，ここでは，次のようなラプラス分布を導入します．

$$p(\boldsymbol{w}) \propto \exp\left(-\lambda \sum_{m=0}^{M} |w_m|\right) \tag{7.11}$$

ここで λ は正の定数です．この事前確率は，係数がどのような値をとりやすいかについて，データを得る前の段階での事前の知識を表現したものです．図7.5に示すように，係数 w_m がゼロに近い値をとるときに確率が高くなります．逆に，係数 w_m が大きい場合には確率が小さくなります．このような事前確率には，推定値が過度に大きな値になることを防ぐ効果があります．この事前確率ならびに7.3.1項で導入したガウス分布に従う尤度を用いると，パラメータの事後確率は次のように求められます．

$$\begin{aligned}p(\boldsymbol{w}|\boldsymbol{x}, \boldsymbol{y}) &\propto p(\boldsymbol{y}|\boldsymbol{x}, \boldsymbol{w})p(\boldsymbol{w}) \\ &\propto \exp\left(-\frac{\sum_{i=1}^{N}(y_i - f(x_i))^2}{2\sigma^2} - \lambda \sum_{m=0}^{M} |w_m|\right)\end{aligned} \tag{7.12}$$

このようにして得られる事後確率 $p(\boldsymbol{w}|\boldsymbol{x}, \boldsymbol{y})$ を用いて推定をするとどのような結果が得られるのでしょうか．事後確率を用いた推定法の一つである**事後確**

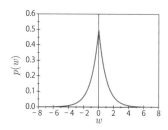

図7.5 ■ 事前分布の例（ラプラス分布）

率最大化法（maximum a posteriori estimation）では，事後確率を最大化する値として推定値を求めます．

$$\boldsymbol{w}^* = \underset{\boldsymbol{w}}{\mathrm{argmax}}\, p(\boldsymbol{w}|\boldsymbol{x}, \boldsymbol{y})$$
$$= \underset{\boldsymbol{w}}{\mathrm{argmax}}\, p(\boldsymbol{y}|\boldsymbol{x}, \boldsymbol{w})p(\boldsymbol{w}) \tag{7.13}$$

図 7.4 は，回帰問題において，最尤推定法の結果（図 7.4 中央）と事後確率最大化法の結果（図 7.4 右）を示しています．まず，最尤推定の結果では，雑音の成分を過度に反映した曲線が推定されています．特に，データ点が与えられていない場所（図 7.4 中央の左端）で極めて大きな値をとっており，雑音の成分を反映しすぎることで過度に複雑な関数が推定されています．一方，事後確率最大化の結果では，雑音による変動成分を過度に反映せずに，データの傾向をつかむことに成功しています．

図 7.6 に示すように，ラプラス分布に従う事前分布を導入することにより，不要な係数はゼロと推定し，必要な係数はゼロでない値を推定することができ，重要な係数のみを抽出することが可能となります．すなわち，図 7.6 に示すような係数がゼロである確率が高い（鋭敏な）事前分布と，データへの多項式の当てはめの度合いを表す尤度の両方を考慮することが重要となります．このように，多数の候補の中から，重要な成分のみを抽出する方法を**スパースモデリング**（sparse modeling）といいます．スパースとは「まばら」という意味であり，非ゼロとなる重要な成分は多数の候補の中の一部であるということをさしています．近年，スパースモデリングの考え方を用いて，さまざまな科学技術分野における膨大なデータから重要な情報を取り出すことを通して，新たな知識発見が実現されてきています．スパースモデリングの詳細な説明は，参考文献 [40, 25] などを参考にしてください．なお，最尤推定では事前確率を導入していないため，特にデータ数が少ない場合に，雑音成分に過敏に反応し，全ての係数が非ゼロとして推定されることがあります．

なお，事前確率の導入は，先験的な知見を取り入れた推定に該当するため，**制約条件付き最適化問題**（optimization problem with constraints）に相当するということもできます．事後確率を用いた推定法としては，ほかにも，事後確率を用いて期待値 $\int \boldsymbol{w} p(\boldsymbol{w}|\boldsymbol{x}, \boldsymbol{y}) dw_0 dw_1 \cdots dw_M$ を計算する事後平均推定などがあります．さらに，本章の冒頭（図 7.2）で示した通り，事後確率を用いて推定された $\boldsymbol{w} = \boldsymbol{w}^*$ を用いて，新たな入力に対する出力の予測を確率密度

表7.1 ■ ベイズ決定則と損失 [43]

	雨が降ると予想して 傘を持っていく ($C' = 1$)	雨が降らないと予想して 傘を持っていかない ($C' = 2$)
雨が降る（$C = 1$）	雨に濡れない （損失：小）	雨に濡れる （損失：大）
雨が降らない（$C = 2$）	荷物が増える （損失：小）	荷物が増えない （損失：なし）

失を最小にするように決定を下すことができます.

$$\hat{C'} = \operatorname*{argmin}_{C'} \sum_C L_{C,C'} P(C|\boldsymbol{x}) \tag{7.14}$$

ここで, $\hat{C'}$ はベイズ決定則により選択されるクラスを示しています.

問 7.4 （ベイズ決定則における損失の非対称性）

　誤って識別した場合の損失が, 異なるクラスの間で非対称となる例を挙げなさい.

7.4 確率推論の応用

　ここまで述べてきたような確率推論は, さまざまな分野への応用がされています. ここでは, ベイジアンネットワークと状態空間モデルを取り上げ, その概要を説明します.

7.4.1 ベイジアンネットワーク

　本項では, ベイジアンネットワークを用いた確率推論の例を見ていきましょう [37, 25]. **ベイジアンネットワーク**（Bayesian network）では, 複数のノード間の確率的因果関係を示す有向線分（エッジ）が用いられます. 各ノードでは該当する事象が割り当てられ, 有向線分が割り当てられます.

　図 7.8 は, Asia Bayesian Network とよばれるベイジアンネットワークのネットワーク構造です. 8 つの確率変数 $X_1, X_2, \ldots, X_8$ があり, 8 つの確率変数の間の確率的因果関係が矢印によって示されています [37]. ベイジアンネッ

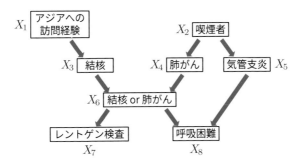

図 7.8 ■ ベイジアンネットワークのネットワーク構造 [37]

トワークを用いると，例えば，「X線写真の結果において異常があるかどうか（$X_7 \in \{0, 1\}$）」，「呼吸困難に陥っているかどうか（$X_8 \in \{0, 1\}$）」がデータとして得られた際に，「結核であるかどうか」，「肺がんかどうか」，「気管支炎かどうか」を診断をすることが可能となります．

　このような逆推論を行うために，ここまでと同様に，まず，順問題の確率モデルを定式化していきます．このベイジアンネットワークの矢印の方向は，データの生成過程を示しています．例えば，アジアの訪問経験の有無を条件として（$X_1 \in \{0, 1\}$），結核が生じるかどうか（$X_3 \in \{0, 1\}$）を定める確率を $P(X_3|X_1)$ と記述します．同様に，確率変数 $X_1, \ldots, X_8$ がもつ確率的因果関係に従って条件付確率を割り当てます．

　これらの8つの確率変数の同時確率は，図 7.8 に示した条件付確率の構造を踏まえると，次のように分解できます [37].

$$
\begin{aligned}
P(X_1, &X_2, \ldots, X_8) \\
&= P(X_8|X_5, X_6) \times P(X_7|X_6) \times P(X_6|X_3, X_4) \\
&\quad \times P(X_5|X_2) \times P(X_4|X_2) \times P(X_3|X_1) \\
&\qquad\qquad\qquad\qquad\qquad \times P(X_1) \times P(X_2) \quad (7.15)
\end{aligned}
$$

　この同時確率を用いると，事後確率を求める方法の概略は次のように説明できます．例えば，呼吸困難の有無（X_8）を条件とした場合に気管支炎（X_5）に関する条件付確率である $P(X_5|X_8)$ を考えます．$P(X_5|X_8)$ は，確率の積公式により，次式のように表されます．

$$P(X_5|X_8) = \frac{P(X_5, X_8)}{P(X_8)} \tag{7.16}$$

右辺に含まれる $P(X_8)$ と $P(X_5, X_8)$ を求める必要がありますが，これらは，同時確率である $P(X_1, X_2, \ldots, X_8)$ の周辺化により求められます．

$$P(X_8) = \sum_{X_1, X_2, X_3, X_4, X_5, X_6, X_7} P(X_1, X_2, \ldots, X_8) \tag{7.17}$$

$$P(X_5, X_8) = \sum_{X_1, X_2, X_3, X_4, X_6, X_7} P(X_1, X_2, \ldots, X_8) \tag{7.18}$$

$P(X_8)$ を求める際には，X_8 を除く7つの変数に関する周辺化が行われています．一方，$P(X_5, X_8)$ を求める際には，X_5 と X_8 を除く6つの変数に関する周辺化が行われています．

　ベイジアンネットワークでは，医療診断のほかにも，故障診断，マーケティング，推薦システムなど，さまざまな推論を行うことができます．ベイジアンネットワークの推定アルゴリズムとして，確率伝播法などの理論が整備されています．興味をもった人は，文献 [37, 25] を参照してください．

7.4.2　状態空間モデル

　時々刻々と与えられる時系列データからその背後にある動的なシステムの性質を調べたり，予測を行ったりすることは，気象，経済，ロボットの制御などさまざまな分野で用いられています．このような時系列データからの推論を行う方法として，**状態空間モデル**（state space model）があります [39, 25]．

　さまざまなシステムでは，過去の情報は現在の情報を経由して未来に伝えられます．図 7.9 の上側に示すように，過去の情報のうち，将来の変動に関連する成分は現在の状態に集約されていると考えられます [39]．このような状態を潜在変数または単に状態といい，時刻 t の状態を $\boldsymbol{x}_t$ で表します．

　まず，推定する対象からデータが生成される順過程に注目します．時刻1から時刻 T までの状態を $\boldsymbol{x}_1, \boldsymbol{x}_2, \ldots, \boldsymbol{x}_T$ で表し，各時刻の観測値を $\boldsymbol{y}_1, \boldsymbol{y}_2, \ldots, \boldsymbol{y}_T$ で表すこととします．状態空間モデルでは生成過程として，**システムモデル**（system model）と**観測モデル**（observation model）という2つの確率モデルを導入します．

- システムモデル：解析対象の状態 $\boldsymbol{x}_t$ の時間的変化（$\boldsymbol{x}_{t-1} \to \boldsymbol{x}_t$）を定める

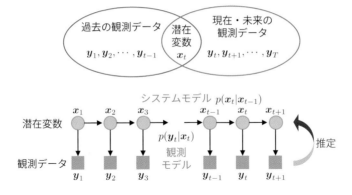

図 7.9 ■ 状態空間モデル [39]
上：過去・現在・未来における観測値と潜在変数
下：状態空間モデルのグラフ構造

確率モデル $p(\boldsymbol{x}_t|\boldsymbol{x}_{t-1})$

- 観測モデル：解析対象から観測データ $\boldsymbol{y}_t$ が得られる観測過程の確率モデル $p(\boldsymbol{y}_t|\boldsymbol{x}_t)$

これらの確率モデルにより，推定すべき対象の状態（潜在変数）からデータが生成される過程が確率モデルとして記述されます．

次に，ベイズの定理を使うと，事後確率密度をシステムモデルと観測モデルの積として求めることができます．

$$p(\boldsymbol{x}_1, \boldsymbol{x}_2, \ldots, \boldsymbol{x}_T|\boldsymbol{y}_1, \boldsymbol{y}_2, \ldots, \boldsymbol{y}_T) \propto \prod_{t=2}^{T} p(\boldsymbol{x}_t|\boldsymbol{x}_{t-1}) \prod_{t=1}^{T} p(\boldsymbol{y}_t|\boldsymbol{x}_t) \qquad (7.19)$$

ここで，記号 $\prod_{t=1}^{T} a_t$ は，$t = 1$ から $t = T$ までの積 $a_1 a_2 \ldots a_T$ を表します．式 (7.19) の周辺化により，未来の時刻を含む特定の時刻の状態の確率密度関数 $p(\boldsymbol{x}_s|\boldsymbol{y}_1, \boldsymbol{y}_2, \ldots, \boldsymbol{y}_t), (s \geq t)$ を導出し，潜在変数の推定や未来の予測を行うアルゴリズムを構築することができます．状態空間モデルに基づく確率推論に興味をもった人は，文献 [39] を参照してください．

●さらなる学習のために●

　本章では，確率モデル・確率推論の基礎的な枠組みを解説するとともに，応用例の解説を行いました．本章で紹介した確率モデルや確率推論の枠組みは，近年では，不確実性を有するデータから傾向や法則性を見出すための数理基盤として広く注目を集めるとともに，深層学習とベイズ推論との間の融合も実現されつつあります．確率モデルや確率推論の理論的枠組みについてさらに理解を深めたい読者の方には，文献として，石井・上田 [41]，杉山 [42]，Bishop[25]，Hastie ら [34] をお勧めします．

第 **8** 章

強化学習

　強化学習の歴史は，これまでに紹介した「教師なし学習」「教師あり学習」と比べて浅く，理論体系が整理され始めたのは1990年代ごろからです．当初は，サンプル効率の低さなどの問題から，実問題への工学応用はまだまだというイメージがありましたが，アルゴリズムやコンピュータの進化とともに徐々に注目を集めるようになりました．特にここ数年は，深層学習との融合というエポックメイキングな出来事もあり，飛躍的な進化を見せています．本章では，強化学習の特徴や基本的な考え方を身近な例を挙げながら解説し，簡単な学習アルゴリズムについても学んでいきます．

8.1　強化学習とは

　強化学習（reinforcement learning）について，「明確な正解データが与えられていないが，**行動**（action）の結果に対して評価（**報酬**（reward））が与えられる．報酬が最大化されるような行動を，エージェントが試行錯誤的に探索する」といった紹介がよくされます．つまり強化学習では，教師あり学習のように状態入力に対する正解データが与えられません．その代わりに，行動に対する評価が「報酬」というスカラー値で与えられます．学習エージェントは，どの行動をとればよりいっそうの報酬に結び付くのか試行錯誤的な探索を通じて見つけ出す，というものです．これは，生物が環境に適応しながらより良い行動戦略を獲得していく過程とよく似ています．例えば，歩き方を学ぶ赤ちゃんを例にとれば，赤ちゃんは誰かに歩き方を教えてもらうわけではありません．失敗，つまり転ぶことを繰り返しながら，うまく身体を動かす方法を学習していきます．この学習の動機付けとなるのは，行きたいところに行けたり，周りの人に褒めてもらえたりすると嬉しいという気持ちになること（生得的にもっている内部報酬）です．私たちの行動選択も，強化学習に当てはめられます．勉強や仕事をすると，短期的には時間や労力といったコスト（負の報酬）がかかりますが，将来の目標達成や給与などの長期的な収益を高めるために私たちはそれを行います．もちろん，勉強や仕事それ自体に楽しさや喜び（正の報酬）を感じることもあり，その感じ方も人それぞれですが……．ここでは人間の運動学習・行動選択の例を紹介しましたが，実は生物の中枢神経系が強化学習を行っていることも，脳科学・神経科学的にも明らかにされてきており，生物の学習モデルや行動選択モデルとしても，強化学習の重要性が認識されています．

8.1.1　行動の強化

　強化学習の「強化」という言葉は行動心理学に由来します．生物に特定の刺激が与えられた（事象が起こった）ときに，その生物がある行動を起こす確率が上がることを，行動の「強化」が起こったというのですが，この現象を研究したものに**スキナー箱**（Skinner Box）という有名な実験があります．これは

箱に入れられたラットを用いた実験で，箱の内壁にはラットが押すことのできるレバーが付いています．ラットに与えられる刺激（事象）としてブザー音が使われます．普段はこのラットがこのレバーを押しても何も起こらないのですが，ブザー音が鳴っているときに押すと，飲み水（報酬）が出てきます．初めは，ブザー音が鳴っているときに偶然レバーを押してラットは報酬を得ますが，この偶然を繰り返していくうちに，ブザー音が鳴るとラットがレバーを押す頻度が高くなっていきます．これは，「ブザー音が鳴る」と「レバーを押す」という条件付確率 P（レバーを押す | ブザー音が鳴る）がラットの行動決定規則として形成され，その行動確率が強化されたと解釈できます．つまり，ラットは飲み水という報酬を高い確率で得るための行動決定規則を，偶然や試行錯誤を通じた学習によって獲得したことになります．ちなみにスキナー箱では，動物がハトだったり，刺激がライトだったりと，いくつかのバリエーションがあります．この現象を先ほどの例に当てはめれば，私たちも成功体験を積み重ねることで，勉強や仕事をより頑張ろうという気になる，といったところでしょうか．

8.1.2　応用の歴史

　強化学習は1990年代ごろから，ゲームエージェントの能力強化 [50] やロボットの制御側の獲得 [47, 46] などに応用されてきました．試行錯誤を通じた学習であるがゆえに，探索空間の大きな問題に適用することは難しく，人間による事前知識の導入や特徴抽出が欠かせないと考えられていましたが，近年はコンピュータの進化やディープラーニングとの組合せにより，応用範囲が飛躍的に高まりつつあります．例えば，Atari 2600 というゲーム機でさまざまなゲームのプレイをコンピュータエージェント学習させた研究では，ほぼ生のゲーム画面を**状態**（入力）として特徴抽出を自動化して（状態設計にゲームに関する知識を使わずに）学習を行い，人間のエキスパートに匹敵，あるいは上回るパフォーマンスを達成しました [51, 52]．また，囲碁ではコンピュータが人間を超えるのはまだ先と考えられていましたが，2016年に強化学習とディープラーニングを組み合わせて学習を行ったAIである AlphaGo [53, 54] が，世界最強クラスといわれる人間の棋士を破り，大きなニュースとなりました．

8.1.3 強化学習の特徴

仕組みを学んでいくにあたって，まずは強化学習の特徴について確認しておきましょう．

1)目標指向型の学習である：
エージェントには正解の行動が与えられるのではなく，行動の結果に対して与えられる評価（報酬）をもとに，より良い行動を探索します．

2)試行錯誤（trial and error）的な探索を行う：
不確実な**環境**（対象）との相互作用を通じて学習を進めるため，**探索と利用のトレードオフ**（exploration-exploitation trade-off）（良い選択肢を見つけるために探索するのか？　それとも，これまでに試した選択肢で最も良いものを選ぶのか？）を利用します．

3)**累積報酬**（accumulated reward）（長期的な収益）を最大化する：
勉強や仕事の例で述べたように，行動がすぐに良い結果（報酬）につながるわけではありません．**即時報酬**（immediate reward）と**遅延報酬**（delayed reward）を得ながら長期的な視点に立って行動するためには，ときには「損して得取れ」「急がば回れ」な戦略も必要となります．

強化学習では学習に使うモデル・アルゴリズムによって行動選択が，加えてその結果として獲得される観測データも変わってきます．いいかえれば，学習に使われるデータを能動的にサンプリングしている，と見ることもできます．これも教師あり／なし学習と大きく異なる点です．ここでも私たちの行動選択で例えると，人生の戦略によって得られる経験が変わってくる，得られる経験に応じた成長を遂げていく，といったイメージが当てはまります．

8.2 強化学習の理論

8.2.1 強化学習の設計要素

ここでは，解きたい課題を強化学習の問題として定式化するために，必要な考え方や要素について解説していきます．まず，環境とはエージェントがイン

タラクションする相手，あるいは制御する対象を意味します．囲碁であれば相手のプレーヤーを含めた盤面，ロボットの制御ではロボット自身の身体のダイナミクス，が環境に当たるとみなせます．これらは場合によってはやや抽象的・概念的になることがありますが，それに対し，状態，行動，報酬ははっきりと定式化される物事である必要があります．この3つについては，下にまとめます．tは時刻を意味します．

- 状態（state）s_t
  - ・環境の記述，エージェントが置かれている状況
- 行動（action）a_t
  - ・環境への働きかけ
  - ・方策（policy）π_t（各状態と行動への写像）に基づいて決定
- 報酬（reward）r_t
  - ・行動実行の結果として得られる数値，その行動・状態の良さ
  - ・目標を定義
  - ・1時刻前の状態と行動，現在の状態によって決定

方策関数は，どのような状態でどのような行動を起こすかという，エージェントの行動指針を表す関数です．

　これらの要素が学習のプロセスの中で，どのように働くのかを表したのが図8.1です．

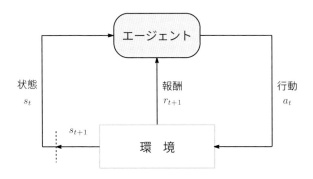

図8.1 ■ 強化学習の枠組み

1. 環境を観測して状態 s_t を同定
2. 観測された状態 s_t・方策 π に基づいて行動 a_t を実行
3. 環境から報酬を得る
4. 行動と得られた報酬をもとに，方策を改善
5. 次状態への遷移が起こり，1 に戻る

というプロセスを繰り返しながら学習（方策 π の改善）を進めていきます．

8.2.2　マルコフ決定過程

　8.1.3 項でエージェントが「不確実な環境（対象）との相互作用」を通じて学習すると述べましたが，環境の状態遷移が**マルコフ決定過程**（より正確には，状態と報酬の数が有限である有限マルコフ決定過程）と呼ばれる確率過程に従うことが，学習の収束を保証する条件となります．いいかえれば，マルコフ決定過程とみなせるように環境や各要素の設計を行う必要があります．

　強化学習におけるマルコフ決定過程とは，状態空間 s，行動 $a(s)$，状態遷移確率 $P(s'|s,a)$，報酬関数 $r(s,a,s')$ の要素によって記述される確率過程です．s' は次状態を意味します．状態遷移確率は，状態 s_t において行動 a_t を実行した場合に s_{t+1} に遷移する確率として，$s_{t+1} \sim P(s_{t+1}|s_t, a_t)$ のように記述されます（$\sim P$ は P に従って確率的に生成されるという意味です）．つまり，次の時刻 $t+1$ での状態 s_{t+1} は，s_{t-1} や a_{t-1} に依存せず，現在の状態 s_t と行動 a_t のみに依存して決まる，どのような状態をたどってきたかには依存しない（マルコフ性を有する）ということです．多くのケースでは，どのような確率分布かは未知，あるいは非常に複雑で，推定や近似することが困難です．また，状態遷移確率は時間的には変動しない（定常性がある）と仮定されます．状態 s_t においてどのような行動 a_t が選択するかを示す方策関数 $a_t \sim r(a_t|s_t)$ は，確率的に与えられることが一般的ですが，決定論的にすることも可能です．

　状態 s_t において行動 a_t を実行し，s_{t+1} に遷移することで得られる報酬は $r_{t+1} \sim r(s_t, a_t, s_{t+1})$ となります．こちらも確率的，決定論的どちらもあり得ます．非マルコフ決定過程に対応した強化学習アルゴリズムも存在しますが，基本的には環境をこのようにマルコフ決定過程としてモデル化します．

　この方策の選択と状態遷移を，三目並べを例にとって見てみましょう．三目並べとは，2 人のプレーヤーが 3×3 のマス目にそれぞれ○と×の石を置き

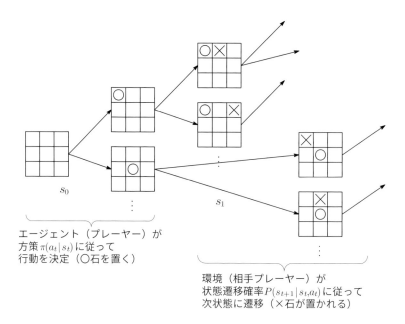

エージェント（プレーヤー）が
方策$\pi(a_t|s_t)$に従って
行動を決定（○石を置く）

環境（相手プレーヤー）が
状態遷移確率$P(s_{t+1}|s_t,a_t)$に従って
次状態に遷移（×石が置かれる）

図8.2 ■ 三目並べの状態遷移

合って，縦・横・斜めのいずれかに石を3つ並べた方が勝ちというゲームです．
強化学習の問題として定式化すると，環境は盤面（石の配置）と相手のプレー
ヤー，状態s_tは現在の盤面，行動a_tはいずれかのマスに石を置くこと，報酬r_t
は勝負結果に対する評価（勝ったら+1，負けたら-1，それ以外は0など）と
なります．特に報酬関数の設計は他の要素に比べてやや自由度が高く，設計者
の思想による違いが出やすくなります．図8.2で，プレーヤー自身（学習エー
ジェント）が○石側だとすると，方策関数$\pi(a_t|s_t)$に基づいて行動a_tを決め
ます．いいかえれば，プレーヤーの戦略に従って○石をどこに置くかを決め
ます．状態遷移確率$P(s_{t+1}|s_t,a_t)$（相手プレーヤーの戦略）に従って×石が
置かれ，状態が遷移，つまり盤面が変化します．

8.2.3　累積報酬の最大化

囲碁などのゲームにおける相手の戦略，複雑なロボットに動力入力を与えた
ときの挙動，これらは通常は未知です（わかっていれば学習する必要はない
ですね）．それでは，良い方策（戦略や入力制御）とは何か，どうやって獲得す

ればよいでしょうか？ 強化学習の特徴の一つとして既に述べましたが，「累積報酬（長期的な収益）を最大化する」ことが目的であり，これを達成できる方策の獲得を目指していくことになります．そのために将来にわたって得られる累積報酬をRとして定式化すると，

$$R_t = r_{t+1} + \gamma r_{t+2} + \gamma^2 r_{t+3} + \gamma^3 r_{t+4} + \dots \tag{8.1}$$

となります．$\gamma\ (0 \leq \gamma \leq 1)$は割引率という定数で，1に近い数値を設定すればエージェントは長期的な有益な行動を選択するように，0に近ければより即時的に有益な行動を選択するようになります．0であればr_{t+1}のみ，つまり次に得られる即時報酬のみを考えて行動することになります．

しかし，累積報酬は初期状態に依存するので，状態を条件とした累積報酬の予測値を新たに導入します．これは**価値関数**や**状態価値関数**と呼ばれ，

$$V^\pi(s_t) = E^\pi \left[r_{t+1} + \gamma r_{t+2} + \gamma^2 r_{t+3} + \gamma^3 r_{t+4} + \dots | s_t \right] \tag{8.2}$$

と書けます．これは方策πのもとでの期待値の意味で，つまり，時刻t，状態s_tで方策πに基づいてエージェントが行動を決定するときの累積報酬の予測を行ったものです．方策・状態遷移が確率的に変動するので，期待値をとります．強化学習の目的である累積報酬の最大化は，最適方策π^*の獲得に帰着します．

$$\pi^* = \arg\max_\pi V^\pi(s_t) \tag{8.3}$$

問8.1（自動運転への応用）

自動運転による駐車を考えます．自動車にはカメラ，距離センサ（レーザセンサやミリ波センサなど）が搭載されており，コンピュータがアクセル，ブレーキ，ハンドルを操作できるとします．強化学習を用いて，コンピュータに駐車スペース枠内への駐車方法を学習させるとき，状態，行動，報酬はどのように設計すべきか考えなさい．1回の学習は，枠内への駐車が完了した時点（完了位置は許容範囲を設ける），あるいは周囲の物体に衝突した時点で終了とします．

8.3 強化学習アルゴリズム

強化学習のアルゴリズムには大きく分けて，価値反復に基づくもの（Q学習，SARSAなど）と方策探索に基づくもの（方策勾配法，REINFORCEなど）があります．強化学習は発展が目覚ましく日々新たなものが提案されていますが，ここでは最も有名なアルゴリズムの一つである**Q学習**（Q-learning）について紹介します．

8.3.1 Q学習

Q学習における行動選択法，すなわち最適方策π^*の獲得は，価値関数の考え方がベースになります．状態s_tにおける実行可能な行動の集合から，最も価値の高いものを選択／実行するというものです．状態価値関数$V^\pi(s_t)$では状態s_tのみを条件に考えましたが，行動a_tも条件に付け加えた方が行動を選択する際に便利です．状態と行動を条件とした累積報酬予測として，**Q関数**あるいは**行動価値関数**と呼ばれる関数を考えます．

$$Q^\pi(s_t, a_t) = E^\pi \left[r_{t+1} + \gamma r_{t+2} + \gamma^2 r_{t+3} + \gamma^3 r_{t+4} + \ldots | s_t, a_t \right] \quad (8.4)$$

式 (8.2) の条件（|の右側）部分に行動a_tが追加された形になっています．つまり，どの状態でどの行動を選択するのが良いかを表した関数です．式 (8.3) と同様に，最適方策π^*を

$$Q^{\pi^*}(s_t, a_t) = \max_\pi Q^\pi(s_t, a_t) \quad (8.5)$$

$$= E^{\pi^*} \left[r_{t+1} + \gamma r_{t+2} + \gamma^2 r_{t+3} + \gamma^3 r_{t+4} + \ldots | s_t, a_t \right] \quad (8.6)$$

とし，その時点で行動価値が最も大きな行動をとるのがQ学習の特徴です．図 8.3 は，三目並べでのQ関数に基づく行動選択のイメージです．Q関数は行動，状態遷移ごとに得られる報酬を使って，

$$Q(s_t, a_t) \leftarrow (1 - \alpha) Q(s_t, a_t) + \alpha \left\{ r_{t+1} + \gamma \max_{a'} Q(s_{t+1}, a') \right\} \quad (8.7)$$

のように更新されます．r_{t+1}は即時報酬，$\gamma \max_{a'} Q(s_{t+1}, a')$は未来の報酬を意味します．$\alpha$ $(0 \leq \alpha \leq 1)$は学習率と呼ばれ，どれだけ急激に行動価値関数

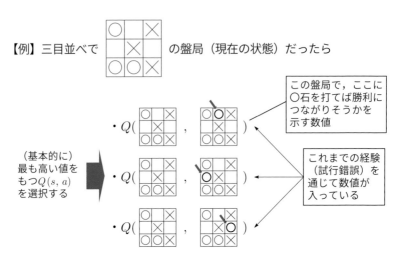

【例】三目並べで の盤局（現在の状態）だったら

この盤局で，ここに
〇石を打てば勝利に
つながりそうかを
示す数値

（基本的に）
最も高い値を
もつ$Q(s, a)$
を選択する

$\cdot Q($ $,$ $)$

$\cdot Q($ $,$ $)$

$\cdot Q($ $,$ $)$

これまでの経験
（試行錯誤）を
通じて数値が
入っている

図8.3 ■ Q関数に基づく行動選択のイメージ

の更新を行うかを決めるための，見方を変えれば現在の$Q(s_t, a_t)$の値（Q値）
と行動の結果（報酬）とのバランスをとるためのハイパーパラメータです．十
分な回数の試行によってQ値が収束すると，各状態でQ値最大の行動を選択
する方策が，最適方策に一致することが証明されています．

Q関数は連続と離散，どちらで表現されることもあります．特に離散の場合
のQ関数は，サイズが(状態の数) × (行動の数)の表で表すことができるため，
Q-tableと呼ばれることもあります．

Q学習の疑似コードをアルゴリズム8.1に示します．$Q(s, a)$の初期化は，各
要素にランダムな値を割り振る，あるいは全要素を0にする，などが一般的で

アルゴリズム8.1 ■ Q学習（各エピソードにつき）

1: $Q(s, a)$ を任意に初期化
2: 初期状態 s_0 を観測
3: **while** 終了条件 **do**
4:   方策 π に従って行動 a_t を選択: $a_t \sim \pi(a_t|s_t)$
5:   行動 a_t をとると，環境から報酬 r_t を得て，状態が s_{t+1} を観測
6:   Q関数を更新: $Q(s_t, a_t) \leftarrow (1-\alpha)Q(s_t, a_t) + \alpha \left\{ r_{t+1} + \gamma \max_{a'} Q(s_{t+1}, a') \right\}$

7:   $t \leftarrow t + 1$
8: **end while**

すが，ある程度$Q(s,a)$の形がわかっていれば，それを初期値とすることで収束が早まることが期待できます．例えば，ロボットの実機の学習を行う際には，シミュレーションで学習した$Q(s,a)$を初期値として利用するという方法が考えられます．終了条件は設計者が決定します．あらかじめ決められた最大ステップ数に到達したときや，$Q(s,a)$の変化がしきい値を下回ったところで学習終了する，といった具合です．

8.3.2 状態行動空間（探索空間）

ここで，Cart-pole balancing 問題と呼ばれる，次の例題を考えます．図 8.4 に示すように，台車に棒がヒンジで接続されています．この台車を左右から押して動かして，棒を垂直に近い状態に保つという問題です．おそらく誰もが一度はやったことがある，傘やほうきをてのひらに乗せてバランスをとる遊びと同じようなことをするわけです．以下の定式化，条件で学習を行うとします．

- 環境：台車と棒（の動力学）
- 状態s：$x, \dot{x}, \theta, \dot{\theta}$
- 行動$a(s)$：台車を左右どちらかに押す（$-10\,\mathrm{N}$ or $10\,\mathrm{N}$）
- 報酬r：失敗が起こらなければ$+1$，失敗すると-5

- 失敗の条件：$\theta > |12|\,^\circ$ or $x > |2.4|\,\mathrm{m}$
- 初期条件：$\theta = \pm 2.86\,^\circ$ の間でランダム

できる限り棒のバランスをとる（棒を倒さない）ことで累積報酬が最大化され

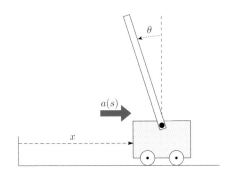

図 8.4 ■ Cart-pole balancing 問題

ます．状態遷移確率は台車と棒の運動方程式に相当しますが，エージェントはそれに関する知識を全くもっておらず，観測された状態（センサーで得られた $x, \dot{x}, \theta, \dot{\theta}$）と行動に応じて得られた報酬に基づいて，棒のバランスをとる制御規則（最適方策）を獲得しようというわけです．x と θ は台車の位置と棒の鉛直軸からの角度を，$\dot{x}$ と $\dot{\theta}$ はそれらの時間微分，つまり台車の速度と棒の角速度を意味します．

状態 s の $x, \dot{x}, \theta, \dot{\theta}$ はいずれも連続な変数ですが，範囲を区切って n 分割して離散化することが可能です．例えば，$-2.4 < x < 2.4$ ですがこれを3分割，$-2.4 < x_1 < -0.8, -0.8 < x_2 < 0.8, 0.8 < x_3 < 2.4$ とします．仮に4つの状態変数をそれぞれ3分割すると，（$a = -10\,\mathrm{N}$ or $10\,\mathrm{N}$ なので）$Q(s, a)$ の大きさは，$3^4 \times 2 = 162$ となります．それぞれ6分割すれば，$6^4 \times 2 = 2592$ となり，探索すべき行動空間が一気に大きくなることがわかります．

一般に，状態表現（分割）が粗すぎれば，学習がうまくいかない可能性が高くなりますが，分割を細かくして状態表現を豊かにしすぎても，探索空間が広くなり学習が困難（時間がかかる，大量のデータが必要）になってしまいます．規模の大きな問題，複雑な制御が必要な問題では状態行動空間が膨大になり，現実的に学習することが困難でした．連続関数での近似を行う場合もありますが，問題が強い非線形性を含んでおり，関数の形を与えることが難しい場合も多くあります．8.1.2項で紹介した Atari 2600 [51, 52] や AlphaGo [53, 54] では **Deep Q-Network**（DQN）と呼ばれる，ディープラーニングを使って Q 関数の近似学習を行うことで，こうした問題に対処し成功を収めています．

問8.2（学習率の影響）

　Q学習は有限マルコフ決定過程における収束性が証明されていますが，学習率が小さすぎる場合，大きすぎる場合に学習過程にどのように影響するか考えなさい．

8.4 探索と利用のトレードオフと意思決定モデル

どれくらい試行錯誤的に行動し，どれくらいここまでに得た知識に基づいた行動を行うべきか？ 8.1.3項で述べたように，探索と利用のトレードオフは，強化学習の特徴の一つであり，累積報酬を最大化するために非常に重要な概念です．ここでは，**N本腕バンディット問題**（N-armed bandit problem）を例にとって，不確実性を有する環境における試行錯誤の度合いと累積報酬の関係について考えていきます．

8.4.1 N本腕バンディット問題

図8.5のように，10本のアームレバー（N=10）をもつスロットマシンが用意されているとします．それぞれのレバーを引いてスロットを回すことで報酬（得点）が得られます．プレーヤーは1000プレイで得られる合計報酬をできる限り最大にすることを目指します．ここでは，1回の行動選択（いずれか1本のレバーを選んでスロットを回す）を1プレイと，一連の1000プレイを1エピソードと呼ぶことにします．

前節では，Q関数の引数はsとaでしたが，この問題は行動によって状態が変化しない（あるいは行動と状態が常に一致する）という特殊なケースです．したがって，Q関数は$Q(a)$と表記することにします．各レバーの報酬の平均値と，真の行動価値$Q^*(a)$とが一致することになります．

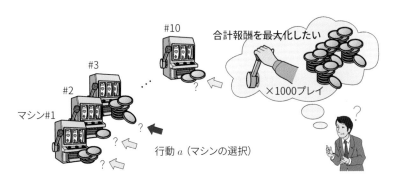

図8.5 ■ N本腕バンディット問題

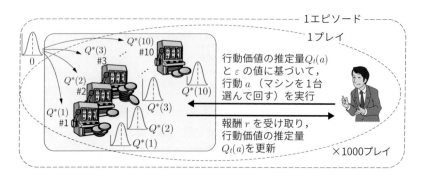

図8.6 ■ 学習の流れ

　各レバーの報酬は正規分布（ガウス分布）に従い，その平均値はレバーによって異なりますが，そのことはプレーヤー（エージェント）には知らされません．aのレバーの報酬の平均値である行動aの真の価値$Q^*(a)$は，平均0，分散1の正規分布から1エピソードごとに確率的に生成されています．行動aに対する報酬は，平均$Q^*(a)$，分散1の正規分布から1プレイごとに確率的に生成されます（**図8.6**）．

　プレーヤーはそれぞれの行動に対してその価値（行動価値）を推定し，行動選択に利用します．行動aの価値の推定量$Q_t(a)$は，次のように定義されるとします．

$$Q_t(a) = \frac{r_1 + r_2 + \cdots + r_{k_a}}{k_a} \tag{8.8}$$

- a：行動（レバーの選択）
- t：プレイ回数（$t = 1, 2, \ldots, 1000$）
- $Q_t(a)$：t回目のプレイにおける行動aの推定価値，$0 \sim 1$でランダムに初期化
- k_a：行動aが選択された回数
- r_{t_a}：行動aで得られた報酬のk_a回目までの履歴（$t_a = 1, 2, \ldots, k_a$）

つまりは各レバーで得られた報酬の平均値を，行動価値とみなすというシンプルなものです（**図8.7**）．

　プレーヤーの行動選択規則として，次のグリーディ手法（greedy method）とこれを拡張したεグリーディ手法を採用します．

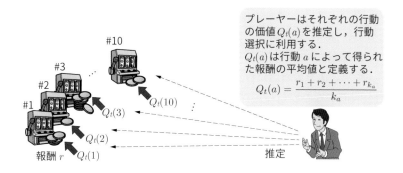

図 8.7 ■ プレーヤーの行動選択

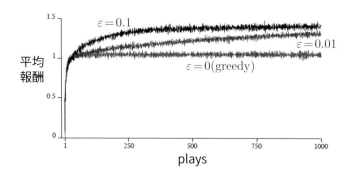

図 8.8 ■ 結果：2000 エピソードの平均 （Sutton & Barto, 2018 [45] を一部改変）

- グリーディ手法：最も高いと推定された行動を1つ選択する．つまり，t回目のプレイで $Q_t(a^*) = \max_a Q_t(a)$ となる行動 a^* を選択する．
- ε グリーディ手法：基本的には最も高いと推定された行動を選択するが，たまに小さい確率 ε で行動価値推定量 $Q_t(a)$ とは無関係にランダムな行動を選択する．$\varepsilon = 0$ の場合は，グリーディ手法に一致する．

図 8.8 は $\varepsilon = 0$（グリーディ），$\varepsilon = 0.01$，$\varepsilon = 0.1$ の3条件で実験を行い，2,000 エピソードの平均を取った結果です．最終的な平均報酬は $\varepsilon = 0.1$，$\varepsilon = 0.01$，$\varepsilon = 0$ の順に高くなっており，常に価値が高く推定された行動を選ぶ（利用）より，ある程度ランダムな探索を行った方が最終的には良い結果につながることが示されました．つまり，得られる報酬が確率的である場合，各行動をある

程度の回数試してみなければ行動価値の推定精度が高まらないということです．しかし，探索の頻度が多すぎると，逃す報酬が大きくなってしまう傾向があるため，探索と利用のバランスが大切ということです．私たちの日常生活でいえば，お気に入りのお店に行くのを基本にしつつ，たまには訪れたことのないお店を開拓することで人生の満足度が高くなる，といった感じでしょうか．AlphaGo [53, 54]でもこのN本腕バンディット問題の発展形が採用されており，既知の戦略と，まだ試したことのない戦略をバランス良く採用することで，エージェントの強化がなされています．

問8.3 （探索と利用のトレードオフ）

　上記のN本腕バンディット問題において，真の行動価値$Q^*(a)$と報酬の分散が小さくなった場合，最適なεの値はどのように変化するか考えなさい．

●さらなる学習のために●

　本章では，強化学習とはどのようなものか，というイメージを伝えることに重点を置き，基本的な考え方や解説しました．強化学習について体系的に学ぶための書籍としては，強化学習の生みの親の一人であるSutton氏の著書が有名です．2000年に和訳 [4]が，原著（英語）[44]では2018年に第2版 [45]が出版されています．日本の気鋭の研究者たちによる [55]もおすすめです．また，他の機械学習手法同様，プログラミングコードも交えながら実践的に学べる書籍 [56]も出版されています．

第 **9** 章

情報センシング

　データサイエンスは，データを処理・分析する技術が重要ですが，ある目的に対してデータ分析を行いたい場合，既存のデータを分析したくてもそもそもデータが存在しない場合や，データが足りない場合があります．そのような場合，分析や認識したい内容に合わせてデータを生み出すことが必要になり，そこで重要な働きをするのが情報センシング技術です．本章では，実践的な情報センシングの理解を目指し，情報センシングを行ってそのデータを処理する一連の流れを学びます．

9.1 情報センシングとは

情報センシング（information sensing）とは，主に**センサ**（sensor）と呼ばれるハードウェアからデータを得ることを指します．近年，スマートフォンには動きを計測する加速度センサや位置を計測するGPS（Global Positioning System）などの多数のセンサが組み込まれていますし，**ウェアラブルコンピューティング**（wearable computing）と呼ばれるコンピュータを身につけて生活する取組みでは心拍数や血中酸素濃度を計測できる腕時計なども発売されています．**IoT**（Internet of Things）と呼ばれる取組みでは，家電や街中などあらゆるところにセンサを埋め込んでデータを取得することを想定しています．もちろん昔から，エアコンの室温制御には温度センサが使われていますし，トイレの電気を自動点灯するのに人感センサが使われています．このようなセンサはさまざまな「**状況**（context）」を認識可能であり，高度なサービス（状況依存サービス）の基盤になるものです．ここで，状況とは「歩行中」「自転車に乗っている」「起きている」「メール着信」「ある時点から10分後」などといったようにさまざまな表現が可能で，単一または複数のセンサ値から決定されます．

以降，ウェアラブルコンピューティング環境で人間にセンサを取り付けて行動を認識したいという要求を例に，センサデータの処理の一連の流れを学びます．具体的には，センサデータの処理を，センサの決定（9.2.1項），データ取得（9.2.2項），センサデータの前処理（9.2.3項），特徴量の決定（9.2.4項），学習と認識（9.2.5項）の5ステップに分けて解説します．

9.2 センサデータ処理

9.2.1 センサの決定

何か目的とする状況を認識したい場合，表9.1に示すように，どのようなセンサをどのように処理したらよいのかを適切に判断し，使用するセンサを決定

表 9.1 ■ 主なセンサの種類と用途

得たい状況	必要なセンサと特徴量
ある場所にいる	GPSから取得した位置の現在地
移動中	GPSから取得した位置の変化量
回転している	地磁気センサから取得した値の変化量
緊張している	心拍センサから得られる拍動の分散
直立 / 歩行 / 自転車搭乗	腕や足に装着した加速度センサの一定期間での平均値および分散
暑い	温度センサの現在値
暑くなってきた	温度センサの値の変化量
腕を1回転した	加速度センサの一定期間の波形

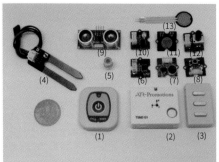

(1) 心拍センサ (WHS-3)
(2) 加速度・角速度センサ
 (TSND121 加速度・角速度 センサ，地磁気センサ，
 気圧・温度センサ，ADコンバータを搭載)
(3) 筋電センサ(DSPワイヤレス筋電センサ)
(4) 土壌湿度センサ(SEN0114)
(5) においセンサ(TGS2450 硫黄化合物ガス検知)
(6) 温度センサ(Grove - Temperature sensor)
(7) 音センサ(Grove - Sound sensor)
(8) ボタン (Grove - Button)
(9) 超音波距離センサ(HC-SR04)
(10) 光センサ(Grove – Light sensor)
(11) タッチセンサ(Grove – Touch sensor)
(12) 回転角センサ(Grove – Rotary angle sensor)
(13) 圧力センサ(FSR-402)

図 9.1 ■ センサの例

する必要があります．例えば歩行などの動作を認識する場合は加速度センサが，位置を認識する場合にはGPSがよく用いられます．

具体的なセンサの例を図 9.1 に示します．近年では，図 9.1(2) に示すような，加速度・角速度・地磁気の3種類のセンサとバッテリが一体化されて無線計測可能なモーションセンサが動作計測に便利なためよく用いられています．図 9.1(1) は心拍センサであり，拍動のタイミングや，ストレス状態を表すとされる心拍間隔（R-R Interval; RRI）が計測できます．この心拍センサは胸部に貼り付けるタイプですが，腕時計型や耳かけ型なども販売されています．図 9.1(3) は筋電センサであり，実際に動いていなくても体に力を入れたときに起こる筋肉の力の入れ具合を検出できます．そのほか，図 9.1(6)〜(12) のセンサはマイコンに接続して簡単に使えるようにデザインされており，こういったセンサを用いると容易に大量のデータが生み出せるようになります．

　目的の状況を直接認識できるセンサがある場合はそれを用いればよいですが，直接認識するセンサが存在しないもしくは手に入らない場合は間接的に認識できるセンサがないかを探したり，認識する方法を自分で考えます．次の例題について考えてみましょう．

例題9.1 ■ 間接的に状況認識する方法

　「食事をしているかどうか」を直接認識するセンサは現在市販されていないことがわかったとします．代替としてどのような方法で食事中を認識できるか考えなさい．

　食事をしていることが直接認識できないなら，間接的に食事中に起こっていることを認識すればよいことになります．例えば，筋電センサで咀嚼に使う筋肉を計測したり，喉の周径を伸縮センサで計測して嚥下を検出したり，食事が発する音をマイクで計測したり，食事が発するにおい成分をガスセンサで計測したり，といった方法で食事を認識できるかもしれません．図9.2左は，実際に伸縮センサを用いて嚥下を検出できるチョーカー型システムです．他の例として，装着者の表情を認識するウェアラブルセンサも使いやすいものは存在していませんが，図9.2右のように，メガネにフォトリフレクタ（距離を計測できる赤外線センサ）をつけて，メガネのフレーム部分から頬や目尻までの距離を測ると，真顔のとき，笑顔のとき，声を出して笑っているときなど，表情の違いによってその距離が変化するため，表情を認識できます[57]．このように，既存のセンサをうまく組み合わせたり，別用途でうまく使うことで欲しい状況が認識できる場合がありますので，皆さんももし計測したいものに適切な

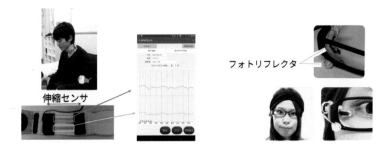

図9.2 ■ 工夫されたセンサの例（左: 嚥下認識，右: 笑顔認識）

センサがなかったとしても，何らかの方法で間接的に計測できないかを考えてみるとよいでしょう．

センサの選択には，性能（認識精度）は高いか，消費電力は小さいか，壊れにくいか，装着性は高いか，といったさまざまな要素を考慮する必要がありますが，どのセンサを使うかが後の結果に大きく影響するので慎重に検討する必要があります．例えば心拍を取得したい場合，胸にジェルで電極を貼り付けるタイプの心電計を用いると，データ取得精度は高くなりますが，装着が面倒で，ジェルによる不快感がある人もいるでしょう．一方で，腕時計型機器に備わった赤外線センサを用い血流の変化を取得することで心拍を測るセンサを用いると，装着感が良く着け外しも容易ですが，データ取得精度は悪くなります．

問9.1（新たなサービス実現）

便利と思うサービスを1つ挙げ，そのサービスの実現に必要な取得すべき状況を列挙しなさい．さらに，その状況を認識するために必要なセンサを考えなさい．

9.2.2　データ取得

センサ選定後，実際にデータを取得します．図9.1(1)のような無線センサは，PCやスマートフォンに接続してデータを記録できます．マイコンに接続するタイプでは，SDカード等のメモリに保存するか，Bluetoothユニット等を接続して他の機器で記録することになります．Hasc Logger等のソフトウェアを使えば，スマートフォンのみで内蔵センサの値を記録して用いることもできます．例として，歩いているとき（walk），横たわっているとき（lie），走っているとき（run），立っているとき（stand）の3軸（X, Y, Z）加速度センサの計測結果を図9.3に示します．図から，歩いているときにはセンサに揺れが見られ，横たわっているときや立っているときは動きがない一方，姿勢が異なるため加速度センサに静止時にかかる重力加速度の割合が異なることがわかります[*1]．

[*1]　加速度センサは常に地表方向に1Gの力を検出するため，加速度センサのZ軸と地表方向を合わせてまっすぐ持っていたら加速度センサのZ軸に1Gが検出されます．そのセンサをセンサのX軸もしくはY軸を基準に90°回転させれば，センサのZ軸で検出される力は0G，センサのY軸もしくはX軸で検出される力が1Gとなります．このように，センサが静止しているとき，センサのX，Y，Zそれぞれの軸にどれだけの力がかかっているのかを計測すれば，そのセンサが地表に対してどのような姿勢で保持されているのかがわかります．

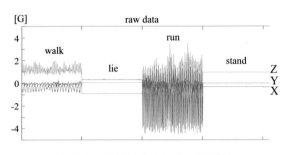

図9.3 ■ 加速度センサのデータ取得例

　計測にはさまざまなトラブルが起こります．スポーツ競技の本番でデータ取得を行うなど，失敗したら取り返しがつかない状況でセンシングを行う場合もあるため，できるだけトラブルが起こらないように事前準備が重要になります．特に起こりやすいのは，センサ本体のスイッチを入れ忘れるなどデータが記録されていない，装着が不完全でデータが正しく取得できない，計測時間を見誤ってバッテリが切れてしまう，装着位置がまずくセンサをものにぶつけて壊してしまう，無線センサを使用時に電波環境が悪くなってデータが途切れる，といったトラブルです．また，複数センサの時刻同期をするために，データ取得開始時に特定動作（3回ジャンプするなど）を行って，後から時刻を合わせやすくしたり，ビデオカメラで計測時の映像を記録しておきデータに異常があったときに何があったのかを確認できるようにしておくことも重要です．

9.2.3　センサデータの前処理

　取得したデータをそのまま学習・認識に使用することは少なく，データの質を高める前処理である**データクレンジング**（data cleansing）を行います．よく知られている処理としては，住所データの表記揺れを修正するようなものが多いですが，本章で取り扱っているセンサデータにおいてもいくつかの前処理を行った方が良い場合があります．例えば，センサのエラーや通信エラー，接触不良などにより生じた異常値を取り除く**外れ値処理**（outlier processing），サンプリング周波数が異なる複数のセンサ値に対して同一の処理をするために周波数を合わせる**リサンプリング**（resampling），細かなノイズの影響を取り除くためにローパスフィルタなどをかける**フィルタリング**（filtering）等がよく行われます．また，取得したデータを時系列グラフや散布図で眺めて，おか

しなデータになっていないかを目で確認するという作業も重要になります.

　一方で気を付けなければいけないことは，取得データにノイズや外れ値があるということは，実際にサービスを利用するときにもそのセンサには同様にノイズや外れ値が乗る可能性があるということです．学習時にだけきれいなデータを使ってしまうと，実利用の際にうまく状況が認識できない可能性があります．また，深層学習の分野などでは，あえてノイズを乗せたデータを学習に用いることでモデルの汎用性を高めるようなアプローチも採られます．このことから，センサデータには不用意に前処理を行いすぎない方が良いといえます.

9.2.4　特徴量の決定

　次に，計測したセンサデータを認識したい状況をよりよく識別できる値である**特徴量**（characteristics value）に変換します．特徴量としては，センサの瞬時値のほか，一定期間（1秒など）のセンサ値における平均値・分散・中央値・ピーク値・波形データそのもの・線形近似・包絡線・積分値・パワースペクトルなどが挙げられます．これらの特徴量は，表9.1に示すように対象とする状況によって適切なものが異なり，例えば歩行などの定常的な動作には平均値と分散を組み合わせて用いることが多く，腕をまわすなどのジェスチャ動作の認識には波形そのものが用いられることが多くなります.「現在地が自宅」という状況を認識するための特徴量は，あらかじめ登録されている自宅の緯度および経度と，GPSから得られた緯度および経度の現在瞬時値との距離，となります.

　データ取得の項で示したセンサデータを例に見てみると，取得したままの状態のデータ（図9.4(a)）ではlieとstandはあまり変化がなく，walkとrunも顕著な違いは見られません．一方で，図9.4(b)は，センサデータの過去1秒間の平均値という特徴量をグラフ化したものですが，平均をとると姿勢の違いがよりクリアになりました．また，図9.4(c)のように過去1秒間の分散をグラフ化すると，動きの激しいrunが突出して値が大きくなることがわかります．このように，データをそのまま使うのではなく，特徴量化してから学習することで，より精度の高い学習・認識が行えるようになります．モーションデータの場合，平均は姿勢を，分散は動きの激しさを表すことがわかっているので，この2つの特徴量がよく利用されますが，どのような特徴量が適切かわからない

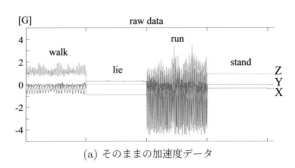

(a) そのままの加速度データ

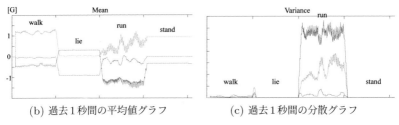

(b) 過去1秒間の平均値グラフ　　　　(c) 過去1秒間の分散グラフ

図9.4 ■ センサデータの特徴量化

ときは，さまざまな特徴量を用いて学習・認識を試みるような試行錯誤が必要
です．これを**特徴量エンジニアリング**（feature engineering）といいます．ま
た，このような特徴量を自分で決めるのではなく，特徴量自体を学習から導き
出す表現学習と呼ばれる技術も近年用いられるようになりつつあります．セン
サデータの量が十分に多ければ，特徴量の決定に表現学習を用いることも有力
です．

> **例題9.2 ■ 特徴量計算におけるウインドウサイズの影響**
>
> 　上記例では特徴量計算に過去1秒間の値を使っていましたが，この計算
> に使うデータの期間をウインドウサイズといいます．このウインドウサイ
> ズを長くしたり小さくしたらどうなるでしょうか．

　ウインドウサイズが大きいとノイズなどの突発的な値変化が薄められるた
め，特徴量の値が安定します．一方で，行動が頻繁に変化する場合などに追随
できなくなります．例えばウインドウサイズを1分にした場合，静止状態から
歩行状態に変化してもそこから30秒くらい経過しないと特徴量が十分に変化

しないことになり，そもそも数秒間だけ起こる動作が無視されるようになります．ウインドウサイズが小さいと，行動の変化への追随性は高くなりますが，周期的な行動の一部のみが計算されて値が不安定になります．

　特徴量を計算した後にもいくつかの処理を行う場合があります．例えば一般に，特徴量が多すぎるとうまく学習が進まないため，5.2.1項で示された主成分分析によって次元削減し，特徴量の数を減らすといった処理がよく行われます．また，特徴量ごとの値のスケールが違いすぎると，小さなスケールの特徴量が機能しにくくなるため，値のスケールを合わせる**正規化**（min-max normalization），個々の特徴量のデータ全体が平均値0，分散1になるように変換する**標準化**（Z-normalization）等がよく行われます[*2]．ある特徴量$X = (x_1, x_2, x_3, \ldots, x_n)$に対して，正規化・標準化後の特徴量$\widetilde{X} = (\widetilde{x}_1, \widetilde{x}_2, \widetilde{x}_3, \ldots, \widetilde{x}_n)$を得るための計算式は，次のようになります．

$$\text{正規化の場合}: \widetilde{x}_i = \frac{x_i - x_{\min}}{x_{\max} - x_{\min}}$$
$$\text{標準化の場合}: \widetilde{x}_i = \frac{x_i - \text{mean}(x)}{\text{std}(x)}$$

ここで，$\text{mean}(x)$, $\text{std}(x)$は$x \in X$全体の平均値，標準偏差です．

9.2.5　学習と認識

　特徴量が決まれば，それを用いてどのように状況を学習・認識するかを決定します．学習・認識のためのアルゴリズムの例としては，記録した学習データ群の中で，センサから取得した値と距離が近いものを選び出すk-NN法（記憶ベース推論）のようにシンプルなものから，階層型ニューラルネットワークの一つである自己組織化マップ，性能の良い識別器の一つとして知られるサポートベクターマシン（Support Vector Machine; SVM）などがよく用いられています．ジェスチャ的な動作の認識には動的時間伸縮法（Dynamic Time Warping; DTW）[58]などの波形比較アルゴリズムが用いられます．これらはデータ量が比較的少なくても動作するアルゴリズムであり，センサを用いて新しい状況認識を行う場合など大量で多様なデータをあらかじめ用意するのが難

[*2]　正規化や標準化という言葉は人によって違う意味で使われることがあるので使用する際には式を示すなど明確にすべきです

しい場合に有力です．データが大量に用意できる場合は，深層学習を用いることで精度の高い認識が可能になります．また，画像認識や音声認識など，既存の学習済みモデルを利用できる場合はデータ量が少なくても深層学習を活用できます．これらの認識アルゴリズムに関しては，本書の他の章（第5・6・10章等）を参考にしてください．

　実際に学習を行う際は，計測したデータをトレーニング（学習）用のデータとテスト（評価）用のデータに分割し，学習はトレーニングデータに対して最も認識精度が高くなるように行います（6.3節で解説したCV法（交差検証）を行うのが一般的です）．認識結果をまとめた表である**混同行列**（confusion matrix）は図 9.5 上に示すような形式をしており，図中の式をもとに精度評価の指標として**再現率**（recall）・**適合率**（precision）・総合的な**認識精度**（accuracy）が計算されています．また，どのデータがどのように間違えられたのか，といった情報が見やすい表になっています．再現率は，あるクラスのデータがどの程度正しく認識されるかを示し，適合率は，あるクラスと認識されたデータにどの程度正しいデータが含まれているかを示します．図 9.5 下の例では，歩行のデータが1000個，静止のデータが1000個ある状態で，歩行のデータ900個は正しく歩行と認識され，100個は間違えて静止と認識されたことを表します．このとき歩行の再現率は$900/(900 + 100) = 0.9$となります．静止は1000個のデータのうち800個が正しく静止と識別され，200個は間違えて歩行と識別されたため，再現率は$800/(800 + 200) = 0.8$となります．また，歩行と識別されたデータ1100個のうち，実際に歩行だったのは900個なので歩行の適合率は$900/(900 + 200) = 0.82$となります．全体の精度としては，全データ2000個のうち，正しく認識されたものが1700個ですから，0.85となります．再現率と適合率の間には一般にトレードオフの関係があるため，適合率と再現率の調和平均をとった**F値**（F-measure）も精度評価にはよく使われます．これらの認識結果を見ながら，認識手法の改善やパラメータ調整を行い，目標精度が得られるかを確認します．求める精度が得られない場合，そもそも識別したい状況がそのセンサで分類できないものなのかもしれないですし，データが足りないせいでうまく学習が進まなかったのかもしれません．あるいは，特徴量が悪いので特徴量エンジニアリングを再度行う必要があるかもしれません．何が理由で精度が悪いのかは試行錯誤で理解していくしかありません．

　さて，自分で計測したセンサデータは，取得した状況ごとのデータ数が偏る

		認識された結果		再現率
		クラスA	クラスB	
正解データ	クラスA	AをAと認識した数：T_A	AをBと認識した数：F_B	$\dfrac{T_A}{T_A+F_B}$
	クラスB	BをAと認識した数：F_A	BをBと認識した数：T_B	$\dfrac{T_B}{F_A+T_B}$
適合率		$\dfrac{T_A}{T_A+F_A}$	$\dfrac{T_B}{T_B+F_B}$	認識精度：$\dfrac{T_A+T_B}{T_A+T_B+F_A+F_B}$

【例】歩行と静止の認識

		認識された結果		
		歩行	静止	
正解データ	歩行	900	100	0.90
	静止	200	800	0.80
		0.82	0.89	0.85

図9.5 ■ 混同行列の定義と混同行列の例

どちらが優れた結果？

認識器A

		認識された結果	
		歩行	スキップ
正解データ	歩行	950	0
	スキップ	50	0

認識精度 $=\dfrac{950}{1000}=95\%$

認識器B

		認識された結果	
		歩行	スキップ
正解データ	歩行	800	150
	スキップ	5	45

認識精度 $=\dfrac{845}{1000}=84.5\%$

図9.6 ■ 不均衡データの認識精度

ことがよくあります．その偏りを解消するためには適切にデータを追加・削除する**不均衡データ解消処理**（unbalanced data processing）を行うことが有効です．このような処理の必要性を例を挙げて解説します．

　例えば，人に付けた加速度センサの値を使ってスキップと歩行の識別を行うことを考えてみましょう．スキップのデータがあまり取得できず，歩行とスキップのデータ量の比が9：1であったとします．このとき，ある2つのアルゴリズムで学習させた結果，そのデータがどう認識されたかを図9.6に示します．

　認識器Aでは，全てのデータが歩行と認識されてしまっています．認識器B

どちらが優れた結果？（不均衡解消後）

認識器 A		認識された結果	
		歩行	スキップ
正解データ	歩行	950	0
	スキップ	950	0

認識精度 $= \dfrac{950}{1900} = 50\%$

認識器 B		認識された結果	
		歩行	スキップ
正解データ	歩行	800	150
	スキップ	95	855

認識精度 $= \dfrac{1655}{1900} = 87.1\%$

図9.7 ■ 不均衡データを是正した場合の認識精度

では，歩行もスキップもバランスよく認識されています．混同行列を眺めると，明らかに認識器Bの方が良い認識器ですが，データ全体の認識精度を比べると，認識器Aは0.95，認識器Bは0.85と認識器Aの方が高くなります．これは，スキップのデータ数が少ないため，スキップの結果を無視しても歩行の精度を上げた方が全体の結果が良くなってしまうためです．同様の認識器A，Bに対して，データの数を同数に揃えた場合は図9.7に示すような結果になるはずで，この場合は認識器Bがはるかに精度が高くなります．つまり，学習に使うデータ量の偏り次第で，認識手法やパラメータ設定への評価が大きく変わる可能性があり，この問題を起こさないためにはできるだけデータ数を揃えた方がよいことになります．このようなデータ不均衡は，まれにしか起こらない病気を検出したい場合などによく発生し，例えば罹患率が0.1％の病気を診断データから判別するような場合，1万件の診断データのうち健康な人のデータは9990件あるのに対して病気の人のデータは10件しかありません．何も考えずに認識器を学習させると，とにかく「健康」と認識する認識器が1番性能が高いことになりますが，それはこの認識器本来の目的（＝病気を発見すること）からはかけ離れたものです．

　データの不均衡を解消するためには，少ないデータを水増ししたり（オーバーサンプリング），多いデータを間引いたり（アンダーサンプリング）する必要があり，これらを適切に行うためのアルゴリズムは多数提案されています．オーバーサンプリングの代表的な手法の一つがSMOTE（Synthetic Minority Over-sampling TEchnique）です[59]．少ないデータを単純にコピーして水増しするのではなく，水増ししたいクラスのデータをランダムに1つ選択し，そ

こからk近傍法を使って新たなデータを生成して加えます．SMOTEのアルゴリズムをアルゴリズム9.1に示します．

アルゴリズム 9.1 ▓ SMOTE

1: 水増し対象データの集合をV, データ全体の集合をT ($V \subset T$) とする
2: Vからランダムにデータiを選択
3: Tからk近傍法でiに近いk個のデータを選択
4: i と 3:で選択されたk個のデータそれぞれがもつ特徴量を平均し，その特徴量をもつ新たなデータvを出力
5: 水増ししたい個数分だけ2:〜4:を繰り返す

　なお，学習時の不均衡データ問題を解消する方法としては，上記のようにデータ数を揃える処理が有効ですが，他にも少ない方のデータの誤分類に対してより重いペナルティを与えるような損失関数を定義する**コスト考慮型学習**（cost-sensitive learning）等の技術も使われます．データのオーバーサンプリングやアンダーサンプリングが適用しにくいデータの場合や，クラス間の重みが異なる場合は，こちらのアプローチを採るとよいでしょう．

9.3 センシング応用

　ユーザの日々の行動が認識できたり，ユーザのジェスチャ動作が認識できると，ここまでのコンピュータでは難しかった便利なサービスが提供できるようになります．また，使用者の個人情報や，装着型センサから得られる使用者の生体情報によって，個人に密着したきめ細やかなサービスが提供できます．したがってセンシング技術の応用範囲は広く，軍事（兵隊，整備士），業務（営業マン，消防，警察，飲食店，コンビニ，警備，介護），民生（情報提示，記憶補助，コミュニケーション，エンタテインメント，教育）などあらゆる場面での利用が想定されています．以下では，有望な応用領域とセンシングを活用したサービスの実例を列挙します．

整備・修理　アメリカのボーイング社では，整備士にウェアラブルコンピュータと頭部装着型ディスプレイ（Head Mounted Display; HMD）を着用させ，

整備マニュアルやチェックリストを閲覧できるシステムを運用し，1日あたり1時間の労働時間短縮を実現しています．また，加速度センサと超音波センサを用いて，自転車メンテナンス時のネジ回しや空気入れなど詳細な動作を認識し，作業部分の設計図をHMDに自動表示したり，作業間違いを警告するメンテナンスサポートシステムが実現されています．このように，状況に応じて適切な指示をする必要がある整備や修理は，センシングの有力な活用領域です．

ハンディキャップ支援　頭部装着型カメラと網膜に像を直接投射するHMDを用い，弱視者が実世界を見えるようにするウェアビジョン社の電子めがねや，パーキンソン病で震える手の振動をフォークで認識・吸収し，安定して食事が行えるLiftwareが開発されています．ウェアラブルコンピュータは使用者が自分に合った機器を組み合わせて使うため，自分の弱点を補う機能をもつ機器を装着することが有効です．人間の五感はセンサのようなものですから，五感に障害をもつ場合にその感覚をセンサで置き換えれば，生活の質が大幅に向上する可能性があります．

健康管理　生体センサを装着することで，ユーザの健康管理が可能になります．東芝が開発したLifeMinderは，脈拍センサや皮膚温センサ，加速度センサを用いてユーザ状況を監視し，薬の飲み忘れや運動不足の指摘します．ATRのeナイチンゲールプロジェクトでは，看護師の行動を高度に認識することで，看護師のヒヤリハットの原因を突き止め，医療事故の防止を行うシステムを構築しています．生体センサ情報をもとに，遠隔診断を行うネットワーク化された健康管理システムなども盛んに開発されています．

教育　授業等において，教員や生徒にウェアラブルセンサを装着させることで，授業に対する興味の測定や，理解度の認識が行え，個人に最適化された教育が受けられるようになります．また，英文を読むときの視線センサのデータからその人の英語力を推定するなど，個人の能力をセンサで推定する技術に関しても盛んに研究が行われており，個人に最適な学習方法を選択できる状況はもうすぐです．

コミュニケーション　外国人と話すときに，外国語をリアルタイムで翻訳してHMDに提示したり，会話の関連情報を自動的に検索してHMDに表示したりするといったシステムが既に開発されており，このようなシステムを用いるこ

とでコミュニケーションが活性化されます．また，知人が近くにいるときにその情報を提示したり，趣味の合う人がいる場合に知らせるといったように出会いを支援するシステムも利用できます．

ライフログ　装着型カメラや各種センサを用いることで，利用者が体験した事柄をそのままコンピュータに記憶させようという取組み（ライフロギング）が盛んに行われています．蓄積データは単純に裁判の証拠など現在のドライブレコーダのように使用することもできますが，蓄積データをもとに，過去の重要な部分だけを提示するダイジェストシステムや，赤外線カメラと画像処理技術を用いて，どこかに置き忘れたものを検索できるもの探し支援システムなど，ライフログの応用システムも多数開発されています．

エンタテインメントやパフォーマンス　ビデオや文章，ウェブページを歩きながら閲覧して楽しんだり，拡張現実感技術を用いてHMDを通すと見えるバーチャルペットと一緒に散歩したり，仮想的な敵と屋外で戦闘したりする，といったように，日常生活を豊かにするエンタテインメントコンテンツにもセンサが活用されています．装着型センサを用いることで，演劇やダンスにおける演者や観客の動きとと映像効果を組み合わせた新たなパフォーマンスが実現できます．例えば，加速度センサを用いてダンスの動きを認識し，動きに合わせてLEDを光らせたり音を出す服[60]や，仮想空間上での動作をもとに映像効果を加えるシステムなどが実現できます．

ファッション　ウェアラブルコンピュータやセンサを用いることで高度な衣服も実現できます．自分の感情に合わせて光る服や，温度・湿度に合わせて通気性が変化する服，向いている方向に応じて色が変わるアクセサリ，さまざまな情報を表示するディスプレイ付き服，ピアノの演奏ができる楽器内蔵服などここまでに存在しなかった機能や表現力をもった服が次々と登場するでしょう．

観光　現在地や状況，見ているものに応じた情報提示を行う平城宮跡ナビや，博物館での情報提示支援が提案されています．拡張現実感技術やセンシング技術を用いることで，展示物や観光名所の詳細情報を閲覧しながらの観光や，個人にあった順序での展示閲覧が行えます．観光をゲーム化する取組みや，ユーザの観光満足度が下がらないように支援を行うウェアラブルシステムの実運用も行われています．

問9.2 （センシングで注意すること）

　センシングを行うにあたって，気をつけなければいけないことと，その理由を列挙しなさい．

●さらなる学習のために●

　本章では，情報センシングを行うための基本的な流れについて学びました．情報センシングにおいて最も大事なことは「何をセンシングするか」ということになります．良いサービスを実現するためには，前節で述べたようなさまざまな分野において，今何が求められていて，何が足りていないのかを知り，それをセンシングで解決することが求められます．そのためにはあらゆる学術分野，あるいは社会課題について学ぶ必要があるでしょう．また，取りたいデータが決まった後も，どのようなセンサを使うべきかという問いに対しては，センサのハードウェアや計測原理を学ぶことで，その限界や精度をある程度知ることができ，適切なセンサ選択を行えるようになります．さらに，前処理や認識手法の選択によって認識精度は大きく変わるため，前処理の手法や認識手法について深く学ぶことで，センサの種類やデータの特徴に対して適切な処理を選ぶことができるようになるでしょう [61]．これらのセンサ選択や手法選択においては，経験がものをいうことも多いので，実際にデータを取得して認識を行う作業にぜひチャレンジしてみてください．

第 10 章

画像解析・深層学習

　ショッピングセンターなどの駐車場では，入場時に車のナンバープレートを認識して駐車券に記録しておき，事前に駐車料金の支払いをしておけば，出場時には駐車券を挿入しなくても支払い状況を判断して出場ゲートをあげる仕組みがあります．ここではナンバープレートに書かれた車両番号の認識に画像解析の手法が用いられています．ほかにも，スマートフォンの顔認識，医療分野での早期診断，農作物の出来具合の確認，工業製品の不良品の検出など，画像を用いて解析する応用が数多く開発され，近年ではAIを用いた方法が数多く実用化されています．画像解析とは，与えられた画像に対してその構造を分析して特徴を抽出し，その画像に含まれている情報を取り出すことです．

　本章では，まず画像解析の一例としてパターン認識を取り上げた後，画像認識について解説します．そして，近年この画像認識において盛んに利用されるようになった深層学習について，その代表的な手法の一つである畳込みニューラルネットワーク（CNN）を中心に解説します．

10.1 画像解析

10.1.1　パターン認識のアプローチ

　画像解析（image analysis）の一例として，**パターン認識**（pattern recognition）を取り上げます．パターン認識は，あらかじめ定められた**クラス**（class）に入力された画像を識別する処理です．**図10.1**は身近にいる動物の画像です．これらの画像にそれぞれ何が写っているかの認識を，人間の目ではいとも簡単にやってのけますが，これら全てを「犬」や「猫」さらには「鳥」の中でも「文鳥」「すずめ」など，コンピュータを用いて認識するにはどうすればよいでしょうか．例えば「犬」「猫」「鳥」「カメ」「はりねずみ」の5つのクラスを用意して，それぞれの特徴を抽出しておき，新たに入力した画像から得られた特徴とそれらを照らし合わせて最も似たクラスを出力すれはよいわけです．この処理をパターン認識といいます．

　画像に含まれるパターンの認識を行うには，例えば**図10.2**に示す流れに従って処理を行います．まず画像を取得し，前処理でノイズの除去や画質改善などを行った後に解析の対象となる領域を抽出します．さらに，抽出した領域をあらかじめ設定したクラスとの比較を容易にするために2値化や非線形変換などのモルフォロジー演算処理を行います．そして，対象領域を解析してその**特徴**

図10.1 ■ 入力画像の例

図 10.2 ■ 画像解析の流れ

量（attribute）を求め，それらを用意されたクラスの特徴量と比較し，最も**類似度**（similarity measure）の高いクラスを求めます.

問 10.1（文字認識）

アルファベットの画像を「A」や「B」と認識するにはどうすれば良いか考えなさい．クラスは最低何個必要ですか．また，特徴量としてはどのようなものが適当と思われますか.

10.1.2　画像認識と人工知能

画像認識（image recognition）は画像に写っているものが何かを理解することです．その応用分野は多岐に渡り，**シーン認識**（scene recognition），**物体認識**（object recognition），**物体検出**（object detecting），**セマンティックセグメンテーション**（semantic segmentation）などさまざまなトピックに分かれ[62]，1970 年代ごろから盛んに研究されてきました．入力した画像に複数の物体や環境が存在し，それらがもつ何らかの意味を理解することをシーン認識，画像中に含まれる物体が何であるかを理解することを物体認識といいます．例えば，図 10.3 の画像を見てください．それぞれ「池の真ん中に鳥がいる」，「川べりを犬が歩いている」，「浜辺に人がいる」ことが画像から理解できます．シーン認識は，それぞれの画像が池や川，浜辺であると理解することです．物体検出は画像の中に含まれる物体が存在する領域を推定することであり，物体認識は画像に写っている「鳥」や「犬」などを理解して適当な**ラベル**（label）をつけることです．さらに，セマンティックセグメンテーションは背景からその物体だけを切り出すことです.

また，図 10.1 の動物の画像それぞれを「犬」「猫」であると理解することを**クラス認識**（class recognition）といい，さらに犬を「チワワ」や「スピッツ」な

池　　　　　　　　　　川　　　　　　　　　　浜辺

図10.3 ■ 画像の例

ど犬種を認識することも考えられます．また，例えば，「○○さんが飼っているタマという猫」を認識することを**インスタンス認識**（instance recognition）といいます．

　では，画像認識はどのような手順で行われるのでしょうか．初期の画像認識に関する研究においては，人の知識をプログラムとして書き下していました．まず，専門的知識と経験に基づいて認識対象の特徴抽出を行い，そのデータから問題を解決するために有効な特徴量を抽出し，抽出した特徴量から有効な特徴を選択します．特徴量は例えば，物体の形状や文字の形状，色，テクスチャ*1，動きなど多岐にわたっています．このように，画像認識の性能を左右する要因は，特徴の**抽出**（extraction）と**選択**（selection）であるわけです．

　画像認識では，上述のように物体認識，物体検出，セグメンテーション，シーン認識などいろいろなタスクが存在します．また，画像からどのような情報を抽出したいのか，カテゴリーや情報の親子関係，動作など概念の階層性や多義性を整理して問題設定する必要があります．さらに，特徴量の設定についてもそのタスクに依存するなど，煩雑で複雑な問題として取り扱われてきました．

　これに対し，**深層学習**（**ディープラーニング**，deep learnning）は，特徴抽出や特徴の選択をせず，画像やデータ全体から学習をすることが大きな特徴です．学習には多大な時間とコストが必要ですが，コンピュータの性能の向上やインターネットの普及により大量の画像の入手やコンピュータリソースの活用が可能になったことも，深層学習による画像認識が活発になった要因の一つといえるでしょう．画像を対象とした深層学習では，どのように画像データを扱

---

*1　テクスチャとは布や織物の柄のような画像上に現れる繰り返しのパターンのことです．

い，画像の認識処理を行っているのでしょうか．次節で画像データの特徴についてポイントを解説し，さらに10.3節では深層学習について解説します．

10.2　デジタル画像の特徴とフィルタ処理

　画像解析では，まず画像を取り込み，必要な情報を取り出すための変換処理を行い，画像からさまざまな手法を使って特徴量を抽出し，抽出された特徴量に基づいて物体を認識し，その物体が何であるかを検出します．ここでは，画像データの特徴と，画像の代表的な変換手法である**空間フィルタリング**（spatial filtering）について解説します．空間フィルタリングは，後述する畳込みニューラルネットワークでも用いられる手法です．

10.2.1　画像データの特徴

　デジカメなどで撮影した画像は，アナログの情報である3次元の世界を**A-D変換**（analog-digital transformation）することによって2次元のデータとして表したものです．A-D変換には，**標本化**（sampling）と**量子化**（quantization）の2つのプロセスがあります．画像のような連続した情報をどれくらいの細かさで計測するかを決め，その細かさで光や色の値を計測することを標本化といいます．画像を格子状に区切り，それぞれの格子が1つの**画素**（pixel）になります．格子を細かく区切るとそれだけ元の画像を忠実に再現することができます．量子化は，標本化で得られた光の強さをコンピュータなどで取り扱うことができるようにデジタルの情報に変換することです．図10.4は，レンズから取り込んだ光を格子状に並んだ撮像素子で計測し，標本化，量子化したデータの変化を表しています．

　1つの画素で表現できる色の数は**量子化レベル数**（quantization level number）をいくつにするかで決まります．例えば，1 bitだと2色（例えば白（1）と黒（0））表すことができます．図10.5は，デジタル画像の例です．多数の画素で構成されていることがわかるでしょう．この画像は，量子化レベル数8 bitで，それぞれの画素は，画素の明るさを示す0（黒）から255（白）の数値で表されます．画像が縦 M 個，横 N 個の画素で構成されている場合，画像を

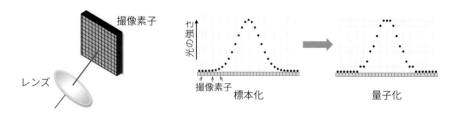

図10.4 ■ 標本化と量子化

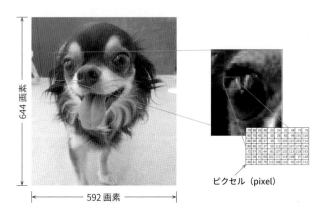

ピクセル（pixel）

図10.5 ■ 画素（ピクセル）

構成する画素の数は $M \times N$ 個です．1画素は0〜255，すなわち8 bit ＝ 1 byte のデータ量をもつので，1枚の白黒画像のデータ量は $M \times N \times 1$[byte] です．

　カラー画像は光の3原色であるR（赤），G（緑），B（青）それぞれの情報を各画素にもっていて，それらを合成することで色を表現しています．フルカラー画像の場合，R，G，Bの画素はそれぞれ，8 bit のデータ量をもちます．したがって，量子化レベル数は24 bit であり，1つの画素で1677万通りの色を表すことができます．

問10.2 （画像のデータ量）

　図10.5の犬の画像は，縦644画素，横592画素をもつ白黒画像であり，それぞれの画素は0から255の8 bit のデータで表されています．この画像のデータ量は何 byte でしょうか．

10.2.2　空間フィルタリングと畳込み演算

　空間フィルタリングは，画像のノイズを除去したり，画像の特徴を抽出したりするための処理として用いられます．また，深層学習の過程においても画像の特徴を抽出するための非常に重要な処理です．空間フィルタリングは，画像データの局所的な部分について，特定の演算をして値を変換する演算を画像全体に施すことであり，この演算を**畳込み**（convolution）といいます．図10.6で，大きさ $W \times H$ の入力画像の 3×3 の局所領域の中央を注目画素 $I(i,j)$（ただし，$i = 0, \ldots, W-1, j = 0, \ldots, H-1$）とします．この局所領域と同じ 3×3 の**カーネル**（kernel）との積和を注目画素の新しい値 $J(i,j)$ とします．$J(i,j)$ は，一般に次の式で表されます．

$$J(i,j) = \sum_{k=-N}^{N} \sum_{l=-N}^{N} I(i+k, j+l) F(k+N, l+N) \tag{10.1}$$

$F(k,l)$ は，フィルタの係数を表す行列であり，その大きさは $(2N+1) \times (2N+1)$ です．図の例は，カーネルの大きさが 3×3 なので $N = 1$ です．また，画像の辺縁1画素はカーネルとの積和を求めることができないので，$J(i,j)$ は，入力画像の値 $I(i,j)$ または全て0とします．

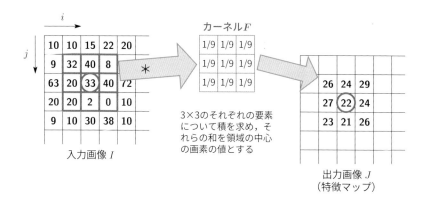

図10.6 ■ 畳込み処理

例題 10.1 ■ 畳込み処理

　図 10.6 で，注目画素 $(2, 2)$ に対して図のカーネルで畳込み処理をしたときの出力値を求めなさい．

　注目画素 $(2, 2)$ を中心とした 3×3 の領域に対してカーネルでの畳込み演算である式 (10.1) に従って計算します．

$$I'(2, 2) = I(1, 1)F(1, 1) + I(2, 1)F(2, 1) + I(3, 1)F(3, 1)$$
$$+ I(1, 2)F(1, 2) + I(2, 2)F(2, 2) + I(3, 2)F(3, 2)$$
$$+ I(1, 3)F(1, 3) + I(2, 3)F(2, 3) + I(3, 3)F(3, 3)$$
$$= \frac{32 + 40 + 8 + 20 + 33 + 40 + 20 + 2 + 0}{9} = 22$$

　アルゴリズム 10.1 に入力画像全体の畳込みを示します．このとき，出力画像の端の部分はカーネルとの積和を求めることができないので，初期値 0 が入ることに注意してください．

　このような空間フィルタリングは，伝統的な画像解析における画像処理で古くから用いられている手法で，カーネルの大きさや重みを変化させて畳込み演算を行うことで，ノイズを除去するなど画質を改善したり，画像認識に用いられるさまざまな特徴を抽出することができます．

　図 10.7 は，入力画像に含まれているごま塩状のノイズを除去する働きのあるフィルタの一例です．**局所平均フィルタ**（averaging filter）では，注目画素

アルゴリズム 10.1 ▨ 畳込み

```
 1: 全ての (i, j) について，J(i, j) = 0
 2: for i = N to W − N − 1 do
 3:    for j = N to H − N − 1 do
 4:       for k = −N to N do
 5:          for l = −N to N do
 6:             J(i, j) = J(i, j) + I(i + k, j + l) ∗ F(k + N, l + N)
 7:          end for
 8:       end for
 9:    end for
10: end for
```

を含む3×3の領域の輝度の平均値をその画素の値とするものです．**ガウシアンフィルタ**（Gaussian filter）は，ガウス関数を用いて注目画素からの距離に応じて重みをかけるものです．

また，図10.8は，注目画素について，左右の画像との1次微分をとることにより，画像間の輝度の勾配を求めるものです．隣り合う画素値の差分値が大きいほど値は大きくなり，図のように縦方向のエッジが強調されます．また，**Sobelフィルタ**（Sobel filter）は微分と同時に平滑化を行っており，さらに注目画素からの距離に応じて重みを変化させています．

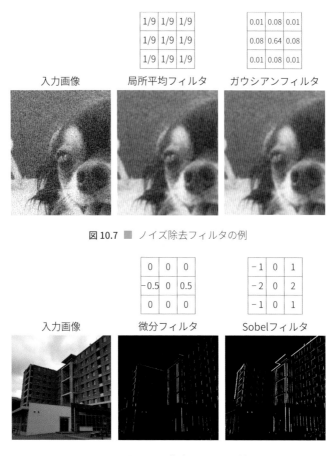

1/9	1/9	1/9
1/9	1/9	1/9
1/9	1/9	1/9

0.01	0.08	0.01
0.08	0.64	0.08
0.01	0.08	0.01

入力画像　　　局所平均フィルタ　　　ガウシアンフィルタ

図10.7 ■ ノイズ除去フィルタの例

0	0	0
−0.5	0	0.5
0	0	0

−1	0	1
−2	0	2
−1	0	1

入力画像　　　微分フィルタ　　　Sobelフィルタ

図10.8 ■ エッジ抽出フィルタの例

10.3　深層学習

　近年，機械学習の中でも，特徴の抽出や選択をせずに入力されたデータから学習する深層学習（ディープラーニング）が，画像解析の分野で広く使われるようになっています．深層学習は，従来のニューラルネットワークでは中間層が1層であったのに対して，中間層を多層化した機械学習法です．

　2006年にG. E. Hintonらが，中間層1層ずつ事前学習しこれを連結してニューラルネットワークを深層化するDeep Belief Network[63]を発表してから，これまでにさまざまな深層学習の手法が開発されました．

　画像を対象とした深層学習の手法は，**畳込みニューラルネットワーク**（Convolutional Newral Network; CNN）と呼ばれるもので，人間の視覚の仕組みをヒントとして開発されました．2012年に画像認識の有名なコンテストILSVRCにおいて，AlexNet[64]という畳込みネットワークを用いたグループが優勝して以降，人工知能ブームが再燃することとなりました[*2]．

　畳込みニューラルネットワークを用いて，入力した画像に写っている対象をカテゴリに分類することや，入力画像に雑音除去や領域分割など何らかの変換を行った画像を出力することができます．R-CNN[65], Fast R-CNN[66], YOLO[67]などは，畳込みニューラルネットワークを用いたカテゴリ分類の代表的な手法です．図10.9はYOLOを用いて画像に写っている対象を分類した結果です．カテゴリに分類する場合，まず画像のどこに物体が存在するかを検出し，さらにそこに何があるかを推定することができます．本章では，まず人間の視覚について解説した後，畳込みニューラルネットワークの仕組みについて概説します．

[*2]　人工知能の研究は3つの波があるとされています．第1の波（1950年代）は人間の思考過程を「推論」と「探索」で表した人工知能研究です．明確なルールを守ったパズルや簡単なゲームを次々と解き注目を浴びましたが，適用できる問題が限られるため次第にブームは去ります．第2の波（1980年代）は専門家などの「知識」をルールとして取り込み，問題解決を導く「エキスパートシステム」の出現です．これも，膨大な知識の蓄積が必要である，曖昧な問題に対応できない，などの理由で下火になりました．そして，近年機械学習にコンピュータ自身が特徴量を抽出し学習する深層学習が加わったことが，ブーム再燃の火種となりました．

図 10.9 ■ YOLO による認識結果

10.3.1 視覚

　人はどのようにしてものを認識しているでしょうか．人がものを見るとき，水晶体の周りにある毛様体筋と小帯繊維の働きで網膜に焦点を合わせ画像すなわち光の分布を取り込みます．網膜には，光を感じる桿体細胞と色を感じる錐体細胞があります．網膜には1億から1億2500万個の桿体細胞があるのに対し，錐体細胞は600万から700万個あります．錐体細胞には，赤，緑，青のそれぞれの波長付近の光を感じる3種類の細胞があり，これら3つの細胞の働きにより，色を感じることができます．また，錐体細胞が色を感じるのには，桿体細胞に比べて100倍の光刺激が必要といわれています．

　これらの細胞で光刺激を電気刺激に変換し，神経節細胞を通じて視神経に送られ脳の下部にある視床に到達し，そこから大脳皮質にある一次視覚野から高次視覚野に伝播される過程で情報が処理され，情景や物体が認識されます．

10.3.2 畳込みニューラルネットワーク

　図 10.10 は，カテゴリに分類する畳込みニューラルネットワークの構造例で，入力層の後に，**畳込み層**（convolutional layer），**プーリング層**（pooling layer）が何回か繰り返し続き，最後に**全結合層**（fully connected layer）が配置され，入力した画像に写っているものがどのカテゴリに属するのか出力されます．畳込みニューラルネットワークの学習の過程では，入力したデータから得られた出力層の値が正解に近づくように，畳込み層の**フィルタ関数**（filter function）や全結合層の重みを変化させていきます．大量のデータを用いて学習をすることにより，その性能を向上させることができます．

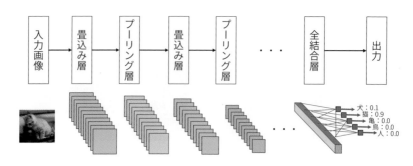

図 10.10 ■ 畳込みニューラルネットワークの例

■（1）畳込み層

畳込み層は，入力画像に対して，10.2.2項で説明したものと同じ方法で処理を行い，画像の局所的な特徴を抽出し**特徴マップ**（feature map）を出力します．特徴マップはフィルタ関数を複数用意して，入力層に対して畳込みを行うため，図 10.10 に示すように，3次元のデータになります．畳込みニューラルネットワークで用いるカーネルは，10.2.2項で説明したノイズ除去フィルタやエッジ抽出フィルタのようあらかじめ決まったものではなく，学習の過程でその重みを変化させていきます．

■（2）プーリング層

プーリング層は情報圧縮層とも呼ばれ，畳込み層から出力された特徴マップを圧縮して抽象化を行います．プーリング層での抽象化処理は，図 10.11 のように，入力画像の左上から 2×2 の注目領域の最大値や平均値を出力画像の注目画素の値とする処理を順次行っていくことで，画像のデータ量を4分の1に圧縮します．抽象化処理は，3×3 や 4×4 の大きさの領域で行うこともありますが，大抵の場合 2×2 の領域で行われます．大きさ $M \times N$ の入力画像 I の注目領域を $K \times K$ とするとき，抽象化後の出力画像 $J(i,j)$ は，一般には次の式で表されます．また，アルゴリズム 10.2 に，そのアルゴリズムを示します．

$$J(i,j) = \sum_{k=0}^{K-1} \sum_{l=0}^{K-1} I(Ki+k, Kj+l) \cdot \frac{1}{K \times K} \qquad (10.2)$$

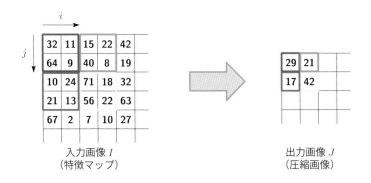

図 10.11 ■ プーリング層での抽象化処理

アルゴリズム 10.2 ■ プーリング層での抽象化処理（平均値）

1: $m = M/K$
2: $n = N/K$
3: **for** $i = 0$ **to** $m - 1$ **do**
4:    **for** $j = 0$ **to** $n - 1$ **do**
5:       **for** $k = 0$ **to** $K - 1$ **do**
6:          **for** $l = 0$ **to** $K - 1$ **do**
7:             $J(i,j) = J(i,j) + I(K * i + k, K * j + l)/(K * K)$
8:          **end for**
9:       **end for**
10:    **end for**
11: **end for**

■ （3） 全結合層

畳込み層での特徴量の抽出とプーリング層での圧縮を繰り返して得られた，圧縮された特徴量を入力として，**図 10.12** のような**順伝播型ニューラルネットワーク**（feedforward newral network）などを利用してカテゴリの分類などを出力します．

図 10.12 は，順伝播型ニューラルネットワークを用いた例です．各ユニットの出力 $y_j (j = 1, \ldots, J)$ は，入力を $x_i (i = 1, \ldots, I)$，それぞれの結合の重み係数を w_{ji}，オフセットを b とすると，次の式で表されます．

$$u_j = \sum_{i=1}^{I} w_{ji} x_i + b \tag{10.3}$$

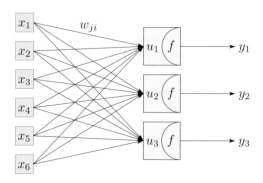

図 10.12 ■ 全結合層の順伝播型ニューラルネットワーク

$$y_j = f(u_j) \tag{10.4}$$

$f(u_j)$ は，**活性化関数**（activation function）と呼ばれるものです．画像認識でカテゴリの分類などを行うときは，出力層の値が，そのカテゴリに当てはまる確率（0.0〜1.0）となるような活性化関数を用います．これは**ソフトマックス関数**（softmax function）と呼ばれるもので，例えば，出力層の値 y_j は，次のように表されます．

$$y_j = \frac{u_j}{\sum\limits_{k=1}^{J} u_k} \tag{10.5}$$

■（4）学習と認識

　畳込みニューラルネットワークの学習時には，教師データを多数用意する必要があります．教師データは，入力データと理想的な出力を組み合わせたデータです．学習をする際には，教師データの入力データを畳込みニューラルネットワークに与えて出力したデータを教師データと比較し，教師データと出力データの誤差が小さくなるようにパラメータを調整します（**勾配降下法**（gradient descent method）[68]）．畳込みニューラルネットワークの場合，調整するパラメータは，畳込み層のフィルタの係数と全結合層の重み係数，オフセットです．十分な量の教師データを用いた学習が完了しパラメータが調整されると，新たな画像に対して，出力データを得ることができます．

●さらなる学習のために●

　深層学習は画像認識からその進歩が始まり，人工知能の中心的な技術となっています．医療分野においては，画像診断や病理診断などの検査部門でなどで人工知能を活用した画像診断機器の研究開発が進んでおり，臨床の現場でこれらの人工知能とともに診療業務を行う日が遠からず訪れる可能性は高いでしょう [69]．深層学習はさまざまな手法が開発されており，日々その性能が向上しつつありますが，まだ新しい分野です．「何を見て判断しているのか」「信用できるのか」「どれくらいのデータを集めればよいのか」など興味や関心をもって，学習と実践を行うことを願います．

第 **11** 章

時系列データ解析・音声解析

　世の中には株価や売上，気温などの気象情報，心拍や音声などの生体情報といった時々刻々と変化する情報が存在します．このような情報を時間ごとに収集した一連のデータを時系列データといいます．時系列データを用いて，値がどのように時間変化するのかを解析することで，ある時刻の瞬時値のみではわからない情報を得ることができます．本章では，一般的な時系列データ解析に用いられる基本的な理論を解説し，さらに音声データを例としてその応用技術を解説します．

11.1 時系列データ解析

11.1.1 時系列データと解析目的

　時系列データの例を図11.1に示します．時系列データは図のように，月や日，あるいはさらに細かい時刻といった，一定の時間単位で収集されたデータの系列です．時系列データ解析を行うことで，時間変化傾向の可視化やデータに含まれる情報の抽出，未来の値の予測などを行います．例えば為替や株価のような経済データからの経済動向分析や予測，心電図波形の分析による心臓状態の診断，機械振動波形の分析による機械の異常診断，音声波形の分析による発話認識といった目的に用いることができます．

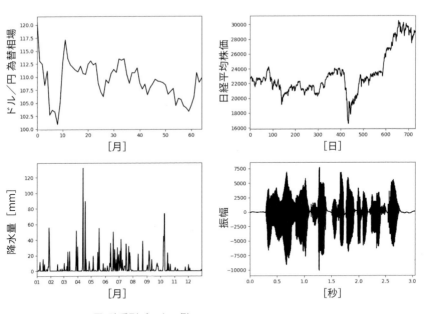

図11.1 ■ 時系列データの例
　　　　　左上：月ごとのドル円為替相場（出典：日本銀行 [70]），
　　　　　右上：日ごとの日経平均株価（出典：macrotrends [71]），
　　　　　左下：東京都の日ごとの降水量（出典：気象庁 [72]），
　　　　　右下：音声の振幅データ（出典：JSUT コーパス [73]）

11.1.2　移動平均と階差

　時系列データの変化傾向を可視化する方法として，**移動平均**（moving average）と**階差**（first difference）があります．これらはそれぞれ値の長期的変化（**トレンド**（trend）ともいいます）と短期的変化の傾向を抽出するための方法です．例として，**図 11.2** の左側に示すオリジナルの時系列データ $x_1, x_2, \ldots, x_n, \ldots, x_N$（$n$ は時刻のインデックス，N は時系列データのサンプル数）に対して移動平均と階差を求めます．

　移動平均は時系列データの平滑化手法の一種で，ある時刻の値に対して，その周辺の値との平均値を計算することで平滑化を行います．

$$\hat{x}_n = \frac{1}{2k+1}(x_{n-k} + \cdots + x_n + \cdots + x_{n+k}) \tag{11.1}$$

$\hat{x}_n$ は計算された移動平均の値，k は前後いくつの時刻を平均値の計算に用いるかを決めるパラメータです．このとき，$K = 2k + 1$ 個の値を用いて平均値が計算され，K が大きいほど平滑化結果は滑らかになります．K のことを項数と呼び，また計算された移動平均のことを K 項移動平均といいます[*1]．

　ある時系列データに対して，$k = 15$ として移動平均を計算した結果（31 項移動平均）を図 11.2 の中央に示します．オリジナルのデータから短期的な変動が除去され，長期的な変動がわかりやすくなっています．

　階差は，ある時刻の値に対しその直前の時刻の値との差を計算したもので，時刻ごとの変動を表します．

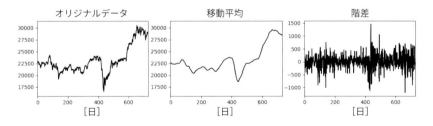

図 11.2 ■ オリジナルの時系列データと移動平均（$k = 15; 31$ 項移動平均）および階差

[*1]　式 (11.1) は，各時刻に対して前後時刻の値を用いて平均値を計算しており，これを中央移動平均といいます．ほかに，各時刻に対して後ろの時刻の値のみを用いて平均値を計算する場合は前方移動平均，前の時刻の値のみを用いる場合は後方移動平均といいます．

$$\Delta x_n = x_n - x_{n-1} \tag{11.2}$$

図 11.2 の右側に，計算した階差を示します．オリジナルのデータからトレンドの成分が除去され，例えば 420 日付近は日ごとの値変動が大きいといった情報がわかりやすくなっています．

11.1.3 相関係数と相互相関関数・自己相関関数

アイスクリームは冬よりも気温の高い夏によく売れることから，気温とアイスクリームの売上には高い関係性があることが直感的にわかるでしょう．このような 2 つの事象の関係性を数値化する指標として，**相関係数**（correlation coefficient）があります．

相関係数は次の式で計算されます．

$$\mathrm{Cor}(\boldsymbol{x}, \boldsymbol{y}) = \frac{\displaystyle\sum_{n=1}^{N} (x_n - \bar{x})(y_n - \bar{y})}{\sqrt{\displaystyle\sum_{n=1}^{N} (x_n - \bar{x})^2} \sqrt{\displaystyle\sum_{n=1}^{N} (y_n - \bar{y})^2}} \tag{11.3}$$

x_n, y_n はそれぞれ時系列データ $\boldsymbol{x} = [x_1, x_2, \ldots, x_N]^T$, $\boldsymbol{y} = [y_1, y_2, \ldots, y_N]^T$ の時刻のインデックス n における値を表し，$\bar{x}$, $\bar{y}$ はそれぞれ $\boldsymbol{x}$, $\boldsymbol{y}$ の平均値を表します．N は時系列データのサンプル数です．相関係数は -1 から 1 までの値をとり，x_n が増加すると y_n も増加するといった似た増減傾向を示す場合は 1 に近づき（正の相関），逆に x_n が増加すると y_n が減少するといった逆の増減傾向を示す場合は -1 に近づきます（負の相関）．また，x_n と y_n の増減傾向に関係性がない場合は 0 に近づきます（無相関）．

例題11.1 ■ 時系列データの相関係数

　次の表は，2019年の東京都の月ごとの平均気温（出典：気象庁 [72]）と，都区部1世帯あたりのアイスクリームへの平均支出金額（出典：総務省統計局eStat [74]）です．2つの時系列データの相関係数を求めなさい．

	1月	2月	3月	4月	5月	6月
平均気温 [℃]	5.6	7.2	10.6	13.6	20.0	21.8
アイス支出 [円]	561	459	604	745	1,105	973
	7月	8月	9月	10月	11月	12月
平均気温 [℃]	24.1	28.4	25.1	19.4	13.1	8.5
アイス支出 [円]	1,263	1,533	1,044	821	621	601

　式 (11.3) の x に月ごとの平均気温，y に月ごとのアイス支出を代入して，相関係数を計算してみましょう．それぞれの平均値は $\bar{x} = 16.5$, $\bar{y} = 860.8$です．これらの値を用いて計算すると，次のようになります．

$$\frac{(5.6 - 16.5)(561 - 860.8) + \cdots + (8.5 - 16.5)(601 - 860.8)}{\sqrt{(5.6 - 16.5)^2 + \cdots + (8.5 - 16.5)^2}\sqrt{(561 - 860.8)^2 + \cdots + (601 - 860.8)^2}}$$
$$\approx 0.93 \tag{11.4}$$

計算された相関係数が1に近いことから，気温とアイスクリームへの支出金額には高い相関があることがわかりました．

　相関係数のほかに，2つの時系列データの類似度を測る指標として，**相互相関関数**（cross-correlation function）があります．相互相関関数は次の式で計算されます．

$$\mathrm{R_{xy}}(\tau) = \frac{1}{N} \sum_{n=1}^{N} x_n y_{n+\tau} \tag{11.5}$$

この式は，時系列データ y を時間 τ だけずらしたうえで時系列データ x との相関を計算しており，ずらし幅 τ の関数になっています．

　例として，ある3日間の気温と太陽高度（仰角）の時系列データを図11.3の左に示します．気温は昼は高く，夜は低くなるため，気温と太陽高度には高い関係性があると考えられます．しかし太陽高度は12時に最高値となるのに対して，気温が最高値となるのは14時と，2時間のずれが存在しています．これ

は太陽によってまず地面が温められ，その後地面からの熱によって気温が上昇するため，太陽高度の変化が気温の変化に反映されるまでにタイムラグが生じることに由来します．このような，お互いの時間変化に時間差が存在する2つの時系列データに対して，相互相関関数はさまざまな幅τで一方のデータをずらして相関を計算します．この例に対して計算した相互相関関数を図11.3の右に示します（ただし，相互相関関数を計算する前に，各時系列データに対して，その平均値で引くという正規化処理を行っています）．横軸はずらし幅τで単位は時間です．これを見ると，ずらし幅が2のときに相互相関関数が最大値を示しており，よってこの2つの時系列データは2時間のずれがあることがわかります．

式 (11.5)について，xとyが同一のデータの場合，つまり

$$R_{xx}(\tau) = \frac{1}{N} \sum_{n=1}^{N} x_n x_{n+\tau} \tag{11.6}$$

を**自己相関関数**（autocorrelation function）といいます．3日間の時間ごとの気温データに対して自己相関関数を計算した結果を図11.4に示します．

自己相関関数は同一のデータを用いて相互相関関数を計算していることになるため，ずらし幅$\tau = 0$で最大値をとります．τを0から大きくしていくと自己相関関数の値は小さくなっていきますが，$\tau = 24$付近で再び値がピークとなり，さらに$\tau = 48$付近でもピークとなります．これは，気温のデータが24時間周期で似たような値になっているので，24時間の倍数だけずらした時系列データと高い相関を示すためです．このように，自己相関関数のピークやその位置を調べることで，時系列データの周期性を見つけることができます．

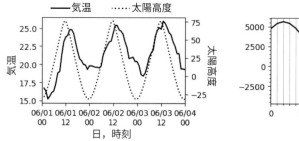
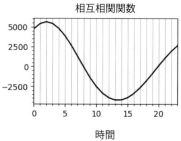

図11.3 ■ 左：時刻ごとの気温（実線）と太陽高度（点線），
右：気温と太陽高度の相互相関関数

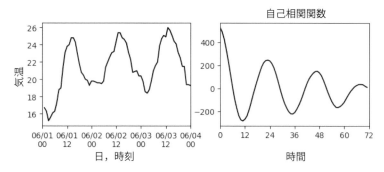

図11.4 ■ 時刻ごとの気温（左），気温データの自己相関関数（右）

11.2 音声解析

11.2.1 音声データ

　ここからは，時系列データの例として音声データを取り上げ，音声解析，特に音声認識のタスクを例に分析方法やモデリング方法を解説します．

　マイクで検知された音波がコンピュータに保存されるまでの様子を図 11.5 に示します．音は空気の振動であり，それがマイクに検知されて電気信号に変換されます．この波形は横軸が時刻，縦軸が振幅に相当します．マイクで検知された時点の波形は連続値ですが，これをコンピュータに保存するため，連続

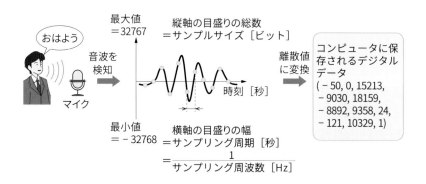

図11.5 ■ マイクで検知された音波がコンピュータに保存されるまで

値から離散値に変換する必要があります. まず横軸, つまり時間については, 一定の時間間隔で振幅値を記録 (サンプリング) していきます. サンプリングする時間間隔のことを**サンプリング周期** (sampling period, 単位は [秒]) と呼び, その逆数を**サンプリング周波数** (sampling frequency, 単位は [Hz] (ヘルツ)) といいます. サンプリング周波数は「1秒間に何個分の振幅値をサンプリングしたか」を表し, サンプリング周波数が大きいほど音を細かく記録することになります. 例えばCD音源は44,100 Hzという比較的高いサンプリング周波数で記録されているのに対して, 携帯電話の通話音声は通信量の制約から16,000 Hzと低サンプリング周波数で記録しています.

次に縦軸, つまり振幅値方向については, 一定の間隔で目盛りを刻み, 各振幅値を最も近い目盛りの値に近似して記録します (**量子化** (quantization) といいます). このとき, 刻んだ目盛りの総数のことを**サンプルサイズ** (sample size), あるいは**ビット深度** (bit depth) といいます. 音声データのサンプルサイズは16ビット, つまり65,536個の目盛りで表現されることが多く, このとき目盛りの最大値は32,767, 最小値は $-32,768$ となります. サンプルサイズはその名前のとおり, 量子化された音声1サンプルごとのサイズとなります.

問11.1 (音声データのファイルサイズ)

サンプリング周波数が16,000 Hz, サンプルサイズが16 bit (ビット) のフォーマットで5.0秒の音声をマイク1つで収録した場合, ファイルサイズは何byte (バイト) か求めなさい. ただし, 音声データやファイルは圧縮されておらず, またファイルのヘッダ部分のサイズは考慮しなくてよいとします.

11.2.2 フーリエ変換による周波数解析

音声信号は複数の周波数の音が組み合わさってできており, 組み合わさり方の違いが音色の違いとして現われます. したがって, 音声データから発話内容などの情報を抽出するためには, 音声データから周波数ごとの成分に分解することが有効です. 時系列データを周波数ごとの成分に分解する方法として**フーリエ変換** (Fourier transform) があります.

フーリエ変換は「あらゆる周期的な信号は, 周波数の異なる三角関数の組合せで表現できる」という定理 (フーリエの定理) に基づいて生まれたものです.

フーリエ変換には扱う対象が連続値か離散値かによって複数の定義があります
が，ここでは離散値を扱う**離散フーリエ変換**（discrete Fourier transform）を
解説します．離散フーリエ変換は次の式で定義されます．

$$y_k = \sum_{n=0}^{N-1} x_n e^{-i\frac{2\pi nk}{N}} \tag{11.7}$$

x_n は時間信号（ここでは音声波形を離散化したデータ）の，時刻 n のときの値
です．N は分析区間内のサンプルの数です．i は虚数単位（$i = \sqrt{-1}$）です．
なお，複素数 $e^{i\theta}$ と三角関数には $e^{i\theta} = \cos(\theta) + i\sin(\theta)$ という関係（オイラー
の公式）があることから，式 (11.7) を用いることで，時間信号を三角関数で表
現できることができます．y_k はスペクトルと呼ばれる複素数の値で，時間信号
を周波数成分 k に分解した結果となります．このとき，複素数 y_k の絶対値を
計算したものを**振幅スペクトル**（amplitude spectrum），偏角を計算したもの
を**位相スペクトル**（phase spectrum）といいます．振幅スペクトルは各周波
数の成分の強さを表し，位相スペクトルは各周波数成分の波の初期位相を表し
ます．

「お」を発話した音声の時間波形に対して離散フーリエ変換を行い，振幅ス
ペクトルを計算した結果を図 11.6 に示します．ただし振幅スペクトルは値の
変動が激しく，そのままでは分析に向かないため，振幅スペクトルの対数を
取った対数振幅スペクトルを表示しています．振幅スペクトルを見ると，この
音声には 2,000 Hz までの周波数成分が強いなどといった音色の性質が可視化
されます．

離散フーリエ変換を行うと，周波数成分の情報を抽出できますが，代わりに
時間情報が失われてしまいます．例えば「おはよう」という音声全体に対して

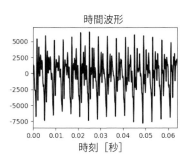
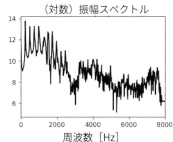

図 11.6 ■「お」を発話した音声の時間波形（左）と，その対数振幅スペクトル（右）

離散フーリエ変換を行うと，どの時刻が「お」でどの時刻が「は」といった時間変化の情報が見えなくなってしまいます．そこで，図11.7のように音声信号を短い時間ごとに区切り，短時間ごとに離散フーリエ変換を適用します．これを**短時間フーリエ変換**（short-time Fourier transform）といいます．

　短時間フーリエ変換を行うことで，短い時間区分（**フレーム**（frame）といいます）ごとに振幅スペクトルが得られます．これを横軸を時刻，縦軸を周波数としてプロットしたものを**スペクトログラム**（spectrogram）といいます．音声波形に対してスペクトログラムを計算したものを図11.8に示します．図において色が白い部分が，その時刻，周波数の成分が強いことを意味しています．

　スペクトログラムを見ることで，音声の周波数情報がどのように時間変化し

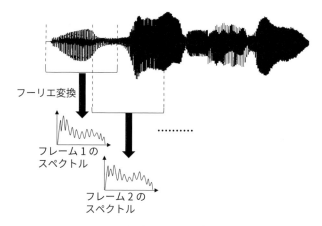

図11.7 ■ 短時間フーリエ変換の概要

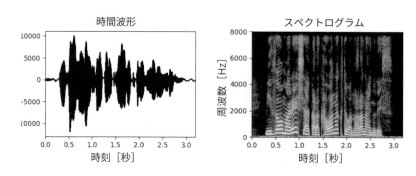

図11.8 ■ 音声の時間波形（左）とスペクトログラム（右）

ているかが可視化されます．スペクトログラムは音声認識を始めとするさまざ
まな音声解析で用いる特徴量のベースとなっています．ただし音声認識に用い
る場合は次元削減を行うため，スペクトログラムに対してさらにフィルタバン
ク分析やケプストラム分析[75]といったテクニックが使われます．

11.2.3　隠れマルコフモデル

　例えば画像の物体認識の場合，1枚の画像データが入力されて，機械がその
画像中の物体を出力するというように，基本的には入力と出力が1対1になっ
ていることが多いです．一方，音声認識の場合，入力されるのはスペクトログ
ラムのような時系列データであり，かつその時間の長さが一定でない，可変長
のデータです．さらに，例えば同じ「おはよう」という単語の音声であっても，
データによっては「お」の区間が長かったり短かったりします．このように時
間情報が定まっていないことを「時間ゆらぎ」と呼び，音声認識においてはこ
の時間ゆらぎを吸収するようなモデリングが必要です．その方法として，**隠れ
マルコフモデル**（hidden Markov model）[76]があります．隠れマルコフモデ
ルにはいくつかの定義方法がありますが，ここでは最もシンプルな単語隠れマ
ルコフモデルを解説します．

　例として単語「おはよう」の隠れマルコフモデルを作成する場合を考えます．
「おはよう」には「お」や「う」といった複数の異なる音が並んで構成されてい
ます．そこで単語隠れマルコフモデルでは，1つの単語を複数の**状態**をもつ状
態遷移モデルとして表現します．例として単語「おはよう」を3状態の隠れマ
ルコフモデルで表現したものを図 11.9 に示します．この場合，「おはよう」を
構成する音が3種類に分割されて，それぞれの状態によってモデリングされて
いることになります．状態の数は必ずしも単語の文字数や母音・子音の数と一
致していなくてもよく，各状態が「おはよう」のどの音に対応するかは，隠れ
マルコフモデルの学習の際に自動的に決まります．したがって，これは一種の
時間方向の教師なしクラスタリングといえます．

　音声認識では，ある入力音声がどの単語であるかを認識する際，「音声がそ
の単語である確率」を計算し，確率が最も高い単語を認識結果として出力しま
す．本節の以降では，単語隠れマルコフモデルを用いて，単語の確率を計算す
る方法を解説します．

「おはよう」の単語隠れマルコフモデル

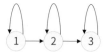

図 11.9 ■ 単語隠れマルコフモデルの例
この例では単語「おはよう」が3個の状態で表現されている.

隠れマルコフモデルには,各状態における音声の**出力確率**(output probability)と,状態から状態への**遷移確率**(transition probability)という2種類の確率があります.出力確率は,あるフレームの音声が,各状態でモデル化されている音とどれくらい似ているかを示します.遷移確率は,遷移元から遷移先の状態へどれくらい遷移しやすいかを示します.

例として,フレーム数が5の音声特徴量の時系列データに対して,単語「おはよう」の3状態隠れマルコフモデルを適用する様子を**図 11.10**に示します.この例では,5個のフレームのうちフレーム番号$t = 1, 2$の音声は状態1,$t = 3$の音声は状態2,$t = 4, 5$の音声は状態3 に割り当てられています.これは隠れマルコフモデルの状態遷移図上では,状態1,1,2,3,3,という遷移パスを通るという形で表現されます.フレーム番号tの音声特徴量をx_tとし,状態iから状態jへの遷移確率を$a_{i,j}$,状態iにおける音声特徴量x_tの出力確率を$b_i$$(x_t)$としたとき,**図 11.10**の例における単語「おはよう」の確率は次のように計算されます.

$$b_1(x_1)a_{1,1}b_1(x_2)a_{1,2}b_2(x_3)a_{2,3}b_3(x_4)a_{3,3}b_3(x_5) \tag{11.8}$$

このように,遷移パス上の遷移確率と出力確率の積を計算することで,単語「おはよう」の確率が計算されます.当然,遷移パスが異なれば,同じ単語でも確率値の計算結果は異なります.そのため一般的には,最も確率値が高くなるような遷移パスを探索し,その確率値を単語の確率として用います.

2010年代以前は出力確率$b_i(x_t)$は正規分布あるいは混合正規分布を用いてモデル化するのが一般的でしたが,深層ニューラルネットワーク(DNN)が登場して以降は,DNNを用いてモデル化することが多くなっています.特に次項で解説するリカレントニューラルネットワークは,時系列データのモデル化に適しており,高い性能を示すことがわかっています.

図11.10 ■ フレーム数5の音声特徴量の時系列データに対して単語「おはよう」の
隠れマルコフモデルを適用する様子

11.2.4 リカレントニューラルネットワーク

ここでは，時系列データを扱うのに適したニューラルネットワークである
リカレントニューラルネットワーク（Recurrent Neural Network; RNN）に
ついて解説します．前章で解説した全結合のニューラルネットワークなどは，
データサンプルごと独立に出力値を計算します．しかし時系列データのある時
刻の出力を計算する場合は，その時刻の値だけでなく過去の時刻の情報も考慮
する方が，時系列データの時間的依存関係も含めた詳細なモデル化ができま
す．RNNは過去に計算した中間層の値を履歴として保持し，以降の時刻にお
ける中間層の計算に使用することで，入力系列の時間的依存関係をモデル化
しています．音声解析においてもRNNはよく使われており，例えば音声認識
では前項の式 (11.8) における出力確率 $b_i(x_t)$ の計算などに用いられています．
RNNを用いることで，音声の周波数の変化情報を考慮した確率計算が可能と
なるため，通常の全結合ニューラルネットワークを用いるよりも高い音声認識
性能を得られます．

RNNのイメージを図11.11に示します．図11.11の上段は**単方向RNN**
（unidirectional RNN）と呼ばれるネットワーク構造を示しています．x_t,
h_t はそれぞれ時刻 t における入力層，中間層の各ノード値をベクトル表現した
ものです（例：$x_t = [x_{t,0}, x_{t,1}, \dots]^T$ $(0, 1, \dots$ はノード番号)）．単方向RNN
では中間層の計算において，入力層に加えて1時刻前の中間層の出力も入力さ
れます．この構造により，過去の中間層の値が未来の中間層へと伝播していき
ます．図11.11の下段は**双方向RNN**（bidirectional RNN）と呼ばれるネット
ワーク構造で，過去から未来へ値を伝播させる中間層 h_t^{fw} に加えて，未来から
過去へ値を伝播させる中間層 h_t^{bw} をもっています．各中間層の出力は結合し
たうえで次の層へ伝播します．双方向RNNは過去の情報だけでなく未来の情

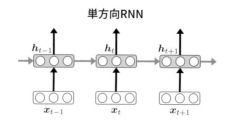

単方向RNN

双方向RNN

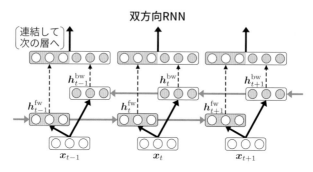

連結して
次の層へ

図11.11 ■ 単方向RNNと双方向RNN

報も考慮するため，単方向RNNよりも詳細な時間的依存関係をモデル化でき
ます．

図11.12に単方向RNNの構造を詳しく示します．RNNの中間層は次のよ
うに計算されます．

$$h_t = \mathbf{f}(\boldsymbol{W}_x \boldsymbol{x}_t + \boldsymbol{W}_h \boldsymbol{h}_{t-1} + \boldsymbol{b}) \tag{11.9}$$

$\boldsymbol{W}_x$と$\boldsymbol{W}_h$はそれぞれ$\boldsymbol{x}_t, \boldsymbol{h}_{t-1}$に掛けられる重み行列です．$\boldsymbol{b}$はバイアス，$\mathbf{f}(\cdot)$
は活性化関数です．活性化関数は一般にtanh関数が用いられます．$\boldsymbol{W}_h \boldsymbol{h}_{t-1}$
がなければ，この式は単なる全結合層となります．全結合層を誤差逆伝播法で
学習する際は，出力層から入力層へ，つまり順伝播と逆向きに勾配を伝播さ
せていきました．RNNの場合は時間方向の伝播が加わっているため，誤差逆
伝播法を行う際は，出力層から入力層への伝播に加えて，最後の時刻から最
初の時刻へ向かっても勾配を伝播させていきます．これをBackpropagation
through time（BPTT）といいます．

　誤差逆伝播法でニューラルネットワークを学習する際，各層で計算された勾
配が累乗していく形で入力層へ逆伝播されます．RNNをBPTTを用いて学習

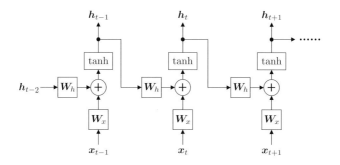

図 11.12 ■ 単方向 RNN の詳細

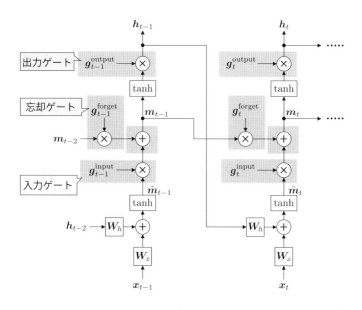

図 11.13 ■ Long short-term memory

する際は時間方向にも勾配を累乗して逆伝播するため，フレーム数が多くかつ勾配が 1 より小さい場合は，累乗された勾配がどんどん小さくなってしまう勾配消失の問題が発生し，うまく学習することが困難になります．この問題に対して，RNN を改良した **Long short-term memory**（LSTM）[77] と呼ばれるニューラルネットワークが提案されています．

図 11.13 に LSTM の構造を示します．LSTM ではメモリセルというものを

導入し，中間層 $\boldsymbol{h}_t$ だけでなくメモリセルの値 $\boldsymbol{m}_t$ も次の時刻へ伝播するように RNN を拡張しています．従来の RNN における勾配消失問題の原因は，時間方向に逆伝播する勾配が 1 より小さくなることでした．そこで LSTM はメモリセルの時間方向の伝播を次のように定義しています．

$$\boldsymbol{m}_t = \boldsymbol{g}_t^{\text{forget}} \odot \boldsymbol{m}_{t-1} + \boldsymbol{g}_t^{\text{input}} \odot \tilde{\boldsymbol{m}}_t \tag{11.10}$$

$\odot$ はベクトルの要素ごとの積（アダマール積）です．$\tilde{\boldsymbol{m}}_t$ は従来の RNN における中間層に相当する項です[*2]．

$$\tilde{\boldsymbol{m}}_t = \tanh(\boldsymbol{W}_x \boldsymbol{x}_t + \boldsymbol{W}_h \boldsymbol{h}_{t-1} + \boldsymbol{b}) \tag{11.11}$$

メモリセルの値に対してさらに次の計算を行ったものが，LSTM における最終的な中間層の値となります．

$$\boldsymbol{h}_t = \boldsymbol{g}_t^{\text{output}} \odot \tanh(\boldsymbol{m}_t) \tag{11.12}$$

式 (11.10) について一旦 $\boldsymbol{g}_t^{\text{forget}}$ と $\boldsymbol{g}_t^{\text{input}}$ を無視し，$\boldsymbol{m}_t = \boldsymbol{m}_{t-1} + \tilde{\boldsymbol{m}}_t$ に注目すると，この式の $\boldsymbol{m}_{t-1}$ に対する勾配は常に 1 となるため，メモリセルに対する勾配消失が起こらなくなります．しかしこの更新式では構造が単純すぎるため，$\boldsymbol{g}_t^{\text{input}}$，$\boldsymbol{g}_t^{\text{forget}}$，$\boldsymbol{g}_t^{\text{output}}$ といったパラメータを導入します．$\boldsymbol{g}_t^{\text{input}}$ は**入力ゲート**と呼ばれ，現在の時刻の入力を使ってメモリセルの値を更新する（ゲートの値 = 1）か否（ゲートの値 = 0）かを判断します．これにより，メモリセルは重要な時刻の情報に絞って記憶をすることができます．$\boldsymbol{g}_t^{\text{forget}}$ は**忘却ゲート**と呼ばれ，ゲートの値が 0 になると，ここまで記憶していたメモリセルの値がリセットされます．これにより，入力系列が急に変化したときでも柔軟に対応することができます．$\boldsymbol{g}_t^{\text{output}}$ は**出力ゲート**と呼ばれ，記憶しているメモリセルの値を出力する（= 以降の層の計算に用いる）か否かを判断します．これにより，記憶している内容を必要なタイミングで使用することができます．これらのゲートは，現在の入力や 1 時刻前の中間層の値をもとに計算され，シグモイド関数[*3]によって 0～1 の値で表現されます．

[*2]　$\tanh()$ は，$\tanh(x) = \dfrac{\exp(x) - \exp(-x)}{\exp(x) + \exp(-x)}$ で定義されています．式 (11.11) と式 (11.12) ではベクトル値が $\tanh()$ の入力になっていますが，この場合はベクトルの要素ごとに独立に $\tanh()$ を計算しています．

[*3]　シグモイド関数については，p.116 の式 (6.14) を参照．

$$g_t^{\text{input}} = \text{Sigmoid}\,(\boldsymbol{W}_x^{\text{input}}\boldsymbol{x}_t + \boldsymbol{W}_h^{\text{input}}\boldsymbol{h}_{t-1} + \boldsymbol{b}^{\text{input}}) \qquad (11.13)$$

$$g_t^{\text{forget}} = \text{Sigmoid}\,(\boldsymbol{W}_x^{\text{forget}}\boldsymbol{x}_t + \boldsymbol{W}_h^{\text{forget}}\boldsymbol{h}_{t-1} + \boldsymbol{b}^{\text{forget}}) \qquad (11.14)$$

$$g_t^{\text{output}} = \text{Sigmoid}\,(\boldsymbol{W}_x^{\text{output}}\boldsymbol{x}_t + \boldsymbol{W}_h^{\text{output}}\boldsymbol{h}_{t-1} + \boldsymbol{b}^{\text{output}}) \qquad (11.15)$$

LSTMはリカレントニューラルネットワークの一種としてさまざまな時系列データのモデリングに使用されます．LSTMのほかには，LSTMよりも構造をシンプルにしたGated Recurrent Unit[78]なども提案されています．また，RNNを用いずに時系列データの時間依存関係をモデル化するTransformer[79]といったモデルも提案されており，主に音声処理や自然言語処理の研究においてはホットトピックとなっています．

問11.2（単方向RNNと双方向RNN）

音声認識において，単方向RNNと双方向RNNについてそれぞれ考えられる長所と短所について考察しなさい．

●さらなる学習のために●

本章では時系列データ解析の基本的な理論，音声を例とした応用技術について解説しました．時系列データ解析については，本章で紹介したもの以外にもさまざまな理論があります．さらに詳しく勉強したい場合は北川[39]を読まれることをお勧めします．音声解析について，本章では音声から発話内容を推定する「音声認識」に関する理論を紹介しました．音声認識のほかには，複数の音が混ざった信号から聞きたい音のみを抽出する「音源分離」や，機械によって音声を作り出す「音声合成」といった技術もあります．これらの技術について興味のある方は，戸上[80]，高島[81]，山本・高道[82]を読まれることをお勧めします．

第 **12** 章

テキスト解析

コンピュータやインターネット上にあるテキストデータの収集・分析を行い，有用な情報や知識を取り出す一連の作業を，テキスト解析といいます．本章では，テキスト解析全体の流れと，それぞれの段階における代表的な手法について紹介します．

12.1 はじめに

12.1.1 テキストデータ

コンピュータの扱うテキストというと，Wordの文書やウェブページに書かれた文章などが思い付くかもしれませんが，これらには，文字のデータ以外に，フォントの種類，文字の大きさや色，字下げや中央揃えといった表現に関するデータも含まれます．このような文字以外のデータについても，分析することで有用な情報を取り出すことは可能ですが，本章では，文字のデータのみを分析を対象とします．この文字のみのデータをテキストデータといいます．

テキストデータには，SNSやメールのメッセージなどのように人間が書いたものもあれば，ログファイルやエラーメッセージのようにコンピュータが記録や通知のために自分で作成するものもあります．また，日本語や英語のように自然言語で書かれたものもあれば，コンピュータのプログラムのように人工的な言語で書かれたものもあります．本章では，主に，人間が書いた自然言語のテキストデータを対象とします．

12.1.2 テキストデータの特徴

自然言語で書かれたテキストデータには次のような特徴があります．

- 文字という同質の要素が1列に並んだデータである．（系列データ）
- データの長さは不定である．（不定長）
- データに含まれる要素の配置は文法による制約を受ける．
- 文法の制約を受けるわりに，要素間の係受けの関係は曖昧である．

つまり，テキストデータは，表にきっちりと収まったデータとはその性質が大きく異なります．また，今日のコンピュータは数値演算を得意としている一方，テキストデータを構成する最小単位である「文字」の扱いは苦手としています．したがって，テキストデータの解析には，実際に分析を行う前に，多くの前処理が必要となります．

12.1.3 テキスト解析の手順

一般に，**テキスト解析**の手順は，次に示す6つのステップからなります．

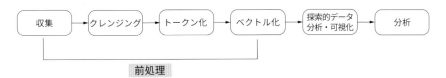

図 12.1 ■ テキスト解析の6ステップ

それぞれのステップでは次のような処理を行います．

■（1）テキストデータの収集

分析対象となるテキストデータを収集します．最近ではウェブサイトや SNS，電子メールなど，インターネット上のテキストデータを収集することが多いですが，アンケートやインタビューなどを実施する場合もあります．

■（2）クレンジング

収集したテキストデータに対して，不要なデータの除去や破損・欠損したデータの処置を行い，「きれいな」テキストデータにします．

■（3）トークン化

テキストデータをトークンに分割し，それぞれに品詞情報などのタグ付けを行います．また，必要に応じて，変化している語の原型への復元や，「それ」や「彼」などの代名詞が指す名詞との置換，チャンキングなどの処理を行います．

■（4）ベクトル化

テキストデータを分析に適した形式に変換します．コンピュータで文字を直接扱うのは困難なため，多くの場合は，単語や文書を数値ベクトルに変換します．

■（5）探索的データ分析・可視化

本格的な分析に先立って，その性質を把握するために，探索的データ分析と

いう分析を施します．テキストデータ全体の様子を確認するために，可視化を行う場合もあります．

■（6） テキスト分析

取り出したい情報や知識の種類，つまり目的によって，適切な手順や手法を選択し，分析を行います．テキスト分析の代表的な目的としては，テキスト分類や機械翻訳を含むテキスト変換などが挙げられるでしょう．

このうち，「（1） テキストデータの収集」から「（4） ベクトル化」までが分析の準備，つまり，**前処理**となります．この前処理のことを，**データラングリング**（data wrangling）と呼ぶこともあります．データラングリングは，直訳すると「データを飼い慣らす」という意味ですが，データサイエンスの分野では，収集してきたデータを分析しやすいように変形することをいいます．

一般に，テキスト解析における作業の多くは，実際の解析よりも，前処理に費やされます．一説にはテキスト解析の80％を占めるともいわれます．

以下では，テキスト解析の手順に従って，代表的な手法とその目的について解説します．

12.2 テキストデータの収集

テキスト解析における最初の手順は，テキストデータの収集です．テキストデータの収集にはさまざまな手法があります．**コーパス**（corpus）というある基準のもとで収集されたテキストデータを利用する場合や，OCRを用いて書籍などをテキストデータ化する場合もあれば，**API**（Application Program Interface）を利用して，ブログなどのインターネット上のサービスから得られるテキストデータを利用する場合もあります．

中でも，最も広く利用されている手法が**スクレイピング**（scraping）です．人間が閲覧するための文書やWebサイトなどから，コンピュータで分析するためのデータを抽出することをデータスクレイピングまたは単にスクレイピングといいます．広義では，手動でデータを抽出することもスクレイピングに

含まれますが，一般的には，コンピュータのプログラムを利用して，自動的に
データを抽出することをいいます．特にウェブサイトからのデータ収集を**ウェ
ブスクレイピング**（Web scraping）といいます．

問 12.1（コーパス）

　インターネット上にどのようなコーパスがあり，それぞれどのような特徴
があるのか調べなさい．

12.3　テキストクレンジング

　データクレンジングまたは単に**クレンジング**（cleansing）の主要な目的は，
不要なデータの除去や，破損・欠損データの特定と修復です．テキストデータ
の場合も同様ですが，テキストデータ特有の処理を必要とすることも多いた
め，特に**テキストクレンジング**（text cleansing）ということもあります．

　テキストクレンジングで大きな作業は**表記ゆれ**（spelling variants）の統一
です．表記ゆれとは，分析対象のテキストデータ全体の中で，同一の言葉が異
なって表記されることをいいます．日本語では，異体字，漢字と仮名，半角と
全角など多くの要因で表記ゆれが生じますが，英語などでも，大文字と小文字
や省略などによって表記ゆれが生じます．意味が全く同一であっても，表記が
異なる単語は，異なるデータとして扱われるため，分析結果に影響します．こ
れを避けるため，分析に先立って，表記の異なる語の表記を統一します．

　また，分析の対象としないデータをテキストデータから削除する作業もテキ
ストクレンジングに含まれます．分析の対象としないデータは，分析の目的に
よっても変わりますが，句読点や記号，URL，HTML 文書に含まれる HTML
タグ，ルビや注釈などの本文以外のテキストデータなどがあります．

　なお，テキストデータには，個人情報や企業秘密などの機密情報が含まれる
場合がありますが，クレンジングの中でも，こういった機密情報を取り除く作
業を特に**サニタイズ**（data sanitization）と呼ぶ場合もあります．

12.4 トークン化

12.4.1 トークン化とは

トークン化 (tokenization) とは，テキストデータをトークンという小さな構成要素に分割することです．意味のあるトークンの最小単位は**形態素** (morpheme) というもので，一般的に単語という自立語以外に「お餅」の「お」のような接頭辞なども含まれます．トークンに分けることにより，テキストデータのさまざまな特徴量を計算できます．

欧米の言語のように，単語が空白で区切られている言語では，トークン化は比較的容易ですが，日本語や中国語のように，単語が空白で区切られていない言語では，**n-gram** や**形態素解析**などの手法を用いてトークン化を行います．

12.4.2 N-gram

N-gram は一定の文字数単位でテキストデータを機械的に分割する手法です．機械的に分割するので，言語に依存しない点，単語を判定するための辞書や解析ソフトウェアなどが必要ない点などの利点があります．

分割する文字数に制限はありませんが，よく利用される1文字単位，2文字単位，3文字単位の分割を，それぞれ，ユニグラム，バイグラム，トリグラムともいいます．例えば，次のようなテキストデータがあったとしましょう．

> 神戸は良い天気です．

これを分割すると次のようにトークンを得ることができます．ここではトークンの区切りをスラッシュ（/）で表現しています．

1文字単位で分割（ユニグラム）

> 神 / 戸 / は / 良 / い / 天 / 気 / で / す / ．

2文字単位で分割（バイグラム）

> 神戸 / 戸は / は良 / 良い / い天 / 天気 / 気で / です / す．

3文字単位で分割（トリグラム）

> 神戸は / 戸は良 / は良い / 良い天 / い天気 / 天気で / 気です / です．

12.4.3　形態素解析

　形態素解析では，対象言語における単語の辞書と文法的な知識を用いて，テキストデータを形態素を単位としてトークン化します．言語に応じて，形態素解析を実施するためのさまざまなツールが公開されており，多くの場合はそれらを利用します．

　また，形態素解析ツールは，テキストデータを形態素に分割するだけではなく，次のような機能を備えています．

- 品詞情報のタグ付け（tagging）
- 原形への復元（lemmatisation）

日本語向けの形態素解析ツールでは，読みを取得することもできます．

　例えば，MeCab[*1] を用いて形態素解析を行うと，次のように，品詞や原形，読みなどが得られます．

```
神戸   名詞,固有名詞,地域,一般,*,*,神戸,コウベ,コーベ
は     助詞,係助詞,*,*,*,*,は,ハ,ワ
良い   形容詞,自立,*,*,形容詞・アウオ段,基本形,良い,ヨイ,ヨイ
天気   名詞,一般,*,*,*,*,天気,テンキ,テンキ
です   助動詞,*,*,*,特殊・デス,基本形,です,デス,デス
.      記号,句点,*,*,*,*,.,.,.
EOS
```

---

*1　https://taku910.github.io/mecab/

12.4.4 その他の処理

トークン化の際に，以下のような処理を同時に行う場合もあります．これらの処理により，テキストデータの構造が明確になり，多くの正確な情報を得ることが期待できます．

■（1）照応解析

照応解析（reference resolution）では，代名詞や指示詞が指し示す先行詞を推定し，代名詞や指示詞を置き換えるという処理を行います．例えば，次のようなテキストデータでは，「彼」という代名詞を「ピーター」という先行詞で置き換えます．

> ピーターが歩いてくる．彼はとても背が高い．

日本語は主語や指示代名詞などが省略される場合があります．これらは**ゼロ代名詞**といいますが，これを推定して補う処理も照応解析に含まれます．

■（2）固有表現認識

固有表現認識（Named Entry Recognition; NER）は，人名や地名などの固有名詞，数値表現，数量などを抽出する処理です．そのために固有名詞の辞書と，人名と地名などを識別するための文法的な知識が利用されます．固有表現の分類には，MUC[*2]が用いる7種類またはIREX[*3]が用いる8種類がしばしば利用されています．

■（3）依存構造解析とチャンキング

依存構造解析（dependency parsing）は，単語や文節，句などの間の依存関係，すなわち係り受けを解析する処理です．これにより修飾‒被修飾の関係を明確にすることができます．また，依存構造解析を行い，関連する単語を「句」

[*2] Message Understanding Conference:
(https://en.wikipedia.org/wiki/Message_Understanding_Conference)

[*3] Information Retrieval and Extraction Exercise:
(https://nlp.cs.nyu.edu/irex/index-j.html)

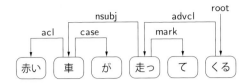

図 12.2 ■ GiNZA による依存構造解析の例

や「節」にまとめる処理を**チャンキング**（chunking）といいます.

　例えば，日本語を対象とした自然言語処理ライブラリ GiNZA[*4]を用いると，図 12.2に示すように依存構造を得ることができます. なお，この結果は GiNZA による出力結果のうち，依存構造に関するものを図示したものです.

問 12.2 （形態素解析のプログラム）

　形態素解析を行うツール（プログラム）としてどのようなものがあるか調べなさい. その際，そのツールが日本語や英語などどのような言語に対応しているか，また，形態素解析以外の機能を備えているかについても調べなさい.

12.5　ベクトル化

12.5.1　ベクトル化の必要性

　テキストデータを構成する文字や単語の単位では，例えば「斉」に対して「斎」と「際」のどちらの文字が近いのか，また，「お父さん」に対して「父」と「お母さん」のどちらの単語が近いのか，といった文字や単語の間の距離の表現はとても困難です. そこで，テキストデータを数値の列，つまり，ベクトル表現に変換するという試みが行われています. テキストデータまたはそれを構成するトークンをベクトル化することができれば，その近さの計算が可能となります. 以下では，テキストデータ及びトークンのベクトル化の手法について紹介します.

[*4]　https://megagonlabs.github.io/ginza

12.5.2　One-hotベクトル表現

One-hotベクトル表現（one-hot）では，1つだけが「1」で残りが「0」となるようなベクトル（数列）でトークンを表現します．このとき，ベクトルの各要素をトークンに対応させ，表現したいトークンに対応する要素のみを「1」とします．図12.3にone-hotベクトル表現の例を示します．

　この表現方法では，ベクトルの類似性とトークンの類似性には関係がない点が問題となります．また，トークン数がベクトルを構成する要素数となるため，一般的に，ベクトル長が非常に大きくなってしまいます．しかし，非常に簡単に用いることができるため，その他の表現に変換する前段階として，しばしば，one-hotベクトル表現が利用されます．

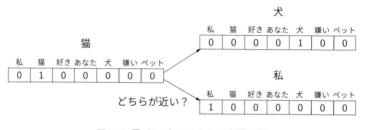

図12.3 ■ One-hotベクトル表現の例

12.5.3　文書単位のベクトル化

■（1）特徴量に基づくベクトル化

　テキストデータをベクトル化する際に最も基本的な手法は，特徴量とその統計量を利用することです．特徴量にはさまざまなものがありますが，次のようなものがしばしば利用されます．

- 文の数や長さ
- 特定の単語や品詞の頻度
- 係受け距離

これらの最大値や最小値，平均，分散などの統計量によってテキストデータをベクトル化します．**表12.1**に特徴量に基づくベクトルの例を示します．

表 12.1 ■ 特徴量ベクトルの計算例

文書	文の数	トークン数	名詞率	接続詞率	係り受け距離 最大	平均
坊ちゃん	100	985	0.298	0.003	24	2.276
吾輩は猫である	100	808	0.261	0.007	29	2.331
羅生門	100	1300	0.279	0.015	66	3.037
蜘蛛の糸	100	1432	0.251	0.013	55	3.068
細雪	72	927	0.319	0.004	53	2.623
卍	103	2942	0.282	0.009	124	3.227

■（2）BoW モデル

BoW モデル（Bag-of-Words model）では，ベクトルの各要素をトークンに対応させ，テキストデータに含まれる個数，つまり**トークンの出現回数**をその要素の値とします．図 12.4 にその例を示します．

この表現方法では，次のような問題点があります．まず，文書中に現れるトークン数のみを利用するため，利用しているトークンが同じであれば，異なる文書が同じベクトル表現になってしまいます．また，テキストデータ全体に含まれるトークン数がベクトル長となるので，一般的に，ベクトル長が非常に大きくなります．それでも，出現する可能性のある全てのトークンを含めることはできません．例えば図 12.4 の BoW モデルには「彼」というトークンは含まれていないため，「彼は猫が好きです．」という文を含む新たな文書を表現できません．

■（3）TF-IDF

TF-IDF（term fequency - inverse document frequency）はトークンの出現頻度に基づいた，テキストデータのベクトル化手法です．BoW モデルでは，

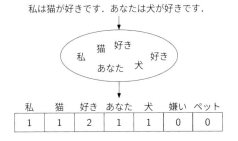

図 12.4 ■ BoW モデルの例

トークンの出現回数をベクトルの各要素としていましたが，TF-IDFでは，出現頻度に基づいたトークンの重要度をベクトルの要素とします．

いま，文書群 D に含まれる文書 d におけるトークン t の重要度を $\text{TF-IDF}(D, d, t)$ とすると，これは次のように求められます．

$$\text{TF-IDF}(D, d, t) = \text{TF}(d, t) \times \text{IDF}(D, t) \tag{12.1}$$

ここで $\text{TF}(d, t)$ は文書 d におけるトークン t の出現頻度，$\text{IDF}(D, t)$ は文書群 D においてトークン t を含む文書の頻度の逆数を意味し，多くの場合，それぞれ次のように定義されます．

$$\text{TF}(d, t) = \frac{\text{文書 } d \text{ に含まれるトークン } t \text{ の数}}{\text{文書 } d\text{に含まれるトークンの総数}} \tag{12.2}$$

$$\text{IDF}(D, t) = \log\left(\frac{\text{文書群 }D\text{ に含まれる文書数}}{\text{文書群 } D \text{ 内でトークン } t \text{ を含む文書数}}\right) \tag{12.3}$$

なお，文書群が小さい場合の分母の影響を緩和するために $\text{IDF}(D, t)$ は log スケールとなっています．計算手順をアルゴリズム 12.1 に示します．

以上より，文書群全体で出現頻度が低く，特定の文書における出現頻度が高いトークンは，その文書を特徴付けるトークンであると考えられ，重要度が高くなります．一方，文書全体における出現頻度が高いトークンは，どの文書にもよく現れ，特定の文書を特徴付けるトークンとは考えられないので，重要度は低くなります．

図 12.5 に，いくつかの文学小説の最初の 50 文に対する BoW と TF-IDF を示します．これを見ると，必ずしも出現回数の多いトークンの重要度が高いわけではないことがわかります．

例題 12.1 ■ TF-IDF による文書のベクトル化

次のような文書群があるとしよう．このとき，**文1**の TF-IDF ベクトルを求めなさい．

文1. 今日 / は / 天気 / は / 良い
文2. 今日 / は / 晴れ

まず，各文書におけるトークンの出現回数を数えます．

アルゴリズム 12.1　■　TF-IDF

Input: トークンの配列 T と文書の配列 D
Output: TF-IDF の収められた2次元配列
1: $N_T = |T|$　（異なるトークンの数（トークンの種類））
2: $N_D = |D|$　（文書群 D に含まれる文書数）
3: **for** $i = 0$ to $N_T - 1$ **do**
4:　　$\mathrm{df} = 0$
5:　　**for** $j = 0$ to $N_D - 1$ **do**
6:　　　**if** $T[i] \in D[j]$ **then**
7:　　　　$\mathrm{df} = \mathrm{df} + 1$
8:　　　**end if**
9:　　**end for**
10:　　$\mathrm{idf} = \log(N_D/\mathrm{df})$
11:　　**for** $j = 0$ to $N_D - 1$ **do**
12:　　　$c = $ 文書 $D[j]$ に含まれるトークン $T[i]$ の数
13:　　　$N_d = |D[j]|$　（文書 $D[j]$ に含まれるトークン総数）
14:　　　$\mathrm{df} = c/N_d$
15:　　　$\mathrm{tfidf}[j][i] = \mathrm{df} \times \mathrm{idf}$
16:　　**end for**
17: **end for**
18: **return** tfidf　（$\mathrm{tfidf}[i]$ が文書 $D[i]$ の TF-IDF ベクトル）

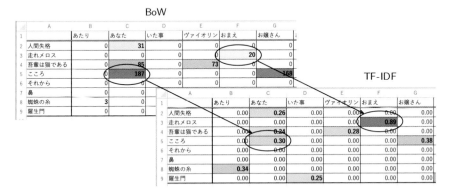

出現回数の多いトークンの重要度が高いわけではない.

図 12.5　■　TF-IDF の例

	天気	今日	は	良い	晴れ	計
文1	1	1	2	1	0	5
文2	0	1	1	0	1	3
計	1	2	3	1	1	

続いて，式 (12.1), (12.2), (12.3) より，文1における「天気」というトークンの TF-IDF(文書群, 文1,"天気")を求めます．対数の底を10とすれば

$$\text{TF}(\text{文}1, \text{"天気"}) = \frac{1}{5} = 0.2 \tag{12.4}$$

$$\text{IDF}(\text{文書群}, \text{"天気"}) = \log_{10}\left(\frac{2}{1}\right) = 0.3 \tag{12.5}$$

$$\text{TF-IDF}(\text{文書群}, \text{文}1, \text{"天気"}) = 0.2 \times 0.3 = 0.06 \tag{12.6}$$

他のトークンについても同様に計算することで，各トークンの TF-IDF(D, d, t) を求めます．

	天気	今日	は	良い	晴れ
文1	0.06	0	0	0.06	0

これより，文1および文2のTF-IDFベクトルは次のようになります．

$$\text{文}1\text{のTF-IDFベクトル} = (0.06, 0, 0, 0.06, 0) \tag{12.7}$$

問12.3 （TF-IDFによる文書のベクトル化）

例題12.1における**文2**のTF-IDFベクトルを求めなさい．

■ （4）潜在トピックモデル

潜在トピックモデルまたは単に**トピックモデル**（topic model）は，各文書には隠れたトピックがあり，同一トピックに属する文書では類似した単語の共起が発生するという仮定に基づいて，トークンの共起性を統計的にモデル化する手法です．**潜在的ディリクレ配分法**（Latent Dirichlet Allocation; LDA）[83] はその代表的なものです．

LDAを用いると，文書に対するトピックベクトルが得られます．トピックベクトルの各要素はトピックに対応しており，それぞれの値は，そのトピックに文書が属する確率を表します．各トピックは，トークンの共起性に基づいて自動的に生成されます．生成されたトピックが実際にどのようなものである

	トピック			
	0	1	2	3
人間失格	0	0	0	**0.997947**
走れメロス	0.018917	0	0	**0.980153**
吾輩は猫である	**0.586749**	0.387147	0.025708	0
こころ	0	**0.998862**	0	0
それから	0.34419	0	**0.653987**	0
鼻	**0.835128**	0	0.16332	0
蜘蛛の糸	**0.995196**	0	0	0
羅生門	0	0	**0.997276**	0

トピック0		トピック1		トピック2		トピック3	
云う	0.02944	先生	0.08803	云う	0.04093	言う	0.02504
先生	0.02155	いう	0.02501	主人	0.01289	無い	0.02201
いう	0.01467	主人	0.01116	先生	0.01276	たち	0.01211
主人	0.01345	云う	0.00898	弟子	0.00928	先生	0.01158
無い	0.01215	うち	0.00823	長い	0.00858	走る	0.01071

図 12.6　■　LDA の例

かは，トピックにおけるトークンの出現確率の分布から推測することができます．

　図 12.6 に LDA によるトピック推定の例を示します．ここではトピックは 4 つ生成されており，各文書がそれぞれのトピックに属する確率が示されています．例えば，「吾輩は猫である」はトピック 0 の確率が 0.59，トピック 1 が 0.39，トピック 2 が 0.03 となっており，トピック 0 が最も高い値となっています．図 12.6 下段には，各トピックにおいて出現確率の高い上位 5 つのトークンを確率とともに表示しています．それぞれのトピックでは「いう」というトークンに関する表現が異なるのが特徴的です．

12.5.4　表現学習

　深層学習などの機械学習による情報圧縮や特徴抽出を利用して，目的に適した中間表現を学習する手法を**表現学習**（feature learning）といいます．表現学習を単に「ベクトル化」と呼ぶのには異論があるかと思いますが，表現学習も，広く捉えれば，テキストデータを分析に適した数値列のデータに変換する手法であることから，ベクトル化の一つとして，ここでいくつか紹介したいと思います．

■（1）Word2vec

Word2vec[84]は，文脈が似た状態で利用される異なるトークンを，類似したベクトルで表現しようとするものです．トークンのベクトルは，3層ニューラルネットワークの内部に，学習によって獲得されます．

Word2vecには，ネットワークの構造とそれに伴う学習タスクの違いにより，Skip-gramとCBoW（Continuous Bag-of-Words）という2種類のモデルがあります．図12.7のように，Skip-gramの場合はベクトル化するトークン（図では「猫」）を入力として，その周辺のトークンを推定するように，CBoWの場合は周辺のトークンを入力として，ベクトル化するトークン（図では「犬」）を推定するように学習します．なお，いずれのモデルでも，入力と出力には，12.5.2項で紹介した，トークンの one-hot ベクトル表現を用います．

図12.8に Skip-gram で得られたベクトルを2次元に変換してプロットしています．この図よりわかるように，word2vecで得られたトークンベクトルには，トークン間の相対的な関係が保持されるという特徴があります．

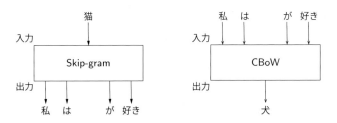

図12.7 ■ word2vec の2つのモデル

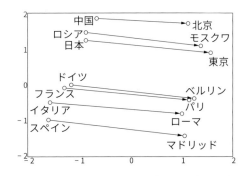

図12.8 ■ word2vecで得られたベクトルを2次元に写像した例（文献[86]より作成）

これを利用して，トークンベクトル間の演算を行うことで，テキストデータのみからでは得られないような情報や知識を得られる可能性があります．例えば図12.8のベクトルに対して，次のような演算を行うことで，フランスの首都を推測できます．

「フランス」 − 「日本」 ＋ 「東京」 ⟶ 「パリ」

■（2）BERT

BERT（Bidirectional Encoder Representations from Transformers）[85]は，Transformer[79]というニューラルネットワークモデルの符号化部分を用いた，自然言語処理のための事前学習モデルです（Transformerは12.7.3項で扱います）．2018年にGoogleの研究者らによって発表された比較的新しいモデルですが，自然言語理解のタスクで優秀な成績を収め，注目を浴びました．**深層学習**（deep learning）の代表的な手法の一つとして，現在，多くの自然言語処理において，BERTまたはその派生モデルが利用されています．

図12.9に示すように，BERTによる事前学習では，その一部のトークンを隠した2つの文を入力とし，それらが繋がった文であるかどうかを表すラベル（図中NSPとなっている部分）と，隠されたトークンを補った文を推測します．これは，テキストデータ中の欠損したトークンを推測するというword2vecと同様のタスクと，文の隣接関係を推測するというタスクの2種類を同時に学習するようなものです．これにより，文脈に依存した学習が可能となります．つまり，学習後のベクトルでは，同じトークンであっても文脈によってベクトル表現は異なります．

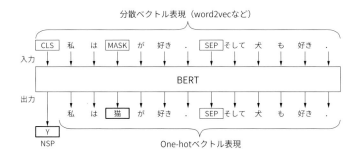

図12.9 ■ BERTによる事前学習

12.6 探索的データ分析

12.6.1 探索的データ分析とは

　本格的な分析に先立って，データの様子を把握するために行う予備的なデータ分析を**探索的データ分析**（Exploratory Data Analysis; EDA）といいます．ここではテキストデータのEDAに用いられる手法のうちいくつかについて紹介します．

12.6.2 ワードクラウド

　ワードクラウド（word cloud）はテキストデータにどのようなトークンが含まれるかを可視化したものです．図12.10のように，重要度や頻度に応じて，トークンの位置や大きさ，色を変更することで，どのようなトークンがよく利用されているかをわかりやすく表示します．

　画像や音声データなどには，データ名や収集場所，日付，カメラの機種など収集に利用した機材，その他関連するキーワードなど，付随する情報が付与されていることが少なくありません．このようなデータを**メタデータ**（metadata）といいます．このうち，テキストで付与されたキーワードのことを特に**タグ**（tag）といいます．タグに対してワードクラウドを作成することで，テキストデータ以外のデータについても，その様子を把握することが可能となります．タグに対して作成したワードクラウドは特に**タグクラウド**（tag cloud）といいます．

図12.10 ■ ワードクラウドの例（夏目漱石の「坊ちゃん」より作成）

12.6.3　主成分分析

5.2.1項で紹介した主成分分析（PCA）を，ベクトル化されたテキストデータに利用することで，文書やトークンのばらつきを可視化することができます．

図12.11にテキストデータから助詞，助動詞，副詞を抜き出し，これに対してTF-IDFを用いてベクトル化，その結果をPCAを用いて2次元に変換した例を示します．これにより，TF-IDFの観点から，テキストデータの類似性を把握できます．ここでは，必ずしも同じ著者の作品が近くに配置されていないことがわかります．

各主成分に対する，各変数の**主成分負荷量**（principal component loading）により，主成分の意味を検討することが可能となります．表12.2に，図12.11の各主成分における，主成分負荷量の高いトークンを5つ示しています．

第一主成分では，「ます」や「です」，「ござる」のように丁寧な文体に関するトークンの負荷量が高くなっており，一方，第二主成分では，「ねん」や「なあ」のように軽い調子の文体や「そう」や「ぐらい」のように伝聞や推測に関する文体の負荷量が高くなっています．

ここで，改めて図12.11を見ると，対象とした6つの小説は，第一主成分の値が大きいグループと第二主成分の値が大きいグループ，いずれも小さいグループというように，3つのグループにわかれており，それぞれの文体に特徴がありそうだということがわかります．

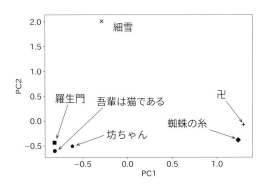

図12.11 ■ 小説のTF-IDFベクトルをPCAで低次元化してプロットした例

表12.2 ■ 図12.11における各主成分における主成分負荷量の高い5トークン

第一主成分			第二主成分	
トークン	負荷量		トークン	負荷量
ます	0.735		ねん	0.647
です	0.232		そう	0.341
ござる	0.167		なあ	0.294
けど	0.052		ぐらい	0.198
丁度	0.029		ので	0.133

12.6.4 共起ネットワーク

共起ネットワーク（co-occurrence network）は, **図12.12**に示すように, トークンを**ノード**（node）として, 文書中に同時に現れるトークンを**リンク**（link）で接続した図です. 目的によって, 1つの文の中に同時に現れるトークンのみを数える場合もあれば, 文書中に同時に現れるトークンを数える場合もあります. いずれにしても, トークンの共起関係を可視化することにより, さまざまな事物の間の関係を明らかにしようとするものです.

文書中ではさまざまなトークンが共起しますが, これらを全て接続して図示したのでは, 重要な共起関係が埋もれてしまう可能性があります. そこで, 共起の重要度を測る指標である**Jaccard係数**（Jaccard coefficient）を利用して, これがある一定以上の場合に接続します.

2つのトークンが文書中に共起する場合のJaccard係数は式(12.8)のように計算されます.

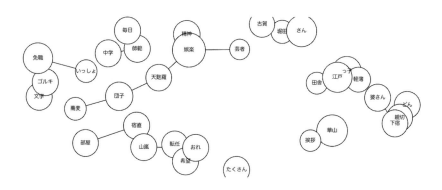

図12.12 ■ 共起ネットワークの例（夏目漱石の「坊ちゃん」より作成）

$$\text{Jaccard 係数} = \frac{2\text{つのトークンが同時に現れる文書数}}{2\text{つのトークンのどちらかが現れる文書数}} \tag{12.8}$$

問 12.4（共起ネットワーク）

次の文章の共起ネットワークを書いてみなさい．なお，Jaccard 係数は考慮しなくて結構です．

今日 / は / 天気 / が / 良い / ． / 明日 / の / 天気 / は / 悪い / ． / 天気 / の / 良い / 日 / に / 悪い / 人 / に / 会う / ．

12.7 テキスト分析

12.7.1 タスクの種類

テキスト分析の目的の代表的なものは**テキスト分類**と**テキスト変換**です．これらはテキストデータの分類や変換を行うモデルの獲得と同時に，その学習を通して，テキストデータから特徴抽出することを目的としています．以下では，これらのタスクに用いられる代表的な手法について紹介します．

12.7.2 テキスト分類

テキスト分類（text classification）は，テキストデータを，あらかじめ与えられたクラスに分類するタスクです．通常，テキスト分類は次の2つのサブタスクからなります．

- クラスが既知のデータを正しく分類出来るように，分類器を学習します．
- 学習済みの分類器を用いてクラスが未知のデータを分類します．

分類器の学習により，テキストデータの特徴が明らかとなり，分類器を用いることにより，実際の問題に対応することができます．

　―例えば，迷惑メールの識別というタスクを考えてみます．このとき，分類器の学習により，迷惑メールがどのような特徴を備えているか明らかにで

きます．この知見を利用して，迷惑メールの根本的な対策が可能になるかもしれません．学習済みの分類器の利用により，新たに受け取るメールのうち，迷惑メールを識別して取り除くことができます．

　本稿では区別していませんが，少し異なるタスクとして，特徴に応じてデータをグループ分けするタスクがあります．分類タスクとの大きな違いは，分類すべきクラスがあらかじめ与えられないことです．このように，分類すべきクラスが与えられていない状態でデータを分類するタスクは，分類と区別して，**クラスタリング**（clustering）ともいいます．

■（1）SVM

　シンプルなサポートベクターマシン（SVM）では，データ空間を2つに分割するための超平面を求めます．図12.13に示すように，データ空間が2次元の場合は，これを分割するための直線を引くことに相当します．いったん超平面が得られれば，この超平面のどちら側にあるかによって，新しいデータのクラス分類を行うことができます．

　SVMの特徴は，単にデータ空間を分割するのではなく，分割されたデータ空間との距離（これを**マージン**（margin）といいます）を最大化するような超平面を探索することにあります．これにより，未学習のデータに対しても，性能の低下を最小限に抑えられます．

　シンプルなSVMは超平面（2次元空間では直線に相当）で分割するため，2つのクラスが複雑に入り組んだデータを分割するのは難しそうに思えます．しかし，1992年に発明された，**カーネル関数**（kernel function）を用いてデータ

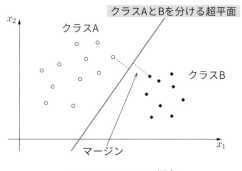

図12.13 ■ SVMの概念

空間を変形するというテクニックを用いることで，任意のデータ空間を直線で分割できます．これを**カーネルトリック**（kernel trick）といいます．

　テキストデータの場合は，ベクトル化されたデータに対して利用します．テキストデータへの適用事例としては，会話データに対してポジティブな感情をもって話しているかどうかの判定や，迷惑メールの判定などがあります．

■（2）決定木とランダムフォレスト

　シンプルな**決定木**（decision tree）は，ベクトルの次元ごとにデータを二分していき，最終的な領域がいずれのクラスに属するかを判定します．図 12.14(a) に決定木による 2 次元データ空間のクラス分類の様子を，図 12.14(b) にそのクラス分類を行う決定木を示しています．

　決定木の学習とは，データ空間のどの軸をどこで分割するかを順に決定していくことです．これは，データ空間を分割することにより，異なるクラスの混在が少なくなるように決定されます．クラスの混在を測る指標としては**ジニ不純度**（Gini's diversity index）や**エントロピー**（entropy）などが利用されます．

　学習後の決定木からは，データのどのような性質がクラス分類に有効であるか説明可能です．このように，機械学習の結果の透明性が高いことから，テキストデータの分類では決定木がしばしば利用されます．

　また，複数の決定木の多数決によって分類を行う**ランダムフォレスト**（random forest）も，決定木と同様の説明可能性の利点を残しながら性能が高いため，好んで利用されます．

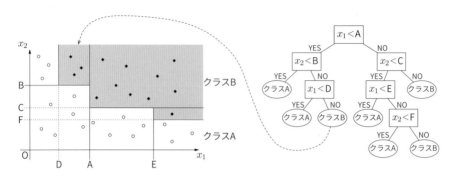

(a) 決定木によるクラス分類のイメージ　　　　(b) (a)のクラス分類を行う決定木

図 12.14 ■ 決定木の概念

問 12.5（決定木によるテキスト分類）

図の決定木は，葉にあたるノードに名前のある6名の作家の，いくつかの著作から，特徴量を抽出して作成したものです．この決定木を用いて，以下の3つの文書を分類してみなさい．

文書	文の数	トークン数	名詞率	接続詞率	係り受け距離 最大	係り受け距離 平均
坊ちゃん	100	985	0.298	0.003	24	2.276
細雪	72	927	0.319	0.004	53	2.623
酒中日記	99	1261	0.328	0.011	38	2.716

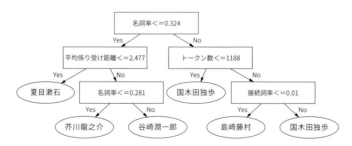

■（3）単純ベイズ分類器

単純ベイズ分類器（naive Bayes classifier）は，与えられた文書に対して，その文書が属するクラスについての条件付確率 $P(クラス|文書)$ を推測する**確率的クラス分類器**（probablistic classifier）の一種です．通常，文書は，

$P(クラス | 文書)$ が最大となるクラスに分類されます.

　ベイズの定理から,この条件付確率は式 (12.9) のように変形できます.

$$P(クラス | 文書) = \frac{P(文書 | クラス) \cdot P(クラス)}{P(文書)} \tag{12.9}$$

複数のクラスで,これを比較して最大となるクラスを求めます.このとき,分母の $P(文書)$ は等しいので,比較の際にはこれを無視できます.したがって,

$$P(クラス | 文書) \propto P(文書 | クラス) \cdot P(クラス) \tag{12.10}$$

となり,分子のみを考えればよいことになります.

　このうち $P(クラス)$ は,クラスが既知の文書から次のように計算できます.

$$P(クラス) = \frac{クラスに属する文書の数}{全文書の数} \tag{12.11}$$

　$P(文書 | クラス)$ は,文書を単語の集合とみなして,まず,次のように書き換えます.

$$P(文書 | クラス) = P(単語_1, 単語_2, \ldots, 単語_n | クラス) \tag{12.12}$$

さらに,実際にはあり得ないことですが,文書の中に現れる複数の単語の間には関係がない,すなわち,文書中における単語の発生確率は互いに独立であると仮定します.すると式 (12.12) は次のように書き換えることができます.

$$\begin{aligned} &P(文書 | クラス) \\ &= P(単語_1 | クラス) \cdot P(単語_2 | クラス) \cdots P(単語_n | クラス) \end{aligned} \tag{12.13}$$

ここで,$P(単語_i | クラス)$ は,クラスが既知の文書から次のように計算できます.

$$P(単語_i | クラス) = \frac{クラスに属する文書のうち単語_i が現れる文書数}{クラスに属する文書数} \tag{12.14}$$

　現実的には,クラスが既知の文書数が,確率を計算するのに不十分な場合もあり,その場合は,$P(クラス)$ や $P(単語_i | クラス)$ の確率分布を仮定して,パラメータを推定します.

例題12.2 ■ 単純ベイズ分類器による分類

　「ビットコイン」，「アカウント」，「重要」というトークンが含まれた
メールを受信したとしましょう．このメールが「通常メール」か「迷惑
メール」か判定しなさい．

　なお，これまでに受信したメールにおける，通常メールと迷惑メールの
割合は8：2とします．つまり，受信メールのおおよそ20％が迷惑メール
でした．また，それぞれのメールには，下表のようにトークンが含まれて
いるとします．

トークン	トークンの出現率	
	通常メール	迷惑メール
ビットコイン	0.1	0.8
アカウント	0.2	0.7
重要	0.5	0.3

式 (12.10) と式 (12.13) より，それぞれの確率を次のように計算します．

$P(通常 | メール)$

$$\propto P(ビットコイン | 通常) \cdot P(アカウント | 通常) \cdot P(重要 | 通常) \cdot P(通常)$$
$$= 0.1 \times 0.2 \times 0.5 \times 0.8 = \underline{0.0016} \tag{12.15}$$

$P(迷惑 | メール)$

$$\propto P(ビットコイン | 迷惑) \cdot P(アカウント | 迷惑) \cdot P(重要 | 迷惑) \cdot P(迷惑)$$
$$= 0.8 \times 0.7 \times 0.3 \times 0.2 = \underline{0.0336} \tag{12.16}$$

以上より，受信したメールは「迷惑メール」と推測されます．

■ (4) BERT

　12.5.4項（2）で紹介したBERT[85]を，**追加学習**（fine tuning）することで
テキスト分類に利用します．その際は，図12.15に示すように，事前学習した
BERTに対して，NSP 部分にクラスを出力するように追加学習を行います．

　BERTは内部にTransformerというニューラルネットワークモデルの符号

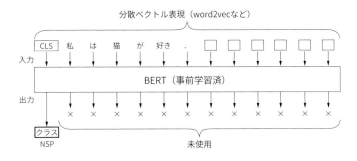

図 12.15 ■ BERT によるテキスト分類

化部分を用いています．Transformer は**アテンション**（attention）という機構を備えており，タスクを学習する際，入力されたテキストデータのどの部分に注目して出力を生成したか分析が可能です．

12.7.3　テキストの変換・翻訳

テキスト変換には，ある言語で記述されたテキストデータを他の言語に変換する，いわゆる**機械翻訳**（machine translation）以外に，難解な文章を平易な文に変換する**平易化**（simplification）や，入力された文書の要約の作成などが含まれます．

■（1）Seq2seq

Seq2seq（sequence-to-sequence）は，11.2.4 項で紹介した**リカレントニューラルネットワーク**（Recurrent Neural Network; RNN）をテキストの変換に利用しようというものです．

RNN は図 12.16(a) のように再帰的な結合をもったニューラルネットワークです．これを時間方向に展開したイメージは図 12.16(b) のようになります．この図に示すように，再帰的な結合により，一時刻前の入力を中間層に戻すことで系列データを扱います．Seq2seq では，この性質を利用して，図 12.17 に示すようにテキストデータの変換を学習します．

■（2）Transformer

Transformer[79] は 2017 年に発表された比較的新しいニューラルネットワークモデルです．再帰結合をもたないにもかかわらず，機械翻訳や要約では，

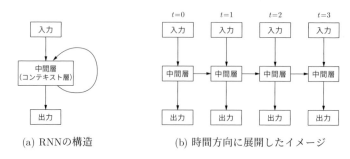

(a) RNNの構造 　　　　　　(b) 時間方向に展開したイメージ

図12.16 ■ リカレントニューラルネットワーク

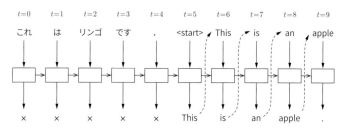

図12.17 ■ RNNを利用した機械翻訳の例（seq2seq）

seq2seqなどと同等以上の性能を示します．再帰結合をもたないということは，データを順に入力する必要がないために高度な並列化が可能で，近年ではRNNよりも広く利用されるようになっています．

　図12.18に示すように，Transformerは大きく，エンコーダとデコーダから構成されます．なお，この図ではエンコーダとデコーダを1つずつ描いていますが，論文で発表されたモデルは，それぞれ6つずつ使用しています．

　ここで，アテンションは，基本的には2つの入力間の関連を推定するネットワークです．セルフアテンションは入力を1つだけ受け取り，その入力どうしの関連を推定します．これにより，入力されたテキストデータ内における，トークン間の関連を推定します．

　アルゴリズム12.2に示すように，各トークンを生成する際，seq2seqは直前の情報しか利用しないのに対して，Transformerでは全ての入力を利用している点が大きく異なります．

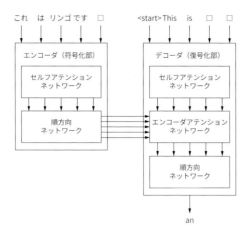

これ は リンゴ です □　　　<start> This is □ □

図 12.18 ■ Transformer の構造

アルゴリズム 12.2 ■ テキスト変換

Input: 元の文章（トークンの配列）S
Output: 変換された文章（トークンの配列）

(a) Seq2seq

1: x を初期化
2: **for** $i = 0$ **to** $|S| - 1$ **do**
3: 　　$x = \mathrm{inp2hid}(S[i], x)$
4: **end for**
5: $i = 0$
6: $W[i] = $ '<start>'
7: **while** $W[i]$!= '<end>' **do**
8: 　　$x = \mathrm{inp2hid}(W[i], x)$
9: 　　$W[i+1] = \mathrm{hid2out}(x)$
10: 　　$i = i + 1$
11: **end while**
12: **return** W

(b) Transformer

1: $i = 0$
2: $W[i] = $ '<start>'
3: **while** $W[i]$!= '<end>' **do**
4: 　　$X = \mathrm{encode}(S)$
5: 　　$W[i+1] = \mathrm{decode}(X, W)$
6: **end while**
7: **return** W

■ **（3） 機械翻訳の自動評価**

　テキストの変換，特に機械翻訳の質を評価するための自動評価方法が幾つか提案されていますが，**BLEU**[88] は，その中でも最も広く利用されている自動評価指標です．

BLEUでは，12.4.2項で紹介したn-gramによるトークン化と，トークンの一致により，機械翻訳による出力（翻訳文）と，人手による翻訳文（正解文）を比較してBLEUスコアを計算します．BLEUスコアは機械的に出力される0〜1の間の数値を100倍して0〜100点で表します．100点に近いほど評価が高いことを表します．

BLEUは改良版も提案されており，中でもGoogle-BLEUというGoogleによる改良はしばしば参照されています．

●さらなる学習のために●

本章ではテキスト解析の手法について紹介しました．この分野は裾野が広く，全ての手法について言及はできませんでしたが，テキスト解析全体の手順について概要をつかめたのではないでしょうか．

手法については，現在よく利用されているものを紹介していますが，テキスト解析が注目されるにしたがって，さまざまな手法が提案されています．さまざまな手法の特徴を把握し，目的に合わせて適切に選択する必要があります．

現在，この分野では，第10章でも紹介している，深層学習による手法が広く利用されています．本章ではその詳細について紹介できませんでしたが，さらに勉強を進めたいと思われる読者には参考文献[91, 92]がまとまっていて参考になります．深層学習以外の手法については参考文献[89, 90]がまとまっています．さらに勉強を進めたいと思われる読者は一度手に取ってみることをお薦めします．

第 13 章

情報セキュリティ

　データが情報として価値をもつようになると，それは保護すべき対象となります．サイバーフィジカルシステムなどデータが活用されるシーンではネットワーク接続が前提となっていることもあり，データやデータから得られる情報を保護する情報セキュリティの考え方が必要不可欠となります．

　本章では，まずデータや情報を保護すべき資産と捉え，情報資産とリスクについて学びます．ネットワーク化された世界でのサイバー攻撃とデータや情報を所有する個人に迫ってくる標的型攻撃について概観し，各種の攻撃から情報資産を守る情報セキュリティの基本的な考え方となるアクセス制御について，その構成要素となる認証技術と保護技術の基本を学び，それらを組み合わせたアクセス制御システムについて理解します．あわせて，認証のための電子証明書と保護のための暗号の基本を学びます．そして，アクセス制御で達成したい機密性，完全性，可用性を学びます．

13.1 情報資産と情報セキュリティ

13.1.1　情報資産

　まず，皆さんの資産として想像しやすいと思われる，お金を例に考えます．ここでは，現金として持ち歩くお金ではなく，蓄えておくお金について考えましょう．お金を貯めておくために銀行口座があります．銀行口座は銀行が管理してくれる個人の金庫のようなものです．自身の銀行口座には，銀行の窓口に通帳を，またはATMに通帳やキャッシュカードを持参して，現金を入金します．入金された現金はそのまま金庫に保管されるわけではなく，いくら入金があったという取引事実が銀行のデータベースに記録されます．この記録により，ある人が銀行口座にいくらもっているか，ということがその銀行により保証されます．この記録は「データ」であり，データ（情報）が資産としての価値をもつということになります．このような誰かにとって価値のあるデータ（情報）を**情報資産**（information asset）と捉えます．

　情報セキュリティ（information security）の目標は情報資産を守ることです．情報資産には，例えば**表13.1**のようなものがあります．この中で「電子ファイル」は何らかの情報をデータとして保存している実体となります．すなわち，データは保護すべき情報資産の中に含まれることになります．

表13.1 ■ 情報資産の分類（例）

情報資産分類	対象の情報資産（例）
情報	電子ファイル，紙ほか
ソフトウェア	業務用ソフトウェア，事務用ソフトウェア， 開発ソフトウェア，システムツールほか
物理的資産	サーバ，ネットワーク機器，媒体，収容設備ほか
サービス	クラウドサービス，通信サービス，電気・空調サービスほか

13.1.2　情報資産とリスク

　13.1.1項の銀行の例において，何らかの事由で銀行口座のお金がなくなると，銀行口座のもち主は資産が減り，口座を管理する銀行は信用がなくなりま

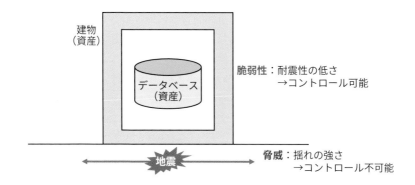

図13.1 ■ 情報資産と脅威・脆弱性

す．このような損害や影響を生じさせる可能性のことを，情報セキュリティにおける**リスク**（risk）といいます．

　口座情報を管理しているデータベースをもつ建物に地震のような自然災害が発生することを考えます（図13.1）．データベースが情報資産であり，データベースを保護するために耐震性の高い建物を用意します．もしも地震によりデータベースが壊れれば，建物の耐震性が足りなかったと考えられます．地震のような情報資産に対して害を及ぼす，または発生する可能性のある事象を，**脅威**（threat）といいます．そして，建物の強度が弱い状態を指して**脆弱性**（vulnerability）といいます．

　脆弱性がある情報資産を守る対策が弱い部分から脅威が侵入し，情報資産に被害が及ぶ可能性がリスクであり，リスクを低減するための方策が情報セキュリティです．

13.1.3　脅威

　13.1.2項の銀行口座のお金がなくなる例では自然災害が脅威でした．他にも，データベースをもっているコンピュータの部品が壊れたり，データベースをもっているコンピュータを修理あるいは日常業務をしている中で誤操作によりデータが消えることがあるかもしれません．さらに，コンピュータウイルスに感染してデータベースが破壊されるかもしれません．

　表13.2にまとめたように，リスクを引き起こす脅威は，自然災害などの環境的脅威と人が関与する人為的脅威に大別されます．人為的脅威は，操作ミス

などの偶発的脅威と不正侵入などの意図的脅威に分けられます．いずれにしても，脅威は保護すべき情報資産から見ると外部的な要因ということがわかります．このような情報資産を保護する側からすると制御できない脅威からリスクを顕在化させないように脆弱性を少なくする保護策を講じることが，情報セキュリティの基本的な考え方になります．

表13.2 ■ 情報セキュリティにおける脅威

脅威の種類		例
環境的脅威		災害（地震，洪水，台風，落雷，火事など）
人為的脅威	偶発的脅威	障害，人為的ミス（ヒューマンエラー）
	意図的脅威	攻撃（不正侵入，ウイルス等のマルウェア，改ざん，盗聴，なりすましなど）

■（1）サイバー攻撃

　電子データが保管されているシステム（個人使用のPCを含む）に第三者である攻撃者が何らかの手段で侵入し，データを盗み出したり，改ざん（書き換え）したりすることを**サイバー攻撃**（cyber attack）といいます．

　サイバー攻撃の目的はいろいろありますが，例えば次のものが挙げられます．

- 個人情報の搾取
- 企業情報の搾取
- 企業活動の妨害
- 自己顕示欲

社会のIT化が進み，企業・団体が大量の顧客情報を保有しているケースがどんどん増えています．企業は個人情報以外にも知的財産などの企業秘密をもっています．これらの情報を搾取し，お金に換えようとする犯罪者集団がいます．そのようなビジネスとして行う集団以外にも，自分で開発したマルウェアを使って自身の能力を誇示するような個人もいます．企業や個人がもつデータが価値をもつようになると，このような目的をもった攻撃の対象になります．

　本章で扱う範囲は主に上記のことを対象としますが，これ以外にも，政治的・社会的な主張が目的となる活動も企業活動の妨害につながることがあります．インターネットサービスの中には人どうしをつなげるソーシャルメディアをはじめとして，人・モノ・サービスをつなげるプラットフォームサービスが

あります．ソーシャルメディアを通じた意見の交換や主義・主張の発信が容易になった一方で，他者の不利益になる意見や企業活動を妨害するなどの行為も見受けられるようになりました．プラットフォーム上での評判，うわさ，フェイクニュースなどの影響が無視できない社会において，どのように企業・団体の価値を損ねないように活動するかということも課題となってきています．

問 13.1（サイバー攻撃について）

　サイバー攻撃の実例を調べてまとめなさい．

■（2）標的型攻撃

　特定の攻撃目標をもたず，手当たり次第にウイルス等のマルウェアを送りつける従来型攻撃に対して，特定の企業や団体を狙い，執拗に繰り返される**標的型攻撃**（Advanced Persistent Threat; APT）が問題となっています．

　図 13.2 に，標的型攻撃の代表的なシナリオを示します．例えば，攻撃者は標的である組織の社員の情報を収集するため，その組織の社員や外部者のメールアドレスを使ってなりすまし，マルウェアに感染させるためのメールを継続して送ります．メールに添付されたファイルにマルウェアが入っており，標的の社員がそのメールを開くとマルウェアに感染します．組織内部に入り込んだマルウェアが組織内で感染拡大をして損害を与えたり，さらに情報収集を進めて社内システムの管理者の操作するコンピュータを遠隔操作して機密情報を盗み出すという行為につながります．

　侵入するための手段には，メールのほかに改ざんされたウェブサイトへのアクセスや，マルウェアが仕込まれたUSBメモリといったものがあり，マルウェア対策ソフトを入れること以外にも次の対策が必要です．

- 不審なメールを開かない
- 添付ファイルを不用意に開かない
- OSやソフトウェアを最新の状態にする

組織のセキュリティを維持するため，これらを徹底する教育も必要です．

問 13.2（標的型攻撃について）

　標的型攻撃の実例を調べてまとめなさい．

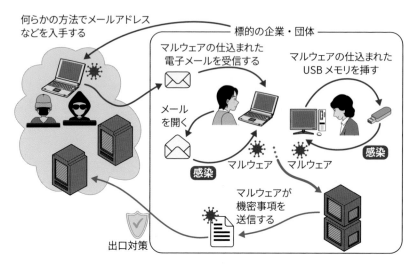

図13.2 ■ 標的型攻撃の代表的なシナリオ

　以上のような標的型攻撃による侵入を防ぐ対策，いわゆる入口の対策は人が行うことであるので万全ではないこともあり得ます．入口の対策をうまく突破した攻撃者の行為を食い止める出口の対策もあわせて用意しておくことで，被害の最小化を目指すことになります．攻撃者が破壊行為をした場合はいち早く気づけるように定期的にコンピュータのログをチェックしたり，情報漏洩が起こったときに中身を見られないように暗号化をするなどが出口対策になります．

13.2 情報セキュリティの基本：アクセス制御

13.2.1 ユーザ／機器の認証

　13.1.1項の銀行口座の例では，口座のもち主である個人であることを窓口あるいはATMで確認したうえで入出金の取引がされます．この個人を確認するという行為を**認証**（authentication）といいます．

　認証のモデルは図13.3に示すように，自分が誰かを相手に証明したい「証明者」と，証明者が誰かを確認する「検証者」からなります．証明者は自身

図 13.3 ■ 認証のモデル

表 13.3 ■ 認証方法

種類	証明する方法
知識情報	ID・パスワード，PIN番号，秘密の質問
所持情報	ICカード，SMS，E-mail，ワンタイムパスワード
生体情報	指紋，顔，静脈，虹彩，網膜

が誰であるかを証明するために，表 13.3のどれかを検証者に提示します．検証者は受け取った証明のための情報を確認します．証明のための情報は，知識情報（Something you know），所持情報（Something you have），生体情報（Something you are）の3種類があります.

　ネットワーク化された社会では，人だけでなく，モノ（機器）からデータを取り出したり，モノにデータを与えたりすることがしばしばあります．モノどうしが通信しながら人にサービス提供することもあり，人を認証する先ほどの例以外にも，モノを認証することもあるため，証明者と検証者には人だけでなくモノも当てはまるモデルであることに留意してください.

問13.3（ネットワーク化された社会での認証）

　モノどうしが通信をしながら人にサービスを提供する例を挙げなさい．そのサービスにおいて認証が必要な理由を説明しなさい.

13.2.2　電子証明書

　図 13.3の二者間の認証モデルでは，証明のための情報と証明者が対応付いていることを検証者が知っていることを前提としています．それでは，検証者が証明者を知らない状況のもとで検証者は証明者が誰であるかを確認することはできるでしょうか．このような状況はネット時代では多々あることでしょう．例えば，初めて訪れるネットショッピングのサイトが，確かに正しいサイトであることを私たちはどのように確認すればよいのでしょうか.

　リアルな世界でも，物品をレンタルするお店に行けば，本人確認書類の提示を求められます．お店の人（検証者）は借りる人（証明者）から身分証明書を提示されて，そこに貼られている写真を見て，同一人物であることを確認します．ある学生が身分証明書として学生証を提示したとします．学生の所属する大学がその学生証を発行したことを確認でき，そして発行者である大学を信頼できると検証者が信じれば，証明者のことをその大学の学生であると確認できることになります．このことから，見知らぬ者どうしの認証は二者間で成立するものではなく，証明者に身分証明書を発行した認証局と呼ばれる第三者の存在が必要であるといえます．

　図 13.4 のように，

　1) 証明者が認証局から身分証明書を発行してもらう，
　2) 証明者は検証者に身分証明書を提示する，
　3) 検証者は身分証明書の発行者を確認する，

という流れになります．見知らぬ者どうしの認証はこのように信頼できる第三者による仲介で行われます．この身分証明書のようなものをインターネットで使用するために電子的に発行したものを，**電子証明書**（digital certificate）といいます．電子証明書には，その所有者（証明者）と発行者（認証局）の情報が含まれています．このようなインターネットでの電子的な身分証明の仕組みと情

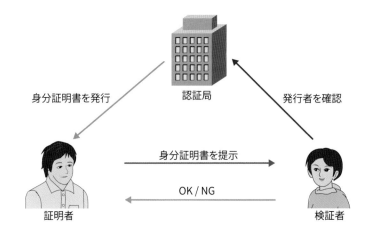

図 13.4 ■ 見知らぬ者どうしの認証モデル

報を保護するための暗号通信を実現する電子証明書をベースにしたアプリケーションを支える認証局の仕組みが，**公開鍵基盤**（Public Key Infrastructure; PKI）です．

問 13.4（電子証明書のシステムについて）

　バーチャルな世界の電子証明書は，リアルな世界の印鑑証明書と対応している．まず，印鑑証明書の発行方法と検証方法について調べなさい．次に，電子証明書を発行する認証局が印鑑証明書のシステムの何と対応するか答えなさい．

13.2.3　情報の保護（盗聴・改ざん・偽造）

　13.1.1項の例での銀行は，無防備に口座情報にアクセスできるようにしているわけはなく，保護の方策を当然講じています．口座のもち主以外が，誰がいくらお金を預けているか調べる，口座の残高を変更する，口座に対する架空の取引事実を作る，というような行為は防ぐべきことです．これらの権限なくデータを見ることを**盗聴**（eavesdropping），権限なくデータを書き換えることを**改ざん**（falsification），権限なくデータを作ることを**偽造**（forgery）といいます．

　保護対象のデータに対して，権限をもつ者（人・モノ・ソフトウェア）が読出しや書込みなどの決められた行為を行うことができ，それ以外（権限をもたない者）のデータへのアクセスを排除することで情報が保護されます．権限をもたない者にアクセスされないようにするときに用いられるのが，**暗号**（cryptography）です．

13.2.4　暗号

　出入りできるのは家族等の限られた人であり，それ以外の人のアクセスは排除したい，という自宅を例に考えます．家といういれものは目・耳などの感覚器をもっていないので，人を識別しているわけではありません．実際には出入口のドアの鍵をもっているかどうかで区別をしています．つまり，この例の家族という「権限をもつ者」を「鍵をもっている」かどうかで判断しているということです．

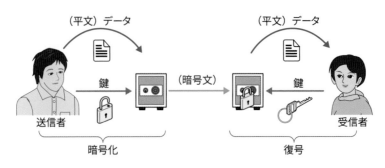

図 13.5 ■ 暗号システム

　情報やデータという目に見えない対象に対しても，鍵の有無で権限をもっている者かどうかを区別します．この区別をする技術が暗号です．

　図 13.5 のように，保護したいものに鍵をかけて，必要なときに鍵を使って保護対象を取り出すためのものが暗号です．暗号の使用は，

　1)データ（平文）に鍵をかけて暗号文を作る，
　2)暗号文を相手に渡す，
　3)暗号文から鍵を使ってデータを取り出す，

という流れになります．1) の操作は**暗号化**（encrypt），3) の操作は**復号**（decrypt）といいます．

　自宅をデータ（平文）に対応させて考えてみましょう．自宅の外から鍵をかけて，誰も入れない家（暗号文）にして外出します．時間をおいて帰宅したときの自分自身に暗号文（鍵のかかった家）が渡される形になり，自分がもっている鍵を使ってドアを開けて家（平文）に入ります．鍵を精密にコピーした「合い鍵」をもっている家族も暗号文（鍵のかかった家）のドアを開けることができます．

　このように，情報の保護は鍵を使って鍵をもっていない人にアクセスできないようにする暗号を使うことが基本です．

13.2.5　アクセス制御システム

　13.1.3 項で述べた制御できない外部的な要因である脅威から情報・データを保護する手段が，**アクセス制御システム**（access control system）です．アク

セス制御システムは，情報資産に対して，誰が・何に・どのようなことをできるか，というあらかじめ定めたルールに基づいて制御します．例えば，「Aさんは，ファイルBを読むことができる．」という制御をできるようにするためには，まずAさんがAさんであることを確認できなければなりません．そしてAさんだけがファイルBを読めるように暗号を使って鍵をかけ，その鍵をAさんだけがもつようにすればよいでしょう．このように，13.2.1項の認証と13.2.3項の情報の保護の組合せによりアクセス制御システムが構成されます．

例題13.1 ■ 認証の必要性

この例で，まずAさんがファイルBに対して読み出す権限をもっていることを確認している理由を説明しなさい．

Aさんを確認する仕組みがなければファイルBを誰でももち出すことができてしまいます．Aさんではない攻撃者XがファイルBにアクセスできないように，AさんがAさんであることを確認する認証が重要です．

例題13.2 ■ 暗号化の必要性

この例で，AさんがファイルBに対して暗号化をする理由を説明しなさい．

もしも攻撃者XがAさんのふりをしてファイルBをもち出すことができたとしても，AさんだけがファイルBを読めるように暗号化をしておけば，攻撃者XはファイルBを読めないことになります．このようにファイルBを保護することも重要です．

したがって，アクセス制御システムによって情報資産を保護するという考え方においては，認証のための証明情報と保護のための鍵の管理が重要になります．宅内に泥棒が入らないように自宅の鍵を家族の人以外の手に渡らないように注意することと考え方は同じです．

13.3 情報セキュリティのCIA

　情報セキュリティの基本的な考え方であるアクセス制御により達成したいことは，**機密性**（confidentiality），**完全性**（integrity），**可用性**（availability）です．それぞれの頭文字をとって情報セキュリティの「CIA」といいます．CIAの観点から情報資産を見ることで適切な情報セキュリティ対策を検討し，運用しながら必要に応じて対策を見直すという一連のプロセスを継続することで情報セキュリティのレベルを強化していくという考え方があります．

13.3.1 機密性

　許可された者だけが情報資産にアクセスできるとき，機密性をもつといいます．

　13.1.1項の銀行口座の例では，一般に銀行は口座のもち主にのみ口座の取引情報を閲覧できるようにし，それ以外の人にはアクセスできないようにします．通帳やキャッシュカードでもち主を確認し，届出印や暗証番号で本人であることを確認しています．

例題13.3 ■ 機密性の確保

　13.2.4項の自宅の例で，機密性をもたせるための方法を説明しなさい．

　家族のみが自宅の鍵をもっており，それ以外の人は出入りできない状態になっていれば，機密性をもっているといえます．

13.3.2 完全性

　情報資産および処理方法が正確かつ完全であることを保証できるとき，完全性をもつといいます．

　13.1.1項の銀行口座の例では，口座情報に対するアクセス履歴を残す，口座情報の変更履歴を残す，取引情報をバックアップするなどの情報を保管するルールを決めるようにします．

例題13.4 ■ 完全性の確保

　13.2.4項の自宅の例で，完全性をもたせるための方法を説明しなさい.

　出入口に開閉センサーや監視カメラを設置し，アクセス履歴を残して，自宅に対して出入りがなく，宅内の変更はないことが確認できれば完全性をもっているといえます.

13.3.3　可用性

　許可された者が必要なときに確実に情報資産にアクセスできるとき，可用性をもつといいます.

　13.1.1項の銀行口座の例では，24時間365日いつでも自身の口座にアクセスできるように，口座情報を保管しているコンピュータが故障しても別のコンピュータで動作するようにシステムを二重化する，停電があってもアクセスが継続できるように無停電電源装置を設置するなどの策を講じます.

例題13.5 ■ 可用性の確保

　13.2.4項の自宅の例で，可用性をもたせるための方法を説明しなさい.

　耐震性や耐火性のある建築物として，災害があっても自宅を継続して使用することができれば，可用性をもっているといえます.

13.3.4　脅威・リスク・インシデント・CIAと情報資産の関係

　13.1.3項の脅威はCIAの観点から，「情報資産の機密性（C）・完全性（I）・可用性（A）を阻害する要因」と表現できます. そして，リスクは「脅威によって情報資産が損なわれる可能性」と捉えられます. 実際に情報資産が損なわれてしまった状態のことを**インシデント**（incident）といいます.

　ISO（国際標準化機構）やIEC（国際電気標準会議）といった団体が，情報セキュリティの国際標準規格を定めており，ISO/IEC27001（JIS Q 27001）では情報セキュリティのCIAが重要視されています.

●さらなる学習のために●

　本章では，データや情報を保護する情報セキュリティの基本的な考え方を学びました．私たちが居住する地域が抱える諸問題に対して情報技術を活用することで持続可能な都市・地区を構築する「スマートシティ」という概念があります．地域において，エネルギーの効率的な利用，子どもや高齢者の見守り，交通渋滞の緩和，防災・減災の対策，産業の創出・育成などを具体化していく中で，データを効果的に利用していくことになります．そのようなデータを駆使して私たちの生活を支えるための情報システムは複雑かつ大規模になり，保護すべき情報資産は多岐に渡ります．リスクを低減するための方策が情報セキュリティであり，リスクとは情報資産に被害が及ぶ可能性であり，被害は脆弱性のある部分からの脅威の侵入によって発生することから，情報セキュリティ対策を適切に実施するためには脅威を分析し，リスクを評価することが重要になります．リスクが高く，もしもインシデントが発生したときにその影響が大きい箇所から対策を講じることで，効果的にセキュリティ管理ができます．一方で，社会を支える情報インフラは想像を超えるスピードで複雑化かつ多様化していることもあり，脅威分析やリスク評価も困難さが増していくことになります．そのような展開においては，データや情報を守る暗号技術が情報セキュリティの根幹的な役割を果たすことになります．社会インフラを支える観点ではデータサイエンスと同様に情報セキュリティは必要不可欠な学問であるため，暗号とセキュリティに関するさらなる基礎学習を期待します．例えば，文献 [93] では暗号の基礎理論とセキュリティシステムの基本について，文献 [94] では基本的な暗号システムから高度なシステム構築のための高機能暗号までがまとめられています．

第 14 章

プライバシー保護技術

　AIを使ったクラウドサービスであるMachine Learning as a Service（MLaaS）が普及し，パーソナルデータを使ったAIデータ解析の需要が高まっています．プライバシー保護技術とは，AIデータ解析のために収集されたパーソナルデータが漏洩しても，そこから個人を特定することを困難にさせる技術です．まず，パーソナルデータとは何か，なぜ提供する必要があるのか，漏洩したときの個人のリスクは何か，について正しい理解をもちます．そして，プライバシー保護技術として，匿名化，差分プライバシー，準同型暗号，協調学習について学び，最先端のビッグデータAI解析の取組みを紹介します．

14.1 データが価値を生む仕組みと 提供リスク

「データは21世紀の石油」といわれますが，どんなデータでも価値を生むわけではありません．デジタル時代におけるデータの価値は，個人情報や営業秘密などの**情報資産**（information assets）をビジネスと結び付けて，人が使いたいを思うサービスに転換して生み出されます．よって，同窓会名簿や役員名簿といった，単なる個人情報の集積が価値を生み出すわけではありません（個人情報を使った反社会的なビジネスは除きます）．

図 14.1 を見てください．ユーザがメールや SNS を利用する際，通常，アカウントを作成しますが，このとき，氏名や年齢，性別などの個人データを登録するかと思います．また，このアカウントを使って，情報検索や動画視聴，スケジュール管理，行先案内，オンラインショッピングなどの便利なアプリを使うことができるので，これらのサービスを積極的に使っている人も多いかと思います．どうして，こんなに便利なアプリやサービスが無料またはお手頃な価格で利用できるのでしょうか．また，このようなサービスを提供してくれる企業は，どこで利益を得ているのでしょうか．

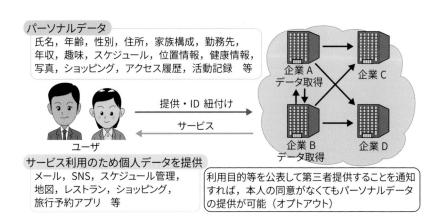

図 14.1 ■ サービス利用のための個人データの提供

　ユーザはサービスを受ける際，契約を結ぶため個人データを提供しますが，実は，収集した個人データを匿名化した**パーソナルデータ**（personal data）[*1]を企業で利用することを前提にサービス提供されていることが多いのです．このとき，データを取得した企業はユーザに対し，収集データを第三者に提供すること，提供されるデータの種類，利用目的，提供の手段をユーザが容易に知り得る状態（多くはウェブでの公開）にすれば，ユーザの承諾なく，第三者提供できることになっています．これを**オプトアウト**（opt-out）による第三者提供といいます．では，企業はパーソナルデータを何に利用するのでしょうか．業種にもよりますが，思い浮かぶのは広告やリコメンドでしょう．つまり，企業はユーザの検索ワードやウェブアクセス，位置情報や購入履歴などから，ユーザが欲しいものを推薦したり，ユーザの意向を別企業に情報提供したりして利益を得ています．また，人の行動パターンや嗜好性に関する統計情報を得て，マーケティングや生産計画，施設利用計画などのビジネス活用することでも，利益が得られるのです．これが，データが価値を生み出す仕組みです．

問14.1（プライバシーポリシー）

　興味ある企業2社のウェブサイトで，オプトアウトによる第三者提供の届出に当たるページを探してみなさい．

　さて，パーソナルデータの提供にリスクはないのでしょうか．あまりニュースにはなってないですが，データの漏洩はほぼ毎日どこかで起こっていると考えてよく，誰もが知る有名企業もその例外ではありません．漏洩の原因は，パーソナルデータが入ったメモリを紛失してしまったり，メールで誤送信してしまったりするといううっかりミスから，スパムメールや標的型攻撃メールで送られるURLをクリックしてマルウェア感染して流出するサイバー攻撃などがあります．また，図14.2に示すように，組織内部の関係者による意図的なデータ漏洩や外部攻撃者がアカウントを乗っ取ってなりすまし，情報漏洩が起こることもあります．よって，パーソナルデータを提供するリスクは常にあると認識し，自分が享受する利便性とはかりにかけるという視点が必要です．

　では，データをきちんと管理し，サイバー攻撃に注意したら，データ漏洩を

[*1]　個人の識別性の有無にかかわらず，個人に由来する情報全般を指すので，匿名化したものだけでなく，個人情報をそのものも含む概念です．

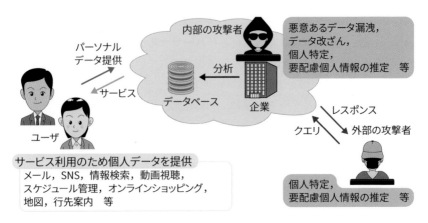

図14.2 ■ パーソナルデータの提供の利便性とリスク

防げるでしょうか．実は，それだけでは十分ではありません．次の例題を見て
みましょう．

例題14.1 ■ 背景知識攻撃

　Aさんは，ある会員サイトを利用しているが，他人には知られたくない
と思っています．AさんとメールのやりとりをしているBさんが，何かの
拍子にそのサイトのログイン画面にAさんのメールアドレスと適当なパス
ワードを入力したら，「パスワードが違います」と表示されました．Bさ
んはどんな情報を得たと思うか答えなさい．

　Aさんが会員であることが，Bさんにわかってしまいます．Bさんはサービ
ス利用者の中からAさんを特定したので，図14.2の外部攻撃者にあたります．
もし，そのサイトが特殊な治療を行う専門病院のサイトであれば，Aさんのお
およその病名が漏洩するかもしれませんし，ある宗教団体のサイトであれば，
Aさんの宗教が漏れることになります．どちらも個人情報の保護に関する法
律（個人情報保護法）でいうところの**要配慮個人情報**（special care-required
personal information）ですから，Bさんは，Aさんの重要な秘密を意図的に
調べたことになります．ここで，Bさんが知っていたAさんのメールアドレス
は背景知識と呼ばれ，一般に攻撃者が背景知識をもった場合，データが匿名化
されていても，関連する背景知識と結合することで個人特定や要配慮個人情報

の推定などが可能な場合があり，このような行為を**背景知識攻撃**（background knowledge attack）といいます．

問14.2（背景知識攻撃）

　例題14.1でAさんがサービス利用者であることを漏れないようにするには，ログイン画面のメッセージをどうすればよいか答えなさい．

14.2 匿名化によるプライバシー保護

　プライバシー保護技術（privacy-preserving technology）とは，収集されたパーソナルデータが何らかの理由で漏洩して，攻撃者（興味本位でのぞき見する者も含む）が入手したとしても，そこから個人を特定することを困難にさせる技術です．これには，匿名化，差分プライバシー，準同型暗号などの**秘匿計算**（secret computation）を用いる方法があり，これらを単独または組み合わせて，プライバシーに配慮したデータ解析を実現します．ただし，一般に匿名性と有用性には，一方を高めると他方が低くなるトレードオフの関係があり，匿名性を高めるとデータ漏洩リスクは低下するものの，データ解析で得られる情報は少なくなる問題が生じます．

　データから個人識別に直接関わる情報を取り除くことを，**匿名化**（anonymization）または**マスキング**（masking）といいます．名前は同姓同名もあるため，直接識別可能な情報でないときもありますが，識別可能なことが多いため，匿名化で取り除く対象になります．しかし，データが複数のテーブルに分かれているとき，完全に識別可能な情報を取り除くと，データ解析が難しくなるため，名前を別の識別情報に置き換える**仮名化**（pseudonymization）が行われるのが一般的です．このように匿名化されている場合でも，個人由来の情報を含む以上，パーソナルデータであり，個人情報保護法上，慎重に取り扱われるべきデータです．

　さて，匿名化はどのように行われるのでしょうか．表14.1のX生命顧客名簿の例で，匿名化処理を見てみましょう．表14.1(a)で，個人識別する名前などの情報を**識別子**（identifier）と呼び，それ以外の年齢，性別，住所，年収を

表14.1 ■ k-匿名化の例

(a) X生命の顧客名簿の例

識別子	準識別子				機密属性
名前	年齢	性別	住所	年収	既往症
本田	27	男	兵庫県神戸市	600	糖尿病
佐藤	29	男	大阪府大阪市	1000	心臓病
清水	24	女	京都府京都市	100	ガン
藤井	28	男	兵庫県姫路市	700	糖尿病
鈴木	18	女	奈良県奈良市	100	心臓病
中村	17	女	奈良県桜井市	80	心臓病
田代	25	男	大阪府大東市	650	腎臓病
佐倉	29	女	京都府京都市	800	肺炎
眉村	20	女	京都府城陽市	200	糖尿病
茂野	21	男	兵庫県尼崎市	500	肺炎

(b) 匿名化後のデータ

識別子	準識別子				機密属性
名前	年齢	性別	住所	年収	既往症
A	20代	男	兵庫県	–	糖尿病
B	20代	男	兵庫県	–	糖尿病
C	20代	男	兵庫県	–	肺炎
D	20代	男	大阪府	–	心臓病
E	20代	男	大阪府	–	腎臓病
F	20代	女	京都府	–	ガン
G	20代	女	京都府	–	肺炎
H	20代	女	京都府	–	糖尿病
I	10代	女	奈良県	–	心臓病
J	10代	女	奈良県	–	心臓病

準識別子（quasi-identifier）といいます．準識別子は，それだけで個人特定につながりませんが，別の情報があれば，特定できる可能性があり，このようにいいます．例えば，**表14.1**(a)の識別子を仮名化した顧客名簿が漏洩したとしましょう．神戸市に住む20代男性を知る者が，仮名化された顧客名簿を見てしまい，その男性が最近X生命の保険に入ったことを知っていた場合，その知人によって本田さんが特定されます．そして，本田さんが他人には知られたくなかった既往症がその知人に漏洩してしまいます．このように，準識別子の情報は直接個人を特定する情報でなくても，背景知識と結合されれば，個人特定が可能になる場合があります．

次に，**表14.1**(b)の匿名化処理を見てみます．名前は，A, B, … と仮名化さ

れ，年齢は年代に，住所は都道府県で抽象化されて，年収は要配慮個人情報のため削除されています．また，準識別子が同一のものをグループ化するため，データの順番を変えています．表 14.1(b) からわかるように，準識別子が同じ4つのグループにわかれ，本田さん，藤井さん，茂野さんの準識別子は{20代，男，兵庫県}となって，匿名化後に見分けがつかなくなりました．このように，匿名化後に同一の準識別子をもつ者が多くなればなるほど，個人特定されるリスクが低くなることがわかります．表 14.1(b) の例では，{D, E}と{I, J}が個人特定されるリスクが最も高く，その確率は1/2です．よって，匿名化後の匿名性を見積もる尺度としては，同じ準識別子をもつグループで最小の値を使うのがよさそうです．

　このように，同じ準識別子をもつデータがk件以上になるよう抽象化する処理はk-**匿名化**（k-anonymization）[95] と呼ばれ，表 14.1(b) では，2-匿名化が実現されたといいます．一般に，k-匿名化で個人特定される確率をk分の1以下に低減できます．しかし，特定される確率はゼロではなく，何らかの背景知識があれば個人特定が容易になったり，要配慮個人情報が漏れたりする可能性もあります．例えば，{10代，女性，奈良県}に該当するX生命加入者を知っている人が，表 14.1(b) を見れば，その知人が「心臓病」を患っていたことがわかってしまいます．このように，k-匿名化だけで完全にプライバシーを保護することはできないといえます．

問 14.3 （k-匿名化）

　表 14.1(b) で5-匿名化を実現するには，どのような抽象化を行えばよいか答えなさい．

14.3 差分プライバシーによるプライバシー保護

　差分プライバシー（differential privacy）は，任意の背景知識をもつ者のいかなる攻撃アルゴリズムでも，データベースに含まれる個人情報を一定の確率で推定させない安全指標として，Dwork[96] によって考え出されました．ここでのデータベースは，14.2節で取り上げた顧客名簿のようなものがわかりやす

いでしょう. 説明を容易にするため, 最初のデータのみが異なる以下の2つの
データベース $\mathcal{D} = \{d_1, d_2, \cdots, d_n\}$ と $\mathcal{D}^* = \{d_2, \cdots, d_n\}$ を考えます. ここ
で, n はデータベース $\mathcal{D}$ のレコード数であり, $\mathcal{D}^*$ は最初のレコードがないの
でレコード数は $n-1$ 個となります. また, データベース $\mathcal{D}$ に全レコードの平
均値を要求するクエリ（問合せ）を出し, そのレスポンスが次の $M(\mathcal{D})$ で与え
られるものとします.

$$M(\mathcal{D}) = \overline{\mathcal{D}} + r \tag{14.1}$$

ここで, $M(\mathcal{D})$ はデータベース $\mathcal{D}$ のメカニズムと呼ばれ, $\mathcal{D}$ の全レコードの平
均値 $\overline{\mathcal{D}}$ にノイズ r を加えて返します. ここで, 攻撃者は背景知識として, デー
タベース $\mathcal{D}$ のレコード数が n であることと, $\mathcal{D}^*$ の平均値 $\overline{\mathcal{D}^*}$ を知っていると
します.

いま, メカニズム M が単に全レコードの平均値を返し, ノイズを加えない
としたときは, どうなるでしょうか？ このとき, 次の式で簡単に $\mathcal{D}$ と $\mathcal{D}^*$ の
差分 d_1 を求めることができます.

$$d_1 = n\overline{\mathcal{D}} - (n-1)\overline{\mathcal{D}^*} \tag{14.2}$$

これでは, プライバシー保護の観点で問題があるため, メカニズム M として
ノイズ r を加えます. このとき, 攻撃者が推定したい d_1 には1レコード分のノ
イズ r が加わったものになるため, 次式の d_1' になります.

$$d_1' = d_1 + r \tag{14.3}$$

ここで, r はある確率密度分布に従うメカニズム M のノイズです. 確率密度分
布には, 次の**ラプラス分布**（Laplace distribution）がよく使われます.

$$r \sim \mathrm{Laplace}(X; \mu, \sigma) = \frac{1}{2\sigma} \exp\left[-\frac{|X - \mu|}{\sigma} \right] \tag{14.4}$$

ここで, Laplace(·) はラプラス分布, X はノイズを表す確率変数で, r はその
実現値です. 式 (14.4) の〜は, ノイズの値 r が確率変数 X のラプラス分布に
従って決まることを意味します. また, μ は確率密度分布の平均であり, ノイ
ズを生成する目的では通常ゼロにします. σ は分布の広がりを表すパラメー
タで, これを大きくするとメカニズム M で与えられるノイズ r の振れ幅が大
きくなり, プライバシー保護の度合いが高まります. 例えば, ノイズ r が平
均 $\mu = 0$ のラプラス分布に従うケースを考えます. ノイズ $r = 0.5$ となる確率

密度^{*2} は，$\sigma = 0.1$ のとき，式 (14.4) で $X = 0.5$ を代入して約 0.034 となります．一方，$\sigma = 1$ とすれば確率密度は約 0.303 となり，$\sigma = 0.1$ のときよりも，$r = 0.5$ のノイズが起こりやすくなります．つまり，σ を大きくすると，メカニズム M で加えるノイズが大きくなりやすいといえます．

14.2 節の X 生命顧客名簿の例を使った，差分プライバシーにおけるノイズとプライバシー保護の関係を次の例題で解説します．

例題 14.2 ■ X 生命顧客名簿の差分プライバシー

表 14.1(a) において，攻撃者は中村さんが 17 歳で，X 生命の顧客で最年少であることを知っているとします．中村さんの年収を知りたいとき，攻撃者は X 生命顧客データベース $\mathcal{D}$ にどう問い合わせるのか答えなさい．

差分プライバシーでは，1 レコードが異なるデータベース $\mathcal{D}^{*}$ に対するレスポンスとの差から，その 1 レコードを推測するのでした．中村さんが 17 歳で最年少であることから，$\mathcal{D}^{*}$ に対して「18 歳以上の平均年収は？」と問い合わせ，データベース $\mathcal{D}$ に対して「顧客の平均年収は？」と問い合わせたらよいのです．もし，回答メカニズムにノイズが加わらないなら，式 (14.2) を使って，中村さんの年収は簡単にわかってしまいます．

さて，これではあまりにも脆弱なので，通常，回答メカニズムにノイズを加えます．この場合，中村さんの年収推定値は式 (14.3) の d_1' になり，真値 d_1 にノイズが加わります．よって，図 14.3 に示すように，攻撃者が得るデータベースのレスポンス $M(\mathcal{D})$ と $M(\mathcal{D}^{*})$ はばらつくことになります．そして，そのばらつきを大きくすれば，攻撃者による推定を難しくさせることができます．

では，どの程度のノイズを加えたら，どれだけ安全になるのでしょうか．それが，次で定義される ε-差分プライバシー [95] です．

---

*2　確率密度は確率ではなく，$X = r$ という事象が相対的にどの程度起こりやすいかを表します．

(a) X生命の顧客名簿の例

識別子	準識別子				機密属性
名前	年齢	性別	住所	年収	既往症
本田	27	男	兵庫県神戸市	600	糖尿病
佐藤	29	男	大阪府大阪市	1000	心臓病
清水	24	女	京都府京都市	100	ガン
藤井	28	男	兵庫県姫路市	700	糖尿病
鈴木	18	女	奈良県奈良市	100	心臓病
中村	17	女	奈良県桜井市	80	心臓病
田代	25	男	大阪府大東市	650	腎臓病
佐倉	29	女	京都府京都市	800	肺炎
眉村	20	女	京都府城陽市	200	糖尿病
茂野	21	男	兵庫県尼崎市	500	肺炎

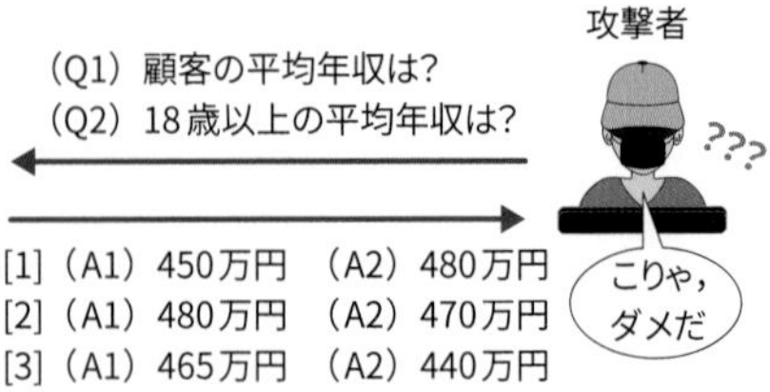

図 14.3 ■ 差分プライバシーにおけるノイズの効果

定義　同一でないレコード数を与える $h(\mathcal{D},\mathcal{D}^*)$ が1である任意のデータベース $\mathcal{D},\mathcal{D}^*$ に対し，出力空間 $\mathcal{R}$ の任意の部分空間 $\mathcal{S}$ ($\mathcal{S}\subseteq\mathcal{R}$) において，データベースの出力メカニズム M が次の条件を満たすとき，M は ε-差分プライバシーを満たす．

$$\frac{P(M(\mathcal{D})\in\mathcal{S})}{P(M(\mathcal{D}^*)\in\mathcal{S})}\leq\exp(\varepsilon) \tag{14.5}$$

ここで，$P(\cdot)$ は確率，ε はプライバシー保護のレベルを表すパラメータです．ε が小さいほど，式 (14.5) 左辺の $\mathcal{D}$ と $\mathcal{D}^*$ に対するレスポンスの確率 $P(M(\mathcal{D}))$ と $P(M(\mathcal{D}^*))$ に違いがないことを要求します．一般に，出力メカニズム M によるノイズを大きくする，つまり式 (14.4) の σ を大きくすると，$\mathcal{D}$ と $\mathcal{D}^*$ の確率分布に差がなくなります．よって，厳格なプライバシー保護を設定したい場合，ε を小さく設定すればよいことになります．

問 14.4 (差分プライバシー)

式 (14.2) が正しいことを説明しなさい．

14.4 準同型暗号によるプライバシー保護

14.4.1 準同型暗号

一般に，数値を暗号化して**暗号文** (ciphertext) のまま演算し，それを復号

化しても意味のある結果は得られません．しかし，暗号の中には，加算や乗算といった**平文**（plaintext）の数値どうしの演算が，暗号化しても成り立つものがあり，これを**準同型暗号**（homomorphic encryption）といいます．

　加法のみに準同型性が成り立つものを加法準同型暗号と呼び，これはPaillier暗号が有名です．いま，平文x_1とx_2があり，これらを暗号化したものを，それぞれ$\mathsf{Enc}(x_1)$と$\mathsf{Enc}(x_2)$と書くことにします．このとき，加法準同型性は次の関係を満たすことをいいます．

$$\mathsf{Dec}(\mathsf{Enc}(x_1) \oplus \mathsf{Enc}(x_2)) = x_1 + x_2 \tag{14.6}$$

ここで，$\mathsf{Dec}()$は復号，$\oplus$は暗号文どうしの加算です．また，次のように乗法のみ成り立つものは乗法準同型暗号と呼ばれ，ElGamal暗号が知られてます．

$$\mathsf{Dec}(\mathsf{Enc}(x_1) \otimes \mathsf{Enc}(x_2)) = x_1 \times x_2 \tag{14.7}$$

ここで，$\otimes$は暗号文どうしの乗算を表します．また，加法と乗法の両方の準同型性が成り立つものは完全準同型暗号と呼ばれ，2009年にGentryらが提案しました．しかし，発表当時は1bitの平文を暗号化すると1GB程度になるといわれ，非効率な実装がされていました．以後，この方式は，演算時間や暗号文サイズの点で改良が続けられ，最近は演算回数（特に乗算回数）に制限を付けて利用可能なsomewhat準同型暗号が注目されています．これは，たとえ乗算が1回しかできなくても，暗号のまま平均値や分散，内積などを計算できれば，線形回帰や簡単なAIモデルを工夫次第で実現できるからです．**表14.2**に準同型暗号の種類と特徴をまとめます．

　準同型暗号は，k-匿名化とは異なり，元データの情報は失われないため，有用性が損なわれません．しかし，暗号演算するための計算量やメモリ量は平文の場合に比べて著しく増え，**表14.2**に示すように加法準同型，乗法準同型，完全準同型の順で計算コストは高くなります．しかしながら，最近はHElibや

表14.2 ■ 準同型暗号の種類と特徴

種類	加法	乗法	演算速度	サイズ
加法準同型	○	×	○（速い）	○（小さい）
乗法準同型	×	○	△	△
somewhat準同型	○	△*	△	△
完全準同型	○	○	×（遅い）	×（大きい）

＊乗算回数に制限あり

SEALなどの高速暗号ライブラリが次々と提供され，これらを用いたAI実装が盛んに行われるようになりました．

次項では，準同型暗号でデータを秘匿化して，AIモデルで予測値を求める仕組みを解説します．

14.4.2 プライバシー保護AI

ここまで，ニューラルネット，サポートベクターマシン，決定木モデル，混合分布モデルなどさまざまなAIモデルを学んできました．これらのAIモデルをプライバシーに配慮して，暗号化した入力データでも正しい出力を得るにはどうしたらよいのでしょうか？ このような**プライバシー保護AI**（privacy-preserving AI）を考えるには，AIモデルでどのような計算が行われていたかを思い出さないといけません．以下では，**畳込みニューラルネットワーク**（畳込みニューラルネット，CNN）に絞って解説します．

■（1）プライバシー保護畳込みニューラルネットの順方向計算

CNNの順方向計算では，まず入力にフィルター係数をかけて畳込み，その計算結果をReLU関数やSigmoid関数で変換し，さらに受容野内の最大値や平均値をとるプーリング処理を行って，次の層の入力とします．このとき，計算した数値の大きさを一定の範囲に抑えるために正規化を行う場合もあります．これらの処理を繰り返し行っていき，最後に全結合層の重みとの積和計算を行ってからSoftMax関数で0～1の値に変換します．これがCNNの出力であり，入力に対する分類予測に相当します．

畳込み演算や最終層の計算は加算と乗算で構成されるので，準同型暗号を使えば，データを秘匿化して求められます．では，ReLU関数やSigmoid関数の計算はどうするのでしょうか？

一般に，次に示すマクローリン展開（テイラー展開において $x = 0$ まわりで展開したもの）を使って，これら非線形関数を多項式で表せば，原理的には加算と乗算だけで計算ができます．

$$f(x) = f(0) + f'(0)x + \frac{f''(0)}{2}x^2 + \frac{f^{(3)}(0)}{6}x^3 + \cdots \tag{14.8}$$

式 (14.8) から，厳密には無限回の乗算と加算が必要ですが，実用的には2次の項くらいまでで近似することが一般的です．次にプーリング処理ですが，最大

プーリングの場合，最大値を見つけるには値の比較操作が必要となり，準同型暗号だけでは実現が難しく，複数のコンピュータを使ったマルチパーティ計算という方法がよく使われます．そこで，準同型暗号だけで実装する場合は平均プーリングがよく用いられます．また，正規化処理を導入するには除算が必要になりますが，これは暗号空間での逆元（実数空間での逆数に相当）を求めてから乗算を行うことで実現されます．

　以上から，暗号文をCNNに入力して予測値を求めるには，順方向計算を加算と乗算だけで表せばよいことがわかります．しかし，これを素直に実装しても，乗算回数が多すぎて，実時間で出力を求めることは困難です．そこで，CNNの順方向計算に近似を導入して計算を簡単化する工夫が必要になります．

問 14.5（プライバシー保護AI）

　　CNNの畳込み演算で入力は暗号文，フィルタ係数を平文としたとき，入力には加法準同型暗号を使うとよい．なぜか答えなさい．

■（2）CryptoNets

　CNNの出力を求める順方向計算には，多くの加算や乗算が必要であることがわかりました．まともに，これらの計算を行うと，いくら高速なコンピュータを使ったとしても時間がかかるため，実用性がないものになってしまいます．これに対し，MicrosoftのGilad-Bachrachらは，2016年にMNISTの手書き数字を暗号化して高速に識別を行える畳込みニューラルネットであるCryptoNetsを提案しました．図14.4にそのネットワーク構成を示します．

　CNNの入力は28 × 28ピクセルの手書き文字画像の暗号文であり，これをサイズが5 × 5の5種類フィルタで2ピクセルごとにシフトしながら畳込み演算を実行します．その後，通常はReLU関数などの関数の計算が必要ですが，CryptoNetsでは2次関数に近似して計算を行っています．また，プーリングは重み付き加算（つまり重み付きの平均プーリング）で実装し，計算の高速性

図 14.4 ■ CryptoNets のネットワーク構成

を実現しています．暗号実装は，YASHEと呼ばれるsomewhat準同型暗号で行われており，MNISTデータの手書き数字判定を99％の精度で1時間当たり51,000回の予測が行えることが示されています．

14.5 協調学習によるプライバシー保護

14.4節の準同型暗号では，データ提供者が暗号化してクラウドなどの計算基盤上で分析者がデータ解析することを想定していました．しかし，「個人情報保護法ガイドライン（通則編）」では，パーソナルデータを暗号化しても，個人情報として慎重に取り扱うべき対象であるとされています．よって，個人の財産や健康状態など，特に配慮が必要な情報を含むデータを異なる個人や組織間で共有して解析することへのハードルは依然高い状況です．これに対して，2015年にGoogleは**協調学習**（federated learning）という新しい秘匿計算スキームを提唱し，パーソナルデータを個人や組織の外に出さなくても，協調して学習を行えることをAndroid GBoardの学習で実証しました．

14.5.1 Android GBoardへの応用

図14.5にGoogleが提唱した協調学習のフレームワークを示します．また，協調学習のアルゴリズムの疑似コードをアルゴリズム14.1に示します．図14.5のエッジはネットワークの終端を指しますが，ここではスマートフォンに対応し，アルゴリズム14.1のステップ2〜3でユーザ自身のデータ D_i を使ってAIモデル M をエッジで学習します．そして，ステップ4で更新情報 ΔM_i を暗号化して中央サーバに送ります．ここで，モデル更新情報は深層学習モデルの場合，結合荷重の修正量に対応します．中央サーバは，ステップ6で複数ユーザから集めた更新情報を加算して各エッジに戻し，エッジはそれを使って，ステップ8でAIモデルを更新します．ステップ6の加算は，加法準同型暗号を導入していれば中央サーバ上で単純に暗号文を加算して，各エッジに返すだけです．もし，中央サーバで復号して更新情報の加算を求めてよいのであれば，中央サーバとエッジ間の通信を共通鍵暗号で暗号化すればよいことになります．ここでポイントとなるのは，ユーザのパーソナルデータが中央サーバに

図 14.5 ■ Android GBoard の協調学習

アルゴリズム 14.1 ■ 協調学習アルゴリズム

Input: 中央サーバ: エッジ集合 $\mathcal{E}$, **エッジ i:** AI モデル M, 学習率 α
Output: エッジ i: 更新された AI モデル M'

 1: **for** all $i \in \mathcal{E}$ **do**
 2:    **エッジ i:** データ D_i を取得
 3:    **エッジ i:** D_i で AI モデル M の更新量 ΔM_i を計算
 4:    **エッジ i:** ΔM_i を加法準同型暗号で暗号化,Enc(ΔM_i) を中央サーバに送信
 5: **end for**
 6: **中央サーバ:** Enc$(\Delta M_i)(i \in \mathcal{E})$ を加算し,Enc$\left(\sum_i \Delta M_i\right)$ をエッジ集合 $\mathcal{E}$ に送信
 7: **for** all $i \in \mathcal{E}$ **do**
 8:    **エッジ i:** Enc$\left(\sum_i \Delta M_i\right)$ を復号し,$M' \leftarrow M + \alpha \sum_i \Delta M_i$ で AI モデル更新
 9:    **return** M'
10: **end for**

送られるのではなく,AI モデルの更新情報のみが中央サーバに送られることであり,これにより,プライバシー保護に配慮された AI の学習が実現されます.

　Google は,この協調学習を使って Android スマートフォンの GBoard という文字入力システムの学習を行っています.GBoard には,キーボードでタイピングすると候補を予測して提示する機能がありますが,この予測機能(サジェスチョン)を AI で実現し,ユーザの検索ワードや候補選択などの情報を使って学習します.このとき,前述したように,ユーザが入力した検索ワード

を中央サーバに送らずに，AIモデルの更新情報を送るため，ユーザが過去に
どのような検索をしたかは中央サーバには伝わりません．また，更新情報の平
均化は100人か1,000人が協調学習に参加しているときにしか起こらないよう
になっていて，平均化した更新情報から特定の人の情報を推定できない仕組み
も取り入れられています．

14.5.2 **複数組織間の協調学習とその応用**

　Googleが提唱した協調学習のアイデアは，互いにデータを直接共有できな
い組織間の学習にも応用できます．例えばPhongらは，図14.6に示すような
1つの深層学習（DNN）モデルを協調して学習するDeepProtectを提案しまし
た．DeepProtectでは，複数の組織内で学習した深層学習モデルの勾配情報を
加法準同型暗号で暗号化して中央サーバに送り，中央サーバで暗号文のまま勾
配情報が加算されます．これは，誤差逆伝播法において，異なるデータで計算
される勾配ベクトルは加算し，求まった平均勾配ベクトルに基づいてモデルパ
ラメータの更新を行う性質を利用しています．中央サーバで加算された勾配情
報は各組織に戻されて，各組織がもつ秘密鍵を使って復号し，深層学習モデル
の更新が行われます．

　複数組織が協調学習を使って連携することで，直接データを共有しなくて

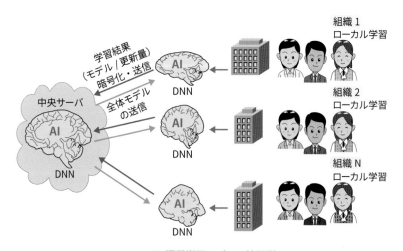

図14.6 ■ 深層学習モデルの協調学習

も，互いに不足する情報を補って学習できるため，さまざまな応用が考えられ
ています．例えば，複数の銀行間で協調して不正送金（振り込め詐欺等）検知
を行ったり，複数の病院の患者データを協調学習して，高度な医療診断を行う
AIを開発したりする試みが行われています．

●さらなる学習のために●

　本章では，まずプライバシーを保護し，パーソナルデータを安全にデータ解析する技
術である匿名化手法を説明しました．一般に，氏名のように個人を特定可能な識別子を
削除したり，別の情報に置き換えたりする仮名化だけでは，プライバシーを完全に保護
できません．背景知識と結合させて個人特定が可能になる準識別子（年齢，性別，住所
など）についても削除や抽象化を適用し，匿名化する必要があります．ただ，削除や抽
象化で匿名性を上げるとプライバシー保護の度合いは高くなりますが，データベースか
ら得られる統計情報の有用性が減少します．

　一般に，データ解析には特定集団の統計情報を得たい場合だけでなく，医療診断，信
用リスク判定，犯罪検知など，特定個人や組織に対して答えを出さないといけないデー
タ解析もあります．よって，応用によっては削除や抽象化があまりできないケースもあ
り，このような場合でも安全にデータ解析する方法として，本章では差分プライバシー
と準同型暗号，さらに，これらを使ったプライバシー保護AIと協調学習を紹介しまし
た．これらは秘匿計算（secret computation）と呼ばれ，本章で紹介できなかった手法
としては，秘密分散やマルチパーティ計算などがあります．また，パーソナルデータ解
析を行う際には，個人情報保護法などの法令やガイドラインといった規制などについて
も，理解を深める必要があります．

　これらについて，さらに勉強したい人は [95] と [97] が参考になります．

第 15 章

意思決定論

　本章では，「意思決定論」を扱います．その中でも，「意思決定の基本的枠組み」と「相関関係と因果関係」に焦点を当てていきます．まず，将来が不確実な状態において，人々が行う意思決定の基本原理について解説を行います．人々の意思決定は，人々の社会活動に対してさまざまな影響を及ぼします．意思決定が原因となり，その影響が結果としてデータが観測されます．そこで，変数間の関係をデータから見出す際に起こり得る問題点を取り上げ，因果関係を分析するための適切なデータ分析手法に関して解説を行います．

15.1 意思決定の基本的枠組み

15.1.1 利得行列・マキシミン基準・マキシマックス基準

人々は日常生活においてさまざまな選択を行います．リスクのない世界においては，1つの行動が選択されると，それに伴い1つの結果が対応します．しかし，リスクが存在すると，1つの選択の結果が状態に応じて変化するため，1つの選択に対して複数の結果が対応します．ここで状態とは，天候（「雨が降る」or「雨が降らない」）のように人々がコントロールできない事象を指します．そのようなもとで，人々は，どのように意思決定を行うのでしょうか？

■（1）利得行列

人々の意思決定について分析するために，**利得行列**（payoff matrix）を考えます．利得とは，行動の選択肢 A_i と状態 θ_j に対応して生じる結果 Y_{ij} を示します．それらの関係をまとめたものが，利得行列です．一般に，m 種類の行動の選択肢と n 種類の状態がある場合，利得行列は**表 15.1** のようになります．

表 15.1 ■ 利得行列

	状態 1（θ_1）	状態 2（θ_2）	...	状態 n（θ_n）
選択肢 1（A_1）	Y_{11}	Y_{12}	...	Y_{1n}
選択肢 2（A_2）	Y_{21}	Y_{22}	...	Y_{2n}
⋮	⋮	⋮		⋮
選択肢 m（A_m）	Y_{m1}	Y_{m2}	...	Y_{mn}

次の**例題 15.1**で，具体的にどう定義するかを見てみましょう．

例題 15.1 ■ 利得行列

所持金が10万円あります．「景気が良ければ株価が2倍になり，景気が悪ければ株価が0になる」株式投資を考えます．人々の行動として，3通りの選択肢があります．選択肢1：所持金を全額（10万円）投資する．選択肢2：所持金の半額（5万円）を投資する．選択肢3：所持金を投資しない．この場合の利得行列を示しなさい．

　選択肢1の利得は，景気が良ければ倍の20となり，景気が悪ければ0となります．選択肢2の利得は，景気が良ければ15となり，景気が悪ければ5となります．選択肢3の利得は，景気がよくとも悪くとも10のままです．したがって，このときの利得行列は**表15.2**となります（利得を所持金の大きさで考えている点に注意）．

表15.2 ■ 例題15.1の利得行列

	景気が良い	景気が悪い
選択肢1	20	0
選択肢2	15	5
選択肢3	10	10

　利得行列が与えられたもとで，一定の基準に基づき人々が行う最適な決定を**意思決定**といいます．

■（2）マキシミン基準

　人々が意思決定を行うための基準として，まず，**マキシミン基準**（maximin criterion）について考えます．マキシミン基準では，人々は各選択肢に対する最小の利得を計算し，これが最大になるように行動を決めます．選択肢 A_i（$i = 1, 2, \ldots, m$）に対する利得 $Y_{i1}, Y_{i2}, \ldots, Y_{in}$ の中の最小値を $MI_i = \min(Y_{i1}, Y_{i2}, \ldots, Y_{in})$ とするとき，これら $MI_1, MI_2, \ldots, MI_m$ の中の最大値に対応する選択肢，つまり，

$$\max_i MI_i = \max_i \min(Y_{i1}, Y_{i2}, \ldots, Y_{in}) \tag{15.1}$$

を最善の行動とみなします．この基準は，最も悪いものの中から最もましなものを選択する行動原理であり，慎重・悲観的な考え方といえます．次の例題15.2で具体的に見てみましょう．

例題15.2 ■ マキシミン基準

　例題15.1のケースについて，マキシミン基準に基づくとどのような選択が行われるか，答えなさい．

　まず，各選択肢に対する利得の中で最小のものを求めます．選択肢1では0，選択肢2では5，選択肢3では10となります．次に，これらの中の最大値に対応

する行動を選択します．つまり，マキシミン基準にしたがえば，選択肢3の「所持金を投資しない」が選択されます．

■（3）マキシマックス基準

人々が意思決定を行うための基準として，次に，**マキシマックス基準**（maximax criterion）について考えます．マキシマックス基準では，人々は各選択肢に対する最大の利得を計算し，これが最大となるように行動を決めます．選択肢 A_i（$i = 1, 2, \ldots, m$）に対する利得 $Y_{i1}, Y_{i2}, \ldots, Y_{in}$ の中の最大値を $MA_i = \max(Y_{i1}, Y_{i2}, \ldots, Y_{in})$ とするとき，これら $MA_1, MA_2, \ldots, MA_m$ の中の最大値に対応する選択肢，つまり，

$$\max_i MA_i = \max_i \max(Y_{i1}, Y_{i2}, \ldots, Y_{in}) \tag{15.2}$$

を最善の行動とみなします．この基準は，最も良いものの中から最も良いものを選択する行動原理であり，強気・楽観的な考え方といえます．次の**例題 15.3** で具体的に見てみましょう．

例題15.3 ■ マキシマックス基準

　　例題 15.1 のケースについて，マキシマックス基準に基づくとどのような選択が行われるか，答えなさい．

まず，各選択肢に対する利得の中で最大のものを求めます．選択肢1では20，選択肢2では15，選択肢3では10となります．次に，これらの中の最大値に対応する行動を選択します．つまり，マキシマックス基準に従えば，選択肢1の「所持金を全額投資する」が選択されます．

これらの基準の問題点として，いずれの場合も意思決定が極端に走った基準となることが指摘できます．つまり，マキシミン基準は安全第一主義の考え方であり，マキシマックス基準は冒険第一主義の考え方です[100]．

15.1.2　期待利得基準とサンクトペテルブルクのパラドックス

ここまでの議論では，各状態が生起する確率に関して考慮をしてきませんでした．しかし，多くの場合，過去の経験等を通じて，各状態に対して確率を考えることができます．例えば，天候の場合であれば，天気予報により降水確率

を事前に知ることが可能です．いま，状態 θ_j が発生する確率を $\Pr(\theta_j) = p_j$ で表すと，利得行列を**表 15.3** のように拡張できます．

表 15.3 ■ 利得行列の拡張

	状態 1 （θ_1）	状態 2 （θ_2）	$\ldots$	状態 n （θ_n）
選択肢 1 （A_1）	Y_{11}	Y_{12}	$\ldots$	Y_{1n}
選択肢 2 （A_2）	Y_{21}	Y_{22}	$\ldots$	Y_{2n}
$\vdots$	$\vdots$	$\vdots$		$\vdots$
選択肢 m （A_m）	Y_{m1}	Y_{m2}	$\ldots$	Y_{mn}
確率	p_1	p_2	$\ldots$	p_n

人々の意思決定のもとになる選択基準として，各行為のもたらす利得の期待値を計算し，期待利得を最大にする行為を選択することを考えます．この基準は**期待利得基準**といいます．いま，選択肢 A_i （$i = 1, 2, \ldots, m$）の期待利得を $EP_i = p_1 Y_{i1} + p_2 Y_{i2} + \cdots + p_n Y_{in}$ とするとき，これら $EP_1, EP_2, \ldots, EP_n$ の中の最大値に対応する選択肢，つまり，

$$\max_i EP_i$$

を最善の行動とみなします．

この基準の問題点について考えるために，硬貨投げに関する次の 2 つのゲームを考えます．

ゲーム 1： 硬貨を表が出るまで投げ続けます．ただし，1 回目で表が出れば 2 万円，2 回目で初めて表が出れば 2^2 万円，$\cdots$，n 回目で初めて表が出れば 2^n 万円を賞金として受け取ります．

ゲーム 2： 硬貨を表が出るまで投げ続けます．ただし，何回目で初めて表が出ても賞金は常に一定額 （x 円）です．

ゲーム 1 から得られる期待利得 EP_1 とゲーム 2 から得られる期待利得 EP_2 は，それぞれ次のとおりです．

$$EP_1 = \frac{1}{2} \times 2 + \left(\frac{1}{2}\right)^2 \times 2^2 + \cdots + \left(\frac{1}{2}\right)^n \times 2^n + \cdots = \infty$$

$$EP_2 = \frac{1}{2} \times x + \left(\frac{1}{2}\right)^2 \times x + \cdots + \left(\frac{1}{2}\right)^n \times x + \cdots = x$$

ゲーム1の期待利得は無限大なので，期待利得基準にしたがうと，xの値がいくら大きくても，ゲーム1に参加する方が望ましくなります．しかし，このような判断は妥当なものといえるでしょうか？　例えば，$x = 100$万円と仮定します．$2^n \geq 100$となるnの最小値は7です．しかし，7回目に初めて表が出る確率は0.78％（$= 0.5^7$）に過ぎず，多くの人々は確実に100万円を受け取ることのできるゲーム2を選択するのではないでしょうか？　これが，当時，サンクトペテルブルク科学アカデミーに滞在していたダニエル・ベルヌーイによって発表された**サンクトペテルブルクのパラドックス**（St. Petersburg paradox）と呼ばれる状況です[102, 98, 99, 100]．期待利得基準の問題点は，利得の期待値は考慮に入れているが，利得のばらつき（リスク）に対する人々の選好を考慮していないことです．

15.1.3　期待効用基準と人々の選好

ベルヌーイは，期待利得基準の問題を解消するために，**効用**という考え方を提唱しました．効用とは，人々が得られる主観的な満足の度合いを指します．その考え方に基づき，**期待効用基準**を考えます．これは，各行為の利得の期待値の大きさを比較するのではなく，利得から得られる効用の期待値の大きさを比較するという基準です．

いま，利得Y_{ij}がもたらす効用を$U(Y_{ij})$，選択肢A_i（$i = 1, 2, \ldots, m$）の期待効用を$EU_i = p_1 U(Y_{i1}) + p_2 U(Y_{i2}) + \cdots + p_n U(Y_{in})$と示します．期待効用基準では，これら$EU_1, EU_2, \ldots, EU_n$の中の最大値に対応する選択肢，つまり

$$\max_i EU_i$$

を最善の行動とみなします．例題15.4において，具体的な効用関数を用いてこの問題について考えてみましょう．

例題15.4 ■ サンクトペテルブルクのパラドックス

　前項のゲーム1，ゲーム2について，効用関数が$U(Y) = \log(Y)$と与えられています．この効用関数を用いて，期待効用基準のもとではサンクトペテルブルクのパラドックスが解消されることを示しなさい．

ゲーム1から得られる利得の期待効用 EU_1 は，次のようになります．

$$EU_1 = \frac{1}{2}\log(2) + \left(\frac{1}{2}\right)^2\log(2^2) + \left(\frac{1}{2}\right)^3\log(2^3) + \cdots$$

$$= \left(\frac{1}{2} + \frac{2}{4} + \frac{3}{8} + \ldots\right)\log(2)$$

ここで，$\dfrac{1}{2} + \dfrac{2}{4} + \dfrac{3}{8} + \cdots = S$ とおくと，$S - \dfrac{1}{2}S = \dfrac{1}{2} + \dfrac{1}{4} + \dfrac{1}{8} + \cdots = 1$ より，$S = 2$ となります．したがって，

$$EU_1 = 2\log(2) = \log(4)$$

を得ます．他方，ゲーム2から得られる利得の期待効用 EU_2 は

$$EU_2 = \log(x)$$

です．したがって，EU_1 と EU_2 の大小関係は，x と4の大小関係に依存し，賞金が4万円より大きい場合にはゲーム2が選択されます．つまり，ゲーム1に参加するか，ゲーム2に参加するかは，ゲーム2の賞金の値 x に依存するという常識的な結果が得られ，サンクトペテルブルクのパラドックスは解消されます．

15.1.4　期待効用と選好

次に，期待効用基準のもとで，人々の危険に対する態度（危険を避けるか，危険を好むか）をどのようにモデル化するか，考えてみましょう．いま，選択可能な行動は2種類（選択肢1，選択肢2），状態の数も2種類（状態1，状態2），それぞれの状態をとる確率はいずれも 1/2 とします．

選択肢1： 状態に関係なく一定の所得 Y_0 を得ます．
選択肢2： 状態1では所得 $Y_0 - H$ を得，状態2では所得 $Y_0 + H$ を得ます（ただし，$H > 0$）．

この場合の利得行列は**表 15.4** のとおりです．選択肢1の期待所得は Y_0，選択肢2の期待所得は $(1/2)(Y_0 - H) + (1/2)(Y_0 + H) = Y_0$ で，同じ値となります．選択肢1と比較したとき，期待所得が同じ値をとるという意味で，選択肢2は「公平」なギャンブルです．

表15.4 ■ 利得行列

	状態1	状態2
選択肢1	Y_0	Y_0
選択肢2	$Y_0 - H$	$Y_0 + H$
確率	1/2	1/2

■ (1) リスク中立的な選好

まず，人々の選好が**リスク中立的**な場合を考えます．リスク中立的な選好をもつ人々は，所得の変動リスクを気にしません．効用関数は

$$U(Y_0) = \frac{1}{2}U(Y_0 - H) + \frac{1}{2}U(Y_0 + H) \qquad (15.3)$$

の関係が成立し，ギャンブルに勝ったときの効用の増加幅$U(Y_0 + H) - U(Y_0)$と，ギャンブルに負けたときの効用の減少幅$U(Y_0) - U(Y_0 - H)$とが等しくなります．

■ (2) リスク回避的な選好

次に，人々の選好が**リスク回避的**な場合を考えます．リスク回避的な選好をもつ人々は，変動所得よりも安定所得を好みます．効用関数は

$$U(Y_0) > \frac{1}{2}U(Y_0 - H) + \frac{1}{2}U(Y_0 + H) \qquad (15.4)$$

の関係が成立し，ギャンブルに勝ったときの効用の増加幅$U(Y_0 + H) - U(Y_0)$よりも，ギャンブルに負けたときの効用の減少幅$U(Y_0) - U(Y_0 - H)$の方が大きくなります．

■ (3) リスク愛好的な選好

最後に，人々の選好が**リスク愛好的**な場合を考えます．リスク愛好的な選好をもつ人々は，固定所得よりも変動所得を好みます．効用関数は

$$U(Y_0) < \frac{1}{2}U(Y_0 - H) + \frac{1}{2}U(Y_0 + H) \qquad (15.5)$$

の関係が成立し，ギャンブルに勝ったときの効用の増加幅$U(Y_0 + H) - U(Y_0)$よりも，ギャンブルに負けたときの効用の減少幅$U(Y_0) - U(Y_0 - H)$の方が小さくなります．

■（4）リスクプレミアム

変動所得が公平なギャンブルである限り，リスク回避者は変動所得よりも固定所得を好みます．しかし，固定所得から一定額を減額すれば，危険回避者が変動所得を選択する可能性があります．つまり，

$$U(Y_0 - RP) = \frac{1}{2}U(Y_0 - H) + \frac{1}{2}U(Y_0 + H) \tag{15.6}$$

を満たす金額「RP」を減額することによって，固定所得から得られる効用と変動所得から得られる効用とが一致します．換言すると，$Y_0 - RP$ という安定所得から得られる効用と，確率 $1/2$ で所得 $Y_0 - H$，確率 $1/2$ で所得 $Y_0 + H$ という変動所得から得られる効用とが等しくなります．つまり，$Y_0 - RP$ という安定的な所得が選択できる人は，追加的な金額 RP を余分にもらえるならば，その安定的な所得を放棄し変動所得を選択しても同じ水準の期待効用を得ることができます．この金額は**リスクプレミアム**（risk premium）といいます．

15.2 相関関係と因果関係

15.2.1 相関係数とその問題点

人々の意思決定は社会のさまざまな側面に対して影響を及ぼし，変数間に一定の関係性が発生します．変数間の関係性を分析する際には，相関係数がよく用いられます．以下では，相関係数とその問題点について考えましょう．

いま，2つの確率変数 X, Y を考えます．X の増加に伴い Y も増加する場合には，X と Y との間には正の相関関係があります．X の増加に伴い Y が減少する場合には，X と Y との間には負の相関関係があります．X と Y の間には明確な関係がない場合には，相関関係がありません（無相関）．

相関係数は2つの変数の間の直線的な関係の強さを示して，変数間の関係性を分析する際によく用いられる指標です．変数間に相関関係が発生するのは，次の3つの場合があります．

- 変数 X と変数 Y の変動の間に偶然の一致が存在する場合
- 変数 X と変数 Y の変動の双方に影響を与える共通の要因が存在する場合
- 変数 X と変数 Y の変動の間に因果関係が存在する場合

特に明確な理由もなく，偶然，変数間に相関が発生したと考えられるケースが知られています[106]．例えば，メイン州における離婚率と1人当たりのマーガリンの消費量との間の相関係数は0.99で，両者には強い正の相関関係があります．また，ミス・アメリカの受賞時点の年齢と暖房機器による死者数の相関係数は0.87で，両者には強い正の相関関係が存在します．しかし，いずれの場合においても，これらの変数間の関係は偶然によって生じたと考えられます．

分析の対象としている2つの変数の双方に相関をもつ外部変数が存在することを**交絡**と呼び，そのような外部変数を**交絡変数**または**交絡因子**といいます．

例として，飲酒と肺がんの関係について考えてみましょう．飲酒者の肺がん発生率が高いことが知られています（正の相関）が，このことだけからは，飲酒が肺がんの原因となっていると考えられるかもしれません．他方，喫煙者に飲酒を行う人が多く，喫煙者の肺がん発生率が高いことも知られています（正の相関）．そこで，非喫煙者に絞ると，飲酒と肺がんの発生率には相関は見られません．つまり，喫煙が飲酒と肺がんの双方に影響を与える交絡変数となっているために，飲酒と肺がんとの間に相関が発生したことがわかります．

相関関係は2つの変数の間の関係性を示しています．これに対して，因果関係は，2つの変数の間に「原因」と「結果」の関係があることを示します．因果関係があれば相関関係が存在します．しかし，相関関係があるからと言って，因果関係があるとは限らないという点に注意する必要があります．例題15.5を用いて，異なった視点からも考えてみましょう．

例題15.5 ■ 相関関係と因果関係

　ある旅行代理店において積極的なPR活動を行ったところ，売上が上昇しました．この結果をもとに，担当者が「PR活動の結果として売上が増加しました．今後も売上を増やすために，積極的なPR活動を行うべきです」と主張しました．この担当者の主張は適切か，論じなさい．

　この担当者の主張は必ずしも適切であるとはいえません．例題15.5の状況では，PR活動と売上との間には正の相関関係があります．しかし，PR活動と売上との間には因果関係があるとは限りません．「経済環境の変化」のような交絡変数が存在する可能性があるからです．例えば，同じタイミングで政府が

観光業界に対して振興策をとった結果として，売上が伸びたのかもしれません．

15.2.2 シンプソンのパラドックス

イギリスの統計学者シンプソンは，集団全体を対象とした場合の相関関係と，全体を分割した集団を対象とした場合の相関関係が，全く逆の結果となり得ることを示しました．これは，**シンプソンのパラドックス**（Simpson's paradox）といいます[105]．

この問題について理解するために，**表 15.5**で与えられた大学入試の合格率の例を考えてみましょう．まず，大学全体では，男性の合格率は69.1％，女性の合格率は66.2％となっており，大学全体でみると，男性の方が女性よりも高い合格率となっています．次に，これを理系学部と文系学部に分けてみましょう．理系学部では女性の合格率81.3％が男性の合格率73.1％を上回っており，文系学部でも女性の合格率61.5％が男性の合格率56.3％を上回っています．

表 15.5 ■ シンプソンのパラドックスが起こる例

		男性	女性
理系学部	受験者	2600	800
	合格者	1900	650
	合格率	73.1％	81.3％
文系学部	受験者	800	2600
	合格者	450	1600
	合格率	56.3％	61.5％
大学全体	受験者	3400	3400
	合格者	2350	2250
	合格率	69.1％	66.2％

このように全体の結果と部分の結果との間に矛盾が生じた原因は，標本の大きさの偏りにあります．この例では，男性は理系学部の受験者が多く，女性は文系学部の受験者が多い状態です．全体の合格率は理系学部の合格率と文系学部の合格率の加重平均として計算できます．

$$合格率 = \frac{合格者数}{受験者数}$$
$$= 理系学部の受験者比率 \times 理系学部の合格率$$
$$+ 文系学部の受験者比率 \times 文系学部の合格率$$

ここで，男性の場合には73.1％という比較的高い理系学部の合格率に大きな
ウエイトがつくのに対して，女性の場合には61.5％という比較的低い文系学
部の合格率に大きなウエイトがつきます．その結果として，このような矛盾が
生じたわけです．階層ごとの標本の大きさに偏りがある場合には，注意が必要
です．

15.2.3　因果関係とランダム化対照実験

　因果関係と相関関係を間違って解釈すると，誤った判断を下してしまう可能
性があります．データから因果関係を適切に検出する分析手法は**因果推論**とい
います．因果関係について考えるためには，まず，因果関係を明確に定義する
必要があります．

■（1）因果関係

　いま，変数T, Yにおける因果関係について考えます．ここで，Tは原因と
なる変数で，**トリートメント**（treatment）といいます．トリートメントTは，
何らかの行動（政策）を実施する場合には1，実施しない場合には0の値をと
るダミー変数です．

$$T = \begin{cases} 1 & （トリートメントを実施する） \\ 0 & （トリートメントを実施しない） \end{cases} \tag{15.7}$$

Yはトリートメントの結果を表す変数です．例えば，新薬の患者への投与を例
に，$T = 1$が「新薬を使用する」，$T = 0$が「新薬を使用しない」，Yは「健康状
態・寿命」を意味するものとします．また，最低賃金の引上げを例に，$T = 1$
が「最低賃金を引き上げる」，$T = 0$が「最低賃金を引き上げない」，Yが「賃
金・雇用」を意味するものとします．

　TがYに及ぼす因果効果は「行動が選択された場合（$T = 1$）に得られる結
果」と「行動が選択されなかった場合（$T = 0$）に得られる結果」の差として
「$Y_1 - Y_0$」と定義され，**トリートメント効果**（treatment effect）といいます．
この大きさが，「原因」となる変数から「結果」となる変数への因果関係の大
きさを示します．

　このように定義された因果関係を，どのようにして実際のデータから検出す
ればよいでしょうか？　いま，個人i（$i = 1, 2, \ldots, n$）に対するトリートメン

トとその結果を，それぞれ，T_i, Y_i とします．各個人に対して，トリートメントが実施された場合（$T_i = 1$）には，$Y_i = Y_{1i}$ がその結果に対応し，トリートメントが実施されなかった場合（$T_i = 0$）には，$Y_i = Y_{0i}$ がその結果に対応します．したがって，個人 i に対するトリートメント効果は，次のように求められます．

$$Y_{1i} - Y_{0i}$$

しかし，ここで大きな問題が発生します．トリートメントが実施された場合（$T_i = 1$）には，$Y_i = Y_{1i}$ が観測され，Y_{0i} は観測されない潜在的な値です．トリートメントが実施されなかった場合（$T_i = 0$）には，$Y_i = Y_{0i}$ が観測され，Y_{1i} は観測されない潜在的な値です．したがって，個人レベルでは，Y_{0i} と Y_{1i} のいずれか一方の値しか観測することができません．このように，ある変数から他の変数への因果関係を，観測できない仮想的な結果と比べて定義するアプローチは，**ルービンの因果モデル**といいます [104]．しかし，各個人に関しては，Y_{1i}, Y_{0i} のいずれか一方しか観測できないため，個人レベルではトリートメント効果 $Y_{1i} - Y_{0i}$ をデータから計算することはできません．この問題は，**因果推論の根本問題**といいます [103]．

■（2）ランダム化対照実験

この問題点を克服し，因果関係の分析を行うために用いられる代表的な分析手法が，**ランダム化対照実験**（Randomized Controlled Trial; RCT）です（ランダム化比較試験ともいいます）．いま，人々を2つのグループに分けます．第1のグループが，トリートメントの対象となる人々から構成されるグループで，**トリートメントグループ**といいます．第2のグループがトリートメントの対象とならない人々から構成されるグループで，**コントロールグループ**といいます．トリートメントグループとコントロールグループは，それぞれ，介入群と対照群ともいいます．

ランダム化対照実験とは，各個人がトリートメントグループに属するか，コントロールグループに属するかをランダムに割り当てて，データを取得する分析手法のことです（図 15.1）．個人 i に対してランダムにトリートメントを割り当てることによって，トリートメント T_i と潜在的な結果 (Y_{0i}, Y_{1i}) とは独立となります．つまり，各個人がトリートメントグループに所属するか，コントロールグループに所属するかは，ランダムに決まり，自分の意志で選択できな

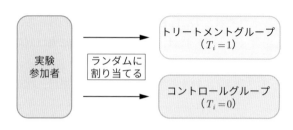

図 15.1 ■ ランダム化対照実験

いことを意味します．例えば，新薬の効果を分析する際に，新薬の投与を希望する人々をトリートメントグループにし，希望しない人々をコントロールグループにした場合には，このような仮定は成立しません．トリートメントと潜在的な結果とが一定の関係をもつことによって生じるバイアスを**選択バイアス**といいますが，ランダム化対照実験を用いることにより，この問題を回避することができます．

　また，ランダムな割り当てができており，十分な大きさの標本が確保できている場合には，トリートメント以外の要因（性別，年齢等）は，全て偶然による誤差とみなすことができます．この場合，各グループにおいて観測される Y の平均値の差

$$E(Y_i|T_i = 1) - E(Y_i|T_i = 0)$$

を因果効果とみなすことができます．つまり，因果関係は個人単位では求められませんが，ランダム化対照実験を用いることにより，トリートメントグループとコントロールグループの比較という形で求めることができます[101]．

■（3）情報バイアスとマスキング

　情報バイアスとは，情報を収集するときに生じるバイアスのことで，例として**プラセボ効果**が挙げられます．プラセボ（placebo）とは，見た目も味も本物の薬と同様ですが，薬としての効果をもたない偽薬のことです．しかし，プラセボを服用しても，本物だと思って飲むことにより症状が改善することがあります．これをプラセボ効果といいます．プラセボ効果を取り除くための対処方法として用いられるのが，**マスキング**（masking）です（ブラインド，盲検ともいいます）．

　実験の参加者には新薬かプラセボかわからない状態にして，医師が実験参加者に渡して使用してもらうことを，**シングルマスキング**といいます．しかし，

医師がどちらが新薬でどちらがプラセボであるかを知っていると，医師の態度等を通じて実験参加者の治療効果に影響を与える可能性があります．そこで，担当の医師にも新薬かプラセボかを知らせない状態で実験参加者に渡して使用してもらうことを**ダブルマスキング**といいます．さらに，実験結果の分析者に対しても，誰が新薬を飲み，誰がプラセボを飲んだのか，知らせない状態にすることを**トリプルマスキング**といいます（ダブルマスキングとトリプルマスキングを合わせてダブルマスキングと呼ぶこともあります）．具体例として，次の例題15.6を考えてみましょう．

例題15.6 ■ ランダム化対照実験

コーヒーに含まれるカフェインの睡眠への影響について調べます．どのようにランダム化対照実験を行えば，コーヒーに含まれるカフェインと睡眠時間の因果関係を調べることができるか，答えなさい．

まず，「カフェインを含むコーヒー」と「カフェインを含まないコーヒー」を準備します．次に，実験の参加者をランダムに2つのグループに分け，トリートメントグループにはカフェインを含むコーヒーを飲んでもらい，コントロールグループにはカフェインを含まないコーヒーを飲んでもらいます．この際，コーヒーを実験参加者に渡す人と実験の参加者の双方に対して，どちらがカフェインを含みどちらがカフェインを含まないか，わからないようにしておきます．さらに，データ分析者に対しても，誰がカフェインを含んだコーヒーを飲み，誰がカフェインを含んでいないコーヒーを飲んだか，わからないようにしておきます．各参加者には，毎日決まった量のコーヒーを飲んでもらい，その後の一定期間にわたって2つのグループの睡眠時間を記録し，比較検討を行います．

15.2.4 ランダム化対照実験の課題

ランダム化対照実験は，因果関係を分析するために有効なデータ解析手法です．しかし，経済・教育等の人間社会を対象としたデータを分析する場合には，注意すべき点があります．

■(1) 倫理的・人道的な問題

人を対象とする場合に何よりも考えないといけない点は，**倫理的・人道的な問題**です．例えば，ある公立の小学校において少人数教育の教育効果に関する実験を行いたいと考えます．その場合，ランダムに生徒を2つのグループに分け，トリートメントグループには少人数教育を実践し，コントロールグループには少人数教育を受けさせないという実験を考えます．この場合，少人数教育のグループに選ばれなかった生徒たちは，希望していたかもしれない少人数教育を受けるという機会を強制的に奪われることになってしまい，倫理的・人道的な問題が発生することになります．

■(2) マスキングの限界

プラセボ効果はマスキングにより対処することができます．しかし，人を対象とする場合，新薬開発のようなケースを除けば，多くの場合においてマスキングが困難を伴います．例えば，少人数教育の効果を実験で分析する場合には，自分がトリートメントグループに所属しているか，コントロールグループに所属しているか，は明らかです．また，食品の健康効果を実験で分析する際には，多くの場合，見た目・色・匂い等で自分がトリートメントグループに所属しているか，コントロールグループに所属しているか，容易にわかります．

■(3) ホーソン効果

ホーソン効果（Hawthorne effect）とは，実験に参加していると意識することにより，実験への参加者の行動が異なってしまう効果のことです（この名称は，アメリカのホーソン工場で一連の研究が行われたことに由来します）．例えば，ダイエット効果に関する実験に参加しているだけでモチベーションが上がり，常日頃よりも進んでダイエットに取り組もうとするかもしれません．これを防ぐには，実験の参加者に対して実験を実施していることを知らさなければよいわけですが，倫理上の問題があり，困難を伴います．

■(4) 内的妥当性と外的妥当性

内的妥当性（internal validity）とは，その研究の中で因果関係の分析を行うための前提条件がどの程度満たされているか？　という問題です．他方，**外的妥当性**（external validity）とは，その研究を超えて，どの程度得られた結果

を一般化できるか？　という問題です．ランダム化対照実験は，内的妥当性の面では優れた分析手法です．しかし，特に，社会科学のデータを扱う際には，外的妥当性の問題が常につきまといます．例えば，ある1つの国・地域で得られた実験結果が，文化・宗教・政治体制等が異なる他の国・地域においてそのまま妥当するのか？　という問題をよく考える必要があります．

●コラム●

　2019年のノーベル経済学賞は，アビジット・バナジー教授（マサチューセッツ工科大学（MIT）），エスター・デュフロ教授（MIT），マイケル・クレマー教授（ハーバード大学）の3名が受賞しました．その受賞理由は，因果推論を経済学へ応用し，発展途上国の貧困削減に対して大きな貢献を行ったことである．今日では，社会科学の分野においても因果推論は幅広く応用されています[109, 110]．

●さらなる学習のために●

　本章では，「意思決定論」に関して解説を行い，特に，「意思決定の基本的枠組み」と「相関関係と因果関係」に焦点を当てて学んできました．本章を読んでさらに勉強を進めたいと思われる読者には，以下の文献をお薦めします．本章の内容も，これらの文献に負うところが大きいです．

- 「意思決定の基本的枠組み」に関して：Gilboa[98]，川越[99]，酒井[100]，Fischhoff and Kadvancy[107]
- 「相関関係と因果関係」に関して：星野・田中[101]，Pearlほか[108]，Duflo et al.[109]，中室・津川[110]，清水[111]

おわりに

　2019年6月に政府が発表した「AI戦略2019」は，次の文章で始まります．

　「人工知能技術は，近年，加速度的に発展しており，世界の至る所でその応用が進むことにより，広範な産業領域や社会インフラなどに大きな影響を与えている．一方，我が国は，現在，人工知能技術に関しては，必ずしも十分な競争力を有する状態にあるとは言い難い．」

　ところで，目指すべき未来社会の姿として政府が提唱するSociety 5.0は，要約すると「サイバー空間とフィジカル空間を高度に融合させることにより，多様で潜在的なニーズに格差なく細やかに対応したモノやサービスを提供することで経済発展と社会課題の解決を両立し，快適で活力に満ちた質の高い生活を送ることのできる，人間中心の社会」となります．その実現のために，デジタル技術，データサイエンス，AI技術等の飛躍的発展が必要なことは論をまちません．データとAIは表裏一体ですが，この分野において，アメリカのGAFAや中国のBATH等のIT企業が，世界的な影響力をもち，株価の時価総額ランキングでも世界の上位を独占する一方，日本の企業は大きく後れを取っています．このようなリアルな危機感から「AI戦略2019」は出されたのです（さらに，そのフォローアップとして「AI戦略2021」も提示されました）．

　「AI戦略2019」では4つの戦略目標が設定され，**戦略目標1**に「我が国が，…（中略）…世界で最もAI時代に対応した人材の育成を行い，世界から人材を呼び込む国となること．さらに，それを持続的に実現するための仕組みが構築されること」という人材育成戦略を打ち出しています．この戦略目標1の実現に向けた教育改革の一環として，小学校から社会人までを対象に，**リテラシー教育，応用基礎教育，エキスパート教育**という3レベルの教育について具体的な目標が掲げられ，Society 5.0を実現する人材の育成が提案されています．この戦略目標1を受けて，2020年4月，数理・データサイエンス教育強化拠点コンソーシアムは「**数理・データサイエンス・AI（リテラシーレベル）モデルカリキュラム～データ思考の涵養～**」を策定しました．その目標は，文理を問わずすべての大学・高専生（約50万人卒/年）が，数理・データサイエンス・AIを

日常の生活や仕事の場で使いこなせる基礎的な素養を身に付けることです[*1].

　これに引き続き2021年3月，同コンソーシアムは**「数理・データサイエンス・AI（応用基礎レベル）モデルカリキュラム〜AI×データ活用の実践〜」**を策定しました．文理を問わず一定規模の大学・高専生（約25万人卒/年）を対象としたもので，学修目標は次のとおりです．

　数理・データサイエンス・AI教育（リテラシーレベル）の教育を補完的・発展的に学び，**データから意味を抽出し，現場にフィードバックする能力，AIを活用し課題解決につなげる基礎能力**を修得すること．そして，**自らの専門分野に数理・データサイエンス・AIを応用するための大局的な視点**を獲得すること．

　この応用基礎レベルのモデルカリキュラムにおいては，リテラシーレベルのコア学修項目と選択科目を基礎に，「データサイエンス基礎」，「データエンジニアリング基礎」，「AI基礎」の3カテゴリーにおいてスキルセットが設定されています．本書は，このスキルセットに準拠し，場合によってはスキルセットのオプション（高度な内容）にも触れています．各章のテーマごとにその分野の専門家が書き下ろし，それぞれ読み応えのある内容になっています．

　文系・理系を問わす本書を学ぶことにより，それぞれの専門分野に活かせる数理・データサイエンス・AIの能力を身に付けることができることでしょう．また，本書は，大学での授業の教科書としても，データサイエンスに興味・関心をもつ（あるいは業務で必要とする）一般の方が読んでも十分に興味深い内容です．本書を読み進めることにより，データサイエンスの技術的側面全体を俯瞰することができると思います．さらに，本書に加えて，数学・統計学などの学習，Pythonなどのプログラミングの実習，専門分野の課題に則したデータサイエンスPBL演習などを行うことが，より効果的かもしれません．

　末筆となりましたが，執筆者の皆様，全体の統括を担当された小澤誠一先生のご尽力に深く感謝と敬意を表します．

2021年11月

齋藤　政彦

[*1]　リテラシーレベルのモデルカリキュラムの内容に沿った教科書として『データサイエンス基礎』（培風館，2021）がありますので，参考にしてください．

参考文献

[1] 原 隆浩, 水田 智史, 大川 剛直, アルゴリズムとデータ構造, 共立出版 (2012)

[2] 石畑 清, アルゴリズムとデータ構造, 岩波書店 (1989)

[3] 馬場 則夫, 小島 史男, 小澤 誠一, ニューラルネットの基礎と応用, 共立出版 (1994)

[4] R. S. Sutton, A. G. Barto, 三上 貞芳, 皆川 雅章 共訳, 強化学習, 森北出版 (2000)

[5] 玉置 久 編著, システム最適化, オーム社 (2005)

[6] G. B. Dantzig, 小山 昭雄 訳, 線形計画法とその周辺, CBS出版 (1983)

[7] 坂和 正敏, 西﨑 一郎, 数理計画法入門, 森北出版 (2014)

[8] 福島 雅夫, 数理計画入門, 朝倉書店 (1996)

[9] 久保 幹雄, ジョア ペドロ ペドロソ, 村松 正和, アブドゥール レイス, あたらしい数理最適化 Python言語とGurobiで解く, 近代科学社 (2012)

[10] IBM CPLEX Optimizer,
https://www.ibm.com/jp-ja/analytics/cplex-optimizer

[11] Gurobi Opitimizer,
https://www.octobersky.jp/products/gurobi

[12] GLPK (GNU Linear Programming Kit),
https://www.gnu.org/software/glpk/

[13] lp_solve reference guide,
http://lpsolve.sourceforge.net

[14] COIN CBC Project,
https://github.com/coin-or/Cbc

[15] PuLP Project,
https://pypi.org/project/PuLP/

[16] S. Dalal, E. B. Fowlkes, B. Hoadley, Risk analysis of the space shuttle: Pre-Challenger prediction of failure, *Journal of the American Statistical Association*, 84, 945–957 (1989)

[17] 稲垣 宣生, 山根 芳知, 吉田 光雄, 統計学入門, 裳華房 (1992)

[18] 稲葉 太一, 数理統計学入門, 日科技連 (2016)

[19] 小寺 平治, 新統計入門, 裳華房 (1996)

[20] 東京大学教養学部統計学教室 編, 統計学入門, 東京大学出版会 (1991)

[21] 東京大学教養学部統計学教室 編, 自然科学の統計学, 東京大学出版会 (1992)

[22] 日本統計学会 編, 日本統計学会公式認定 統計検定準1級対応 統計学実践ワークブック, 学術図書出版社 (2020)

[23] 三輪 哲久, 実験計画法と分散分析, 朝倉書店 (2015)

[24] 井手 剛, 杉山 将, 異常検知と変化検知, 講談社 (2015)

[25] C. M. ビショップ, 元田 浩, 栗田 多喜夫, 樋口 知之, 松本 裕治, 村田 昇 監訳, パターン認識と機械学習 上・下, 丸善出版 (2012)

[26] G. E. Hinton and S. T. Roweis, Stochastic Neighbor Embedding, in *Advances in Neural Information Processing Systems*, 15, 833–840, The MIT Press (2002)

[27] L. van der Maaten, G. Hinton, Visualizing Data Using t-SNE, Journal of Machine Learning Research, 9, 2579–2605 (2008)

[28] T. Kohonen, Self-organized formation of topologically correct feature maps, Biological Cybernetics, 43(1), 59–69 (1982)

[29] T. Kohonen, Self-Organizing Maps, Springer-Verlag (2001)

[30] Laboratory of Computer and Information Science, Department of Computer Science and Engineering, Helsinki University of Technology, http://www.cis.hut.fi/research/som-research/

[31] W. S. McCulloch, W. Pitts, A logical calculus of the ideas immanent in nervous activity, The bulletin of mathematical biophysics, 5, 115–133 (1943)

[32] F. Rosenblatt, The Perceptron: A Probabilistic Model for Information Storage and Organization in the Brain. Psychological Review, 65(6), 386–408 (1958)

[33] D. Rumelhart, G. E. Hinton, R. J. Williams, Learning representations by back-propagating errors, Nature, 233(9), 533–536 (1958)

[34] T. Hastie, R. Tibshirani, J. Friedman, The Elements of Statistical Learning: Data Mining, Inference, and Prediction (2nd. Ed.), Springer (2009) (杉山 将, 井手 剛, 神嶌 敏弘, 栗田 多喜夫, 前田 英作 監訳, 統計的学習の基礎, 共立出版 (2014))

[35] 石井 健一郎, 上田 修功, 前田 作, 村瀬 洋, わかりやすいパターン認識 (第2版), オーム社 (2019)

[36] 有賀 友紀, 大橋 俊介, R と Python で学ぶ実践的データサイエンス＆機械学習 (増補改訂版), 技術評論社 (2021)

[37] 田中 和之, ベイジアンネットワークの統計的推論の数理, コロナ社 (2009)

[38] 堀口 剛, 佐野 雅己, 情報数理物理, 講談社サイエンティフィク (2000)

[39] 北川 源四郎, 時系列解析入門, 岩波書店 (2005)

[40] 大森 敏明, 回帰問題への機械学習的アプローチ：スパース性に基づく回帰モデリング, システム制御情報学会誌, 59(4), 151–156 (2015)

[41] 石井 健一郎, 上田 修功, 続・わかりやすいパターン認識, オーム社 (2014)

[42] 杉山 将, 統計的機械学習, オーム社 (2009)

[43] F. Huber, A Logical Introduction to Probability and Induction, Oxford University Press (2018)

[44] R. S. Sutton, A. G. Barto, Reinforcement Learning: An Introduction, The MIT Press (1998)

[45] R. S. Sutton, A. G.Barto, Reinforcement Learning: An Introduction (2nd. Ed.), The MIT Press (2018)

[46] J. Kober, J. A. Bagnell, J. Peters, Reinforcement learning in robotics: A survey, The International Journal of Robotics Research, 32(11), 1238–1274

(2013)

[47] R. Tedrake, T. W. Zhang, H. S. Seung, Stochastic Policy Gradient Reinforcement Learning on a Simple 3D Biped, 2004 IEEE/RSJ International Conference on Intelligent Robots and Systems (IROS), 2849–2854 (2004)

[48] C. B. Holroyd, M. G. H. Coles, The neural basis of human error processing: reinforcement learning, dopamine, and the error-related negativity, Psychological Review, 109(4), 679–709 (2002)

[49] C. D. Fiorillo, P. N. Tobler, W. Schultz, Discrete coding of reward probability and uncertainty by dopamine neurons, Science, 299(5614), 1898–1902 (2003)

[50] G. Tesauro, TD-Gammon, A Self-Teaching Backgammon Program, Achieves Master-Level Play, Neural Computation, 6(2), 215–219 (1994)

[51] V. Mnih, K. Kavukcuoglu, D. Silver, A. Graves, I. Antonoglou, D. Wierstra, M. Riedmiller, Playing Atari with Deep Reinforcement Learning, NIPS Deep Learning Workshop (2013)

[52] V. Mnih, K. Kavukcuoglu, D. Silver, A. A. Rusu, J. Veness, M. G. Bellemare, A. Graves, M. Riedmiller, A. K. Fidjeland, G. Ostrovski, S. Petersen, C. Beattie, A. Sadik, I. Antonoglou, H. King, D. Kumaran, D. Wierstra, S. Legg, D. Hassabis, Human-level control through deep reinforcement learning, Nature, 518(7540), 529–533 (2015)

[53] D. Silver, A. Huang, C. J. Maddison, A. Guez, L. Sifre, G. van den Driessche, J. Schrittwieser, I. Antonoglou, V. Panneershelvam, M. Lanctot, S. Dieleman, D. Grewe, J. Nham, N. Kalchbrenner, I. Sutskever, T. Lillicrap, M. Leach, K. Kavukcuoglu, T. Graepel, D. Hassabis, Mastering the game of Go with deep neural networks and tree search, Nature, 529(7587), 484–489 (2016)

[54] D. Silver, J. Schrittwieser, K. Simonyan, I. Antonoglou, A. Huang, A. Guez, T. Hubert, L. Baker, M. Lai, A. Bolton, Y. Chen, T. Lillicrap, F. Hui, L. Sifre, G. van den Driessche, T. Graepel, D. Hassabis, Mastering the game of Go without human knowledge, Nature, 550(7676), 354–359 (2017)

[55] 牧野 貴樹, 澁谷 長史, 白川 真一 編著, これからの強化学習, 森北出版 (2016)

[56] 久保 隆宏, Pythonで学ぶ強化学習 入門から実践まで (改訂第 2 版), 講談社 (2019)

[57] K. Fukumoto, T. Terada, M. Tsukamoto, A Smile/Laughter Recognition Mechanism for Smile-based Life Logging, Proc. of Augmented Human Conference 2013 (AH 2013), 213–220 (2013)

[58] C. S. Myers, L. R. Rabiner, A Comparative Study of Several Dynamic Time-Warping Algorithms for Connected Word Recognition, The Bell System Technical Journal, 60, 1389–1409 (1981)

[59] N. V. Chawla, K. W. Bowyer, L. O. Hall, W. P. Kegelmeyer, SMOTE: synthetic minority over-sampling technique, Journal of artificial intelligence research, 16, 321–357 (2002)

[60] M. Fujimoto, N. Fujita, Y. Takegawa, T. Terada, M. Tsukamoto, A Motion Recognition Method for a Wearable Dancing Musical Instrument, Proc.

of the 13th IEEE International Symposium on Wearable Computers (ISWC '09), 9–16 (2009)

[61] 寺田 努, ウェアラブルセンサを用いた行動認識技術の現状と課題, コンピュータソフトウェア (日本ソフトウェア科学会論文誌), 28(2), 43–54 (2011)

[62] 原田 達也, 画像認識, 講談社 (2017)

[63] G. E. Hinton, R. R. Salakhutdinov, Reducing the dimensionality of data with neural networks. Science, 313(5786), 504–507 (2006)

[64] A. Krizhevsky, I. Sutskever, G. E. Hinton, Imagenet classification with deep convolutional neural networks, Communications of the ACM, 60(6), 84–90 (2017)

[65] R. Girshick, J. Donahue, T. Darrell, J. Malik, Rich feature hierarchies for accurate object detection and semantic segmentation, in *Proceedings of the IEEE Conference on Computer Vision and Pattern Recognition (CVPR)* (2014)

[66] R. Girshick, Fast R-CNN, in *Proceedings of the International Conference on Computer Vision (ICCV)* (2015)

[67] J. Redmon, S. Divvala, R. Girshick, A. Farhadi, You only look once: Unified, real-time object detection, in *Proceedings of the IEEE Conference on Computer Vision and Pattern Recognition (CVPR)* (2016)

[68] 岡谷 貴之, 深層学習, 講談社 (2015)

[69] 藤田 広志 監修・編, 2020-2021年版 はじめての医用画像ディープラーニング, オーム社 (2020)

[70] 日本銀行 時系列統計データ検索サイト, https://www.stat-search.boj.or.jp/index.html

[71] Macrotrends - The Premier Research Platform for Long Term Investors, https://www.macrotrends.net/

[72] 気象庁 各種データ・資料, https://www.jma.go.jp/jma/menu/menureport.html

[73] R. Sonobe, S. Takamichi, H. Saruwatari, JSUT corpus: free large-scale Japanese speech corpus for end-to-end speech synthesis, arXiv:1711.00354 (2017)

[74] 総務省統計局, 政府統計の総合窓口 eStat, https://www.e-stat.go.jp/

[75] B. P. Bogert, J. R. Healy, J. W Tukey, The quefrency analysis of time series for echoes: cepstrum, pseudo-autocovariance, cross-cepstrum, and saphe cracking, in *Proceedings of the Symposium on Time Series Analysis*, 209–243 (1963)

[76] M. Gales, S. Young, Application of hidden Markov models in speech recognition, Now (2008)

[77] S. Hochreiter, J. Schmidhuber, Long short-term memory, Neural Computation, 9(8), 1735–1780 (1997)

[78] K. Cho, B. Merrienboer, D. Bahdanau, Y. Bengio, On the properties of neural machine translation: Encoder-decoder approaches, in *Proceedings of Eighth Workshop on Syntax, Semantics and Structure in Statistical Translation*, 103–111 (2014)

[79] A. Vaswani, N. Shazeer, N. Parmar, J. Uszkoreit, L. Jones, A. N. Gomez, L. Kaiser, I. Polosukhin, Attention is all you need, in *Proceedings of NIPS*, 6000–6010 (2017)

[80] 戸上 真人, Pythonで学ぶ音源分離, インプレス (2020)

[81] 高島 遼一, Pythonで学ぶ音声認識, インプレス (2021)

[82] 山本 龍一, 高道 慎之介, Pythonで学ぶ音声合成, インプレス (2021)

[83] D. M. Blei, A. Y. Ng, M. I. Jordan, Latent Dirichlet Allocation, Journal of Machine Learning Research, 3, 993–1022 (2003)

[84] T. Mikolov, K. Chen, G. COrrado, J. Dean, Efficient Estimation of Word Representations in Vector Space, arXiv:1301.3781 (2013)

[85] J. Devlin, M. W. Chang, K. Lee, K. Toutanova, BERT: Pre-training of Deep Bidirectional Transformers for Language Understanding, arXiv:1810.04805v2 (2018)

[86] T. Mikolov, et. al., Distributed representations of words and phrases and their compositionality, arXiv:1310.4546 (2013)

[87] I. Sutskever, O. Vinyals, Q. V. Le, Sequence to Sequence Learning with Neural Networks, arXiv:1409.3215 (2014)

[88] K. Papineni, S. Roukos, T. Ward, W. J. Zhu, BLEU: a method for automatic evaluation of machine translation, in *Proceedings of the 40th Annual Meeting on Association for Computational Linguistics*, 311–318 (2002)

[89] 奥村 学, 自然言語処理の基礎, コロナ社 (2010)

[90] S. Bird, E. Klein, E. Loper, 入門 自然言語処理, オライリー・ジャパン (2010)

[91] 坪井 祐太, 海野 裕也, 鈴木 潤, 深層学習による自然言語処理, 講談社 (2017)

[92] 齋藤 康毅, ゼロから作るDeep Learning 2：自然言語処理編, オライリー・ジャパン (2018)

[93] 神保 雅一 編, 暗号とセキュリティ, オーム社 (2010)

[94] 中西 透, 現代暗号のしくみ, 共立出版 (2017)

[95] 佐久間 淳, データ解析におけるプライバシー保護, 講談社 (2016)

[96] 寺田 雅之, 差分プライバシーとは何か, システム／制御／情報, 63(2), 58-63 (2019)

[97] 「プライバシー保護データマイニング」特集号, システム／制御／情報, 63(2) (2019)

[98] I. Gilboa, Making Better Decisions: Decision Theory in Practice, Wiley-Blackwell (2010) (川越 敏司, 佐々木 俊一郎 訳, 意思決定理論入門, NTT出版 (2012))

[99] 川越 敏司, 「意思決定」の科学：なぜ, それを選ぶのか, 講談社 (2020)

[100] 酒井 泰弘, 不確実性の経済学, 有斐閣 (1982)

[101] 星野 匡郎, 田中 久稔, Rによる実証分析, オーム社 (2016)

[102] D. Bernoulli, Specimen Theoriae Novae de Mensura Sortis, Commentarii

Academiae Scientiarum Imperialis Petropolitanae, 5, 175–192 (1738) (英語版: Exposition of a New Theory on the Measurement of Risk, Econometrica, 22(1), 23–36 (1954))

[103] P. W. Holland, Statistics and Causal Inference, Journal of the American Statistical Association, 81(396), 945–960 (1986)

[104] D. B. Rubin, Estimating causal effects of treatments in randomized and nonrandomized studies. Journal of Educational Psychology, 66(5), 688–701 (1974)

[105] E. H. Simpson, The Interpretation of Interaction in Contingency Tables, Journal of the Royal Statistical Society, Series B (Methodological), 13(2), 238–241 (1951)

[106] T. Vigen, Spurious Correlations, Hachette Books (2015) ※データはWeb上で公開されています (http://tylervigen.com/spurious-correlations)

[107] B. Fischhoff, J. Kadvany, Risk: A Very Short Introduction. Oxford Univ Press (2011) (中谷内 一也 訳, リスク―不確実性の中での意思決定―, 丸善出版 (2015))

[108] J. Pearl, M. Glymour, N. P. Jewell, Causal Inference in Statistics: A Primer, Wiley (2016) (落海 浩 訳, 入門 統計的因果推論, 朝倉書店 (2019))

[109] E. Duflo, R. Glennerster, M. Kremer, Using Randomization in Development Economics Research: A Toolkit, Handbook of Development Economics, 4, 3895–3962, Elsevier (2008) (小林 庸平 監訳, 石川 貴之, 井上 僚介, 名取 淳 訳, 政策評価のための因果関係の見つけ方：ランダム化比較試験入門, 日本評論社 (2019))

[110] 中室 牧子, 津川 友介, 原因と結果の経済学：データから真実を見抜く思考法, ダイヤモンド社 (2017)

[111] 清水 昌平, 統計的因果探索, 講談社 (2017)

索 引

執筆者一覧

はじめに	小澤 誠一	神戸大学数理・データサイエンスセンター
第1章	小澤 誠一	神戸大学数理・データサイエンスセンター
第2章	大川 剛直	神戸大学大学院システム情報学研究科情報科学専攻
第3章	藤井 信忠	神戸大学大学院システム情報学研究科システム科学専攻
第4章	青木　敏	神戸大学大学院理学研究科数学専攻
第5章	光明　新	神戸大学数理・データサイエンスセンター
第6章	為井 智也	神戸大学数理・データサイエンスセンター
第7章	大森 敏明	神戸大学大学院工学研究科電気電子工学専攻
第8章	為井 智也	神戸大学数理・データサイエンスセンター
第9章	寺田　努	神戸大学大学院工学研究科電気電子工学専攻
第10章	熊本 悦子	神戸大学情報基盤センター
第11章	高島 遼一	神戸大学都市安全研究センター
第12章	村尾　元	神戸大学大学院国際文化学研究科
第13章	白石 善明	神戸大学大学院工学研究科電気電子工学専攻
第14章	小澤 誠一	神戸大学数理・データサイエンスセンター
第15章	羽森 茂之	神戸大学大学院経済学研究科
おわりに	齋藤 政彦	神戸大学数理・データサイエンスセンター

〈編者略歴〉

小澤 誠 一（おざわ せいいち）

1987 年　神戸大学工学部計測工学科卒業
1989 年　神戸大学大学院工学研究科計測工学専攻修士課程修了
1998 年　神戸大学　博士（工学）
2011 年　神戸大学大学院工学研究科電気電子工学専攻 教授
2017 年　神戸大学数理・データサイエンスセンター 副センター長

齋 藤 政 彦（さいとう まさひこ）

1980 年　京都大学理学部数学系卒業
1985 年　京都大学大学院理学研究科博士後期課程修了，理学博士
1996 年　神戸大学大学院理学研究科数学専攻 教授
2017 年　神戸大学数理・データサイエンスセンター センター長

- 本書の内容に関する質問は，オーム社ホームページの「サポート」から，「お問合せ」の「書籍に関するお問合せ」をご参照いただくか，または書状にてオーム社編集局宛にお願いします．お受けできる質問は本書で紹介した内容に限らせていただきます．なお，電話での質問にはお答えできませんので，あらかじめご了承ください．
- 万一，落丁・乱丁の場合は，送料当社負担でお取替えいたします．当社販売課宛にお送りください．
- 本書の一部の複写複製を希望される場合は，本書扉裏を参照してください．

JCOPY <出版者著作権管理機構 委託出版物>

データサイエンスの考え方
― 社会に役立つ AI ×データ活用のために ―

2021 年 11 月 20 日　　第 1 版第 1 刷発行

編　　者　小澤誠一・齋藤政彦
発 行 者　村上和夫
発 行 所　株式会社 オーム社
　　　　　郵便番号　101-8460
　　　　　東京都千代田区神田錦町 3-1
　　　　　電話　03(3233)0641(代表)
　　　　　URL　https://www.ohmsha.co.jp/

© 小澤誠一・齋藤政彦 2021

組版　Green Cherry　　印刷・製本　三美印刷
ISBN978-4-274-22797-4　Printed in Japan

本書の感想募集　https://www.ohmsha.co.jp/kansou/

本書をお読みになった感想を上記サイトまでお寄せください．
お寄せいただいた方には，抽選でプレゼントを差し上げます．